Ortsaufgelöste Prozessüberwachung für die Additive Fertigung mittels laserbasierter Directed Energy Deposition

Spatially Resolved Process Monitoring for Additive Manufacturing with Laser-Based Directed Energy Deposition

Von der Fakultät für Maschinenwesen
der Rheinisch-Westfälischen Technischen Hochschule Aachen
zur Erlangung des akademischen Grades eines
Doktors der Ingenieurwissenschaften
genehmigte Dissertation

vorgelegt von

Talu Ünal-Saewe, geb. Ünal

Berichter:

Univ.-Prof. Dr. rer. nat. Constantin Leon Häfner
Univ.-Prof. Dr.-Ing. Thomas Bergs

Tag der mündlichen Prüfung: 19. August 2022

ERGEBNISSE AUS DER LASERTECHNIK

Talu Ünal-Saewe

Ortsaufgelöste Prozessüberwachung für die Additive Fertigung mittels laserbasierter Directed Energy Deposition

Bibliografische Information der Deutschen Nationalbibliothek
Die Deutsche Nationalbibliothek verzeichnet diese Publikation in der Deutschen Nationalbibliografie; detaillierte bibliografische Daten sind im Internet über https://portal.dnb.de abrufbar.

Talu Ünal-Saewe:

Ortsaufgelöste Prozessüberwachung für die Additive Fertigung mittels laserbasierter Directed Energy Deposition

1. Auflage, 2022

Gedruckt auf holz- und säurefreiem Papier, 100% chlorfrei gebleicht.

Apprimus Verlag, Aachen, 2022
Wissenschaftsverlag des Instituts für Industriekommunikation und Fachmedien an der RWTH Aachen
Steinbachstr. 25, 52074 Aachen
Internet: www.apprimus-verlag.de, E-Mail: info@apprimus-verlag.de

Druck: CPI Druckdienstleistungen GmbH, Ferdinand-Jühlke-Straße 7 I 99095 Erfurt

ISBN 978-3-98555-113-2

D 82 (Diss. RWTH Aachen University, 2022)

Danksagung

Diese Arbeit entstand neben meiner Tätigkeit als wissenschaftlicher Mitarbeiter am Fraunhofer-Institut für Lasertechnik. In dieser Zeit habe ich gelernt, dass die Gegebenheit von Gelegenheit, Können und Wollen für eine erfolgreiche Arbeit notwendig ist. Ich bin allen dankbar, die mir geholfen haben, diese Bedingungen zu erfüllen.

Ich danke Prof. Dr. rer. nat. Constantin Leon Häfner für die Überlassung des Themas, den akademischen Rat bei der Betreuung dieser Arbeit und die damit verbundene Gelegenheit zur Promotion, Herrn Prof. Dr.-Ing. Thomas Bergs für die Übernahme des Koreferats und Herrn Prof. Dr. sc. Trimpe für die Übernahme des Prüfungsvorsitzes.

Mein besonderer Dank gilt Herrn Dr. Lucas Jauer für seine fordernde, akribische wie auch unermüdliche Unterstützung bei der Umsetzung der Arbeit sowie bei wegweisenden Entscheidungen, in denen ich mich immer auf seinen Rat verlassen konnte. In tiefer Verbundenheit danke ich Herrn Dr. Andres Gasser, der mich als mein erster Vorgesetzter förderte und wichtige Werte für meinen weiteren Werdegang vermittelte.

Ich danke meinen Kollegen der Arbeitsgruppen LMD und LPBF, im Besonderen Jan Bremer, Dr. Christian Tenbrock, Rebar Hama-Saleh, Tim Lantzsch und Georg Rödler für die zielführenden Diskussionen und freundschaftliche Zusammenarbeit. Meinen Studenten Leon Stecher, Lukas Gahn, Niklas Förster, Johannes Lengler, Mattis Kiefer und insbesondere Jonas Weich danke ich für Ihre beispiellose Kreativität und Zuverlässigkeit. Ohne ihren Einsatz wäre die Erstellung dieser Arbeit nicht möglich gewesen.

Meinen Freunden danke ich dafür, dass ich mit ihnen Erfolge feiern, bei Rückschlägen Bestärkung finden konnte, sowie für das Verständnis, das sie mir in der vergangenen Zeit entgegenbrachten.

Meiner Frau Jasmin danke ich aus tiefstem Herzen, dass sie mir in jeder Phase liebevoll Kraft und Rückhalt geschenkt hat und diese intensive Zeit mit viel Leidenschaft und Ehrgeiz durchlebt hat.

Ohne sie alle hätte ich es nicht gekonnt.

Ich danke mir. Weil ich es wollte.

Voller Demut danke ich abschließend meinen Eltern, deren Unterstützung und Aufopferung erst meinen Werdegang ermöglichten, sodass sich Gelegenheit, Können und Wollen für diese Arbeit überhaupt erst begegnen konnten.

Kurzfassung

Das laserbasierte Directed Energy Deposition (DED, dt. Laserauftragschweißen) gehört zu den wichtigsten Additive Manufacturing (AM)-Verfahren aufgrund seiner vielseitigen Anwendbarkeit für die Herstellung, Reparatur und Individualisierung von Komponenten. Zu den größten Herausforderungen von AM zählt die Einhaltung konsistenter Bauteilqualitäten durch Erkennung lokaler Prozessabweichungen. Die Überwachung der thermischen Schmelzbadstrahlung gilt dabei als eine der wichtigsten Werkzeuge. Trotz vieler Vorarbeiten wird das Potential der Prozessüberwachung für das DED nicht vollständig abgerufen, da diese bisher ausschließlich zeitaufgelöst erfolgt. Aufgrund fehlender zeitlicher Synchronisation mit Ortsinformationen können detektierte Effekte nur ungenügend lokal in Bauteilen zugeordnet werden. Daher beschränken sich bisherige Untersuchungen überwiegend auf bedingt AM-repräsentative Geometrien wie Einzelspuren und Stege. In dieser Arbeit wird eine Methodik zur zeit- und ortsaufgelösten Prozessüberwachung entwickelt. Die Überwachung des Schmelzbades erfolgt mittels eines Pyrometers und einer CMOS-Kamera, die koaxial in den DED-Bearbeitungskopf integriert werden. Zur Ortsauflösung werden die zeitaufgelösten Sensordaten der Schmelzbadüberwachung mit Koordinaten der Werkzeugbahnen während der Fertigung synchronisiert. Diese werden mittels der standardisierten Steuerungsschnittstelle OPC Unified Architecture (OPC UA) erfasst. So wird die kombinierte Untersuchung der Einflüsse der Prozessparameter, Bauteilgeometrie und Prozessstrategie ermöglicht. Darauf aufbauend werden Untersuchungen zur Detektion von Prozessabweichungen durchgeführt. Mittels eines statistischen Versuchsplans werden zuerst die Sensitivitäten der beiden verwendeten Sensoren gegenüber systematischen Prozessabweichungen verglichen. Dabei wird gezeigt, dass Änderungen von Prozessparametern und der Prozessführung in CMOS-Signalen sensitiver erfasst werden als mittels Pyrometrie. Um die technologischen Grenzen zur Detektion von Prozessabweichungen zu untersuchen, werden hierauf neuartige Datenanalysemethoden untersucht. Dazu werden Modelle des maschinellen Lernens mit dem Ziel der Evaluierung der Potenziale bei deren Anwendung auf CMOS-Aufnahmen implementiert. Mithilfe eines dimensionalitätsreduzierenden Autoencoders mit Convolutional Layers werden die den Aufnahmen der thermischen Emission zugrundeliegenden Muster erfolgreich abgebildet. Auf Basis der Dimensionalitätsreduktion erfolgt die Quantifizierung der Repräsentativität der Bilder für diese Muster anhand des Rekonstruktionsfehlers. Hierdurch wird eine bisher nicht dokumentierte Methodik zur Detektion von Anomalien im Prozessverlauf vorgestellt und für die Änderung der Laserleistung und der Vorschubgeschwindigkeit demonstriert. Abschließend wird ein Ansatz zur Anwendung von Qualitätssicherungsmethoden mittels ortsaufgelöster Daten vorgestellt. Durch ein Clustering der ortsaufgelösten CMOS-Signale eines Demonstrators wird dieser in verschiedene geometrie- und prozessabhängige Bereiche unterteilt, für die separate Prüfkriterien definiert werden können.

Abstract

Laser-based Directed Energy Deposition (DED) is one of the most important Additive Manufacturing (AM) processes due to its versatility for manufacturing, repair and customization of components. The main challenges of AM processes include maintaining consistent part quality by detecting local process deviations. Melt pool monitoring is considered one of the important means to meet this technological demand. Despite considerable prior research, the potential of process monitoring for DED has not been fully exploited, as it has been exclusively time-resolved to date. Due to the lack of temporal synchronization with location information, detected effects can only be insufficiently assigned locally in components. Therefore, previous investigations are mainly limited to conditionally AM-representative geometries such as single tracks and thin walls. In this work, a methodology for time- and spatially-resolved process monitoring is developed. The monitoring of the melt pool is performed by means of a pyrometer and a CMOS camera, which are coaxially integrated into the DED processing head. For spatial resolution, the time-resolved sensor data of the melt pool monitoring are synchronized with coordinates of the tool paths during production. These are acquired using the standardized OPC Unified Architecture (OPC UA) control interface. This enables the combined investigation of the influences of process parameters, component geometry and process strategy. Based on this, investigations are carried out to detect process deviations. By means of a statistical experimental design, the sensitivities of the two sensors used are first compared with regard to systematic process deviations. It is shown that changes in process parameters and process control are detected more sensitively in CMOS signals than by pyrometry. In order to investigate the technological limits for the detection of process deviations, novel data analysis methods are investigated. For this purpose, machine learning models are implemented with the aim of evaluating the potentials of applying them to CMOS images. With the help of a dimensionality-reducing autoencoder with convolutional layers, the patterns underlying the thermal emission images are successfully mapped. Based on the dimensionality reduction, the representativeness of the images for these patterns is quantified using the reconstruction error. Through this, a previously undocumented methodology for detecting anomalies in process progression is presented and demonstrated for changes in laser power and feed rate. Finally, an approach for applying quality assurance methods using spatially-resolved data is presented. By clustering the spatially resolved CMOS signals of a demonstrator, it is divided into different geometry and process dependent regions for which separate inspection criteria can be defined.

Inhaltsverzeichnis

1	**Einleitung und Motivation**	**1**
2	**Stand der Forschung**	**3**
2.1	Laserbasiertes Directed Energy Deposition	3
2.1.1	Verfahrensprinzip	3
2.2	Schmelzbadüberwachung für das DED	6
2.2.1	Grundlagen der thermischen Prozessüberwachung	6
2.2.2	Koaxiale Prozessüberwachung beim laserbasierten DED	11
2.2.3	Maschinelles Lernen für die Analyse thermischer Emissionssignale beim DED	12
3	**Problemstellung und Vorgehensweise**	**15**
3.1	Handlungsbedarf und Zielsetzung	15
3.2	Forschungsfragen und Vorgehensweise	19
3.3	Versuchsaufbau	22
3.3.1	DED-Versuchsanlage	22
3.3.2	Verwendete Sensoren zur Überwachung des Schmelzbades	23
3.3.3	Referenzprozesse	28
3.4	Statistische Analysemethoden	30
3.4.1	Statistische Versuchsplanung	30
3.4.2	Multiple lineare Regression	31
3.5	Methoden des Maschinellen Lernens	34
3.5.1	Klassifikation durch überwachtes Lernen	35
3.5.2	Dimensionalitätsreduktion durch unüberwachtes Lernen mittels Autoencodern	38
4	**Entwicklung einer zeit- und ortsaufgelösten Messdatenerfassung für das DED-Verfahren**	**41**
4.1	Anforderungsanalyse für die Datenerfassungs- und Synchronisationsstrategie	41
4.2	Software und Implementierung	42
4.2.1	Verwendete Programmiersprache und Architektur	42
4.2.2	Implementierung	44
4.2.3	Sequenzdiagramm bei simultaner Datenerfassung	49
4.3	Verarbeitung der CMOS-Bilder	51
4.3.1	Identifikation physikalischer Features aus den CMOS-Bildern	51
4.3.2	Segmentierung der Emissionsbereiche	52

4.3.3	Extraktion von Schmelzbad-Features	54
4.3.4	Analyse des Einflusses der Belichtungszeit	56
4.4	Qualifizierung des Datenerfassungskonzepts	61
5	**Systematische Prozessabweichungen**	**67**
5.1	Statistische Versuchsplanung	67
5.1.1	Variierte Einflussgrößen der Prozessführung	67
5.1.2	Auswahl der Verfahrensparameterkombination	71
5.1.3	Einzelspur- und Lagenversuche	73
5.2	Ergebnisse der statistischen Datenanalyse	75
5.2.1	Gesamt-Regressionsmodelle	76
5.2.2	Diskussion der Eignung der Pyrometertemperatur zur Schmelzbadüberwachung	83
5.2.3	Schicht-Regressionsmodelle	88
5.3	Zwischenfazit zur systematischen Prozessabweichung	90
6	**Maschinelles Lernen zur Mustererkennung in CMOS-Signalen**	**93**
6.1	Prädiktion der Laserleistung mittels überwachten Lernens	94
6.1.1	Versuchsdurchführung und Datenvorbereitung	94
6.1.2	Implementierung der Modelle des überwachten Lernens	96
6.1.3	Analyse der extrahierten physikalischen Features der CMOS-Aufnahmen	98
6.1.4	Ergebnisse der Klassifikation	100
6.1.5	Zwischenfazit zum überwachten Lernen	104
6.2	Dimensionalitätsreduktion mittels Autoencodern	104
6.2.1	Implementierung des Autoencoders	105
6.2.2	Charakterisierung der Autoencoder-Rekonstruktion	109
6.2.3	Detektion beabsichtigt induzierter Abweichungen	123
6.2.4	Zwischenfazit zum unüberwachten Lernen mittels Autoencoders	130
7	**Ansatz zur ortsaufgelösten Prozessüberwachung für die Qualitätssicherung**	**133**
8	**Zusammenfassung und Ausblick**	**143**
9	**Literaturverzeichnis**	**149**
10	**Formelzeichen und Abkürzungen**	**159**
10.1	Formelverzeichnis	159

10.2 Abkürzungsverzeichnis 163

11 Abbildungen und Tabellen 165
11.1 Abbildungsverzeichnis 165
11.2 Tabellenverzeichnis 170

12 Anhang 173
12.1 Ergänzungen zu Kapitel 3 173
12.1.1 Vermessung der Komponenten der Versuchsanlage 173
12.1.2 Kalibrierung des Pyrometers 176
12.1.3 Spezifikationen der CMOS-Kamera 179
12.2 Ergänzungen zu Kapitel 4 181
12.2.1 Code zum Polling der TCP-Koordinaten 181
12.2.2 Ermittlung der Genauigkeit der DateTime-Struktur für den Anwendungsrechner 183
12.2.3 Auflistung der verwendeten Services des OPC UA Standards 183
12.2.4 Bildschirmaufnahmen der Tabs 184
12.2.5 Programmiersprachen und -bibliotheken 188
12.3 Ergänzungen zu Kapitel 5 189
12.3.1 Codes zur Berechnung von unabhängigen Größen 189
12.3.2 Übersicht der Effektstärken auf weitere CMOS-Features 194
12.3.3 Prüfung der Modellannahmen für die Schichtmodelle der Emissionsflächen 195
12.3.4 Schichtmodelle zu den Pyrometermessungen 197
12.4 Schichtmodelle der Pyrometertemperatur 197
12.5 Ergänzungen zu Kapitel 6 202
12.5.1 Implementierung des CNNs für die Prädiktion der Laserleistung 202
12.5.2 Ergebnis der Gittersuche für den Random Forest 203
12.5.3 Implementierung des Autoencoders 204
12.5.4 Principal Component Analysis 205
12.5.5 Erklärte Varianz des mittels PCA transformierten Unterraums 206
12.5.6 Reduktion der Bottleneckparameter 206
12.5.7 Weiterführende Ergebnisse zur Analyse der Bottleneckparameter 208
12.5.8 Verläufe der absoluten Rekonstruktionsfehler und Emissionsflächen für Proben mit lokalen Parametervariationen 210
12.6 Ergänzungen zu Kapitel 7 214
12.6.1 k-Means-Clustering 214
12.6.2 Histogramme der Cluster 215

1 Einleitung und Motivation

Additive Fertigungsprozesse (engl: Additive Manufacturing, AM) gelten als wichtige Bausteine zur Deckung zukünftiger Bedarfe hinsichtlich flexibler und ökonomischer Fertigung. Den dynamischen Anforderungen hinsichtlich Designs, flexiblen Werkstoffeigenschaften und Funktionen begegnet AM durch lagenweisen Aufbau bei gleichzeitig präziser Steuerungs- und Überwachungsmöglichkeit. Trotz des großen Potentials wird in Umfragen im Jahre 2020 die Beschleunigung der Produktentwicklung von 41 % der Befragten als ein Hauptziel für die Etablierung von AM-Prozessen aufgeführt. Hierbei ist die aktuell erfahrungs- und Trial-and Error-basierte, iterative Entwicklung von Prozessen, die zusätzlich anwendungsabhängig wiederholt werden muss, das größte Defizit. Eine Steigerung der Technologiezuverlässigkeit gilt als eine der Haupthandlungspunkte für das Wachstum von AM. So werden Prozesse heute vor allem auf Basis zeit- und kostenintensiver zerstörender Untersuchungen anhand weniger objektiver Kriterien wie riss- und porenfreier Volumina qualifiziert. Geschwindigkeit und Erfolg der Prozessentwicklung hängen daher stark von Know-how und Erfahrung der Entwickler ab. Für das gefertigte Produkt besteht zumeist trotzdem keine Garantie für den defektfreien Aufbau. Als Integrationshemmnis werden im Jahr 2020 daher von 51 % der Befragten vor allem mangelndes Prozesswissen angegeben. [1]

Unter den AM-Verfahren hebt sich das laserbasierte Directed Energy Deposition (DED, dt. Laserauftragschweißen) aufgrund seines vielseitigen Anwendungspotentials besonders hervor. DED eignet sich neben der additiven Herstellung von Komponenten als Reparatur- und Beschichtungsverfahren sowie zur gezielten Funktionalisierung vorgefertigter Basisbauteile. Breite Anwendung finden DED-Prozesse insbesondere im Turbomaschinenbau, bspw. in der Reparatur von Turbinenschaufelspitzen, der Individualisierung von Triebwerksgehäusen oder der additiven Fertigung von BLISK-Turbinenschaufeln auf Schmiederohlingen [2–4]. Durch die Inkonsistenz hinsichtlich Prozessstabilität, Wiederholbarkeit und Maschinenübertragbarkeit werden jedoch kostensteigernde Herausforderungen in der Qualifizierung der additiv gefertigten Luftfahrt-Komponenten dargestellt. So betragen nach [5, S. 46] die Aufwände der Qualitätssicherung ca. 30% der Wertschöpfung für ein additiv seriengefertigtes Triebwerksbauteil.

In diesem Spannungsfeld bietet vor allem die Prozessüberwachung das Potential, die Transparenz der AM-Prozesse hinsichtlich der Sensitivität gegenüber Prozessunregelmäßigkeiten und auftretender Phänomene zu steigern und das Vertrauen in AM zu erhöhen, in dem bspw. Risikobereiche identifiziert werden, die eine hochauflösende zerstörungsfreie Prüfung erfordern [6]. In der bisherigen Forschung und Entwicklung der Prozessüberwachung der metallbasierten AM-

Verfahren steht die Beobachtung des Schmelzbads als Prozessüberwachungsgröße im Fokus.

Um während des schichtweisen Aufbaus von Volumenkörpern die Lokalisierbarkeit von Prozessanomalien zu ermöglichen und ex-situ detektierte Bauteileigenschaften zu in-situ erfassten Sensorsignalen bei komplexen Bauteilgeometrien zuzuordnen, werden die Prozessüberwachungsdaten vor allem örtlich aufgelöst für einzelne Bauteilquerschnitte benötigt. Im Stand der Technik der Prozessüberwachung des DED können hingegen überwiegend Arbeiten zur zeitaufgelösten Erfassung von Messdaten identifiziert werden. Dadurch werden die Anwendungen auf vereinfachte und für AM beschränkt repräsentative Geometrien wie Einzelspuren und Stege beschränkt. Eine allgemein und geometrieunabhängig anwendbare Methodik zur Korrelation von zeit- und ortsaufgelösten Messdaten ist in der Literatur für das DED nicht dokumentiert.

Neben der ortsaufgelösten Rückverfolgbarkeit von Prozessüberwachungsdaten sind neue Methoden der Datenauswertung erforderlich, um auch kleinste Prozessabweichungen reliabel zu detektieren. Insbesondere durch maschinelles Lernen wird aufgrund der Fähigkeit zur Mustererkennung in hochdimensionalen Daten die Lösung einer Vielzahl von komplexen Herausforderungen ermöglicht [7]. Neuartige Modelle des maschinellen Lernens wie künstliche neuronale Netze werden durch die Möglichkeit der Abbildung komplexer Zusammenhänge charakterisiert. Demnach wird in der Verarbeitung der mittels Sensorik erfassten thermischen Schmelzbademission durch maschinelles Lernen ein Potenzial zur Vergrößerung der Wirtschaftlichkeit des DED-Verfahrens identifiziert [8, 9].

Im Rahmen dieser Arbeit werden daher Potentiale der ortsaufgelösten Prozessüberwachung untersucht. Dafür wird die Entwicklung einer Softwarelösung vorgestellt, durch die die Erfassung der Prozessüberwachungsdaten sowie der Maschinensteuerung realisiert wird. Für die räumliche Lokalisierung der Messpunkte erfolgt die Synchronisation mit den Tool Center Point-Koordinaten der Werkzeugmaschine. Als Prozessüberwachungssensoren werden, koaxial in den DED-Bearbeitungskopf integriert, ein Pyrometer und eine CMOS-Kamera eingesetzt. Die Untersuchungen werden auf die Erkennung von Prozessabweichungen durch die verwendeten Sensoren sowie neuartige Datenanalysemethoden fokussiert. Die beiden Sensoren werden hinsichtlich der Sensitivität gegenüber systematischen Prozessparameteränderungen für die additive Fertigung untersucht und Methoden des maschinellen Lernens für die Mustererkennung in den Messdaten appliziert. Daran angeknüpft wird das Datenerfassungs- und Analysekonzept anhand industrieller Demonstratoren aus Turbomaschinenbau demonstriert, um die geometrieunabhängige Nutzbarkeit zu zeigen und einen Ansatz für die Anwendung von Qualitätssicherungsmethoden vorzustellen.

2 Stand der Forschung

2.1 Laserbasiertes Directed Energy Deposition

2.1.1 Verfahrensprinzip

Gemäß DIN EN ISO/ASTM 52900 werden Directed Energy Deposition-Prozesse als additive Fertigungsprozesse definiert, bei denen fokussierte thermische Energie verwendet wird, um Materialien während des Auftragens durch Umschmelzen zu verbinden. Neben verschiedenen verwendeten Energiequellen (Laser, Lichtbogen) wird nach der Art des verwendeten Zusatzmaterials (Pulver, Draht) unterschieden [10]. Weitere synonym verwendete Bezeichnungen für das in dieser Arbeit verwendete pulver- und laserbasierte DED-Verfahren lauten u.a. Laserauftragschweißen, Laser Material Deposition, Laser Engineered Net Shaping (LENS) oder Direct Metal Deposition [11].

Durch Fokussierung eines Laserstrahls auf ein Substrat wird während des DED-Prozesses ein lokal begrenztes Schmelzbad erzeugt. Diesem wird gleichzeitig mittels inerten Fördergases (bspw. Argon) ein pulverförmiger Zusatzwerkstoff zugeführt. Zwischen dem im Schmelzbad verflüssigten Zusatzwerkstoff und dem im Bereich der Aufmischungszone umgeschmolzenen Substrat wird bei der Erstarrung eine schmelzmetallurgische Verbindung erzeugt. Zur Vorbeugung von Oxidation wird Schutzgas in die Prozesszone geführt (vgl. Bild 1).

Bild 1
Schematische Darstellung des laser- und pulverbasierten DED-Prozesses

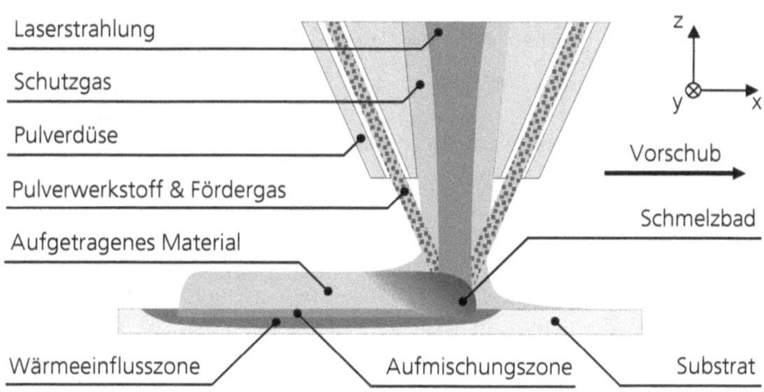

Unter Verwendung von Werkzeugmaschinen werden durch Relativbewegungen zwischen dem DED-Bearbeitungskopf und dem Substrat Spuren aufgetragen. Die Spurgeometrie (Spurhöhe h_S und Spurbreite b_S) resultiert dabei maßgeblich aus der Wechselwirkung der Prozessparameter Laserleistung P_L, Vorschubgeschwindigkeit v_S und dem Pulvermassenstrom $\dot{m}_P$. Durch Aneinanderreihung von Spuren (Hatching) mit einem vordefinierten Spurüberlapp erfolgt die Herstellung von Schichten. Unter Berücksichtigung der daraus resultierenden Schichtdicke werden zur Erzeugung von Volumina mehrere Schichten übereinander aufgetragen. Zur Erstellung der Werkzeugbahnen für die einzelnen Schweißbahnen wird das CAD-Modell des zu fertigenden Bauteils verwendet. Dieses wird in Schichten definierter Dicken unterteilt („Slicing", vgl. Bild 2), deren Informationen mit CNC-Befehlen für die Werkzeugbahnen bzw. Tool Center Point (TCP)-Bahnen sowie der Prozessparameter ausgestattet werden.

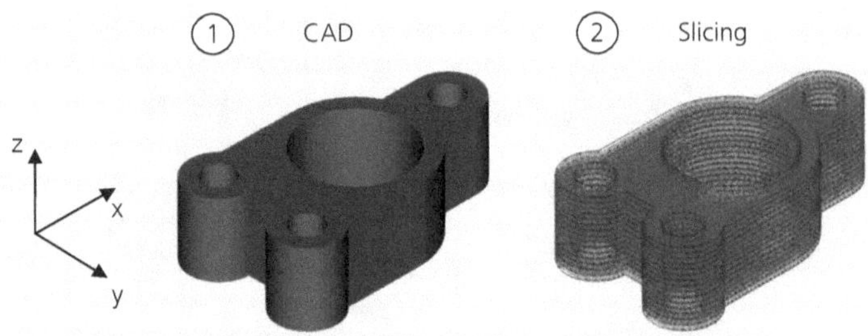

Bild 2
Slicing eines CAD-Modells,
① CAD-Modell
② in Schichten unterteiltes Modell

Die additive Fertigung erfolgt gemäß einer vordefinierten Strategie zur Prozessführung, mit der das thermische Verhalten des DED-Prozesses aufgrund der zyklischen Umschmelz- und Abkühlvorgänge maßgeblich beeinflusst wird. Dadurch wird ein wesentlicher Einfluss auf die Eigenschaften des aufgebauten Materials hinsichtlich Bauteildichte, Mikrostruktur und Geometriegenauigkeit ausgeübt. [12–21] Anhand nachfolgender schematischer Darstellungen (vgl. Bild 3) werden wesentliche Begriffe zur Prozessführung zur Schweißung von Volumina beschrieben.

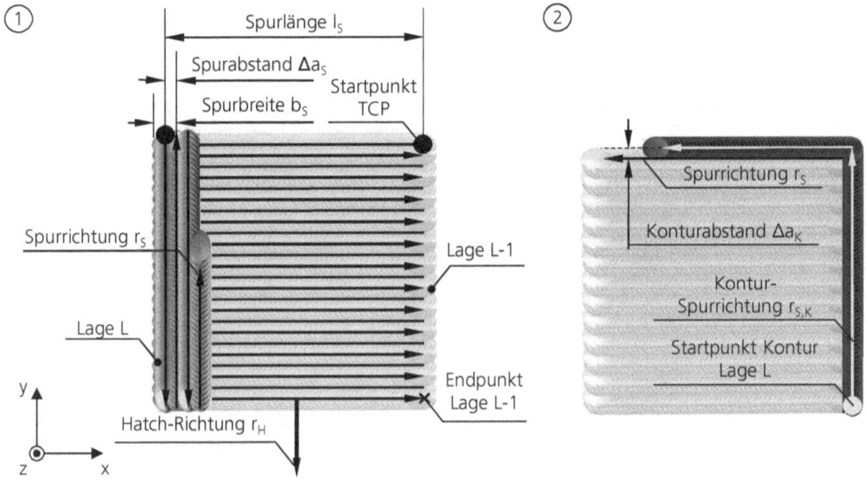

Bild 3 Schematische Darstellung der Prozessführung für das DED-Verfahren; ① Hatching, ② Kontur

Hatch-Richtung r_H: Durch die Hatch-Richtung wird die Richtung beschrieben, in die durch die bidirektionale Aneinanderreihung von Einzelspuren Lagen geschweißt werden. In der Regel wird die Hatch-Richtung lagenweise zur Vermeidung richtungsabhängiger Werkstoffeigenschaften variiert. In den Versuchen dieser Arbeit wird das Hatching nach x- und y-Richtung unterschieden. Die lagenweise Variation der Hatch-Richtung r_H (in dieser Arbeit um 90°) wird als Cross-Hatching bezeichnet.

Spurrichtung r_S und Spurlänge l_S: Die Spurrichtung wird durch den Vektor beschrieben, entlang dessen der TCP für die Erzeugung einer Schweißbahn der Spurlänge l_S mit definierten Prozessparametern geführt wird. In der Literatur wird zwischen der longitudinalen Orientierung parallel zur längeren Kante der Rechteckgrundfläche, sowie der transversalen Orientierung parallel zur kürzeren Kante unterschieden [22]. Bei in dieser Arbeit verwendeten quaderförmigen Proben entspricht die Spurlänge l_S der Länge der Kante, zu der die Hatch-Richtung senkrecht verläuft.

Spurbreite b_S und Spurabstand d_T: Die Spurbreite b_S der geschweißten Bahn stellt sich aus der Wechselwirkung der gewählten Prozessparameter ein. Durch den Spurabstand d_T wird der Abstand zwischen zwei Schweißbahnen während des Hatchings beschrieben. Um defektfreie Lagen zu erzeugen, werden benachbarte Schweißbahnen überlappt. In dieser Arbeit wird in allen Versuchen ein Spurüberlapp von 50% der gemessenen Spurbreite b_S verwendet.

Kontur: Das Schweißen von Konturbahnen erfolgt nach Abschluss des Volumen-Hatchings. Mit einer umlaufenden Schweißspur mit einem definierten Konturabstand Δa_K zum Hatching werden offene Schweißspurenden geschlossen.

Lagenhöhe d_Z: Die Lagenhöhe resultiert aus der Überlappung von Einzelspuren während des Hatchings und der daraus resultierenden Anhäufung des umgeschmolzenen Zusatzwerkstoffs. Diese wird im Rahmen von Voruntersuchungen zur Bestimmung der Prozessparameter und -strategie für einzelne Lagen empirisch bestimmt und für das Slicing verwendet.

2.2 Schmelzbadüberwachung für das DED

Nachfolgend wird eine Übersicht zu den Grundlagen der thermischen Prozessüberwachung für das DED-Verfahren sowie zu aktuellen Forschungsarbeiten zu Sensitivitätsstudien und der Anwendung von Maschinellem Lernen an DED-Prozessüberwachungsdaten vorgestellt. Eine Einordnung und Ableitung von Handlungsbedarfen erfolgen hierauf folgend in Abschnitt 3.

2.2.1 Grundlagen der thermischen Prozessüberwachung

Die in-situ Überwachung des DED-Prozesses wird durch die Vergrößerung sowie die Reproduzierbarkeit der Produktqualität der gefertigten Bauteile motiviert. Mittels einer digitalen Repräsentation messtechnisch erfassbarer Prozessgrößen wird die Transparenz der physikalischen Wirkzusammenhänge gefördert. Die thermische Schmelzbademission wird als wichtigstes Messobjekt additiver Fertigungsverfahren beschrieben, da diese unmittelbar durch Wechselwirkung zwischen Werkstoff und Laserstrahlung entsteht. Schmelzbadeigenschaften wie Temperatur, räumliche Ausdehnung und Form werden durch die Prozessparameter beeinflusst (vgl. Abschnitt 2.2.2).[23–25]

Neben der durch das Schmelzbad induzierten thermischen Emission gehen reflektierte Laserstrahlung, Plasmastrahlung und Schmauch von der Prozesszone aus (vgl. Bild 4) [26–29].

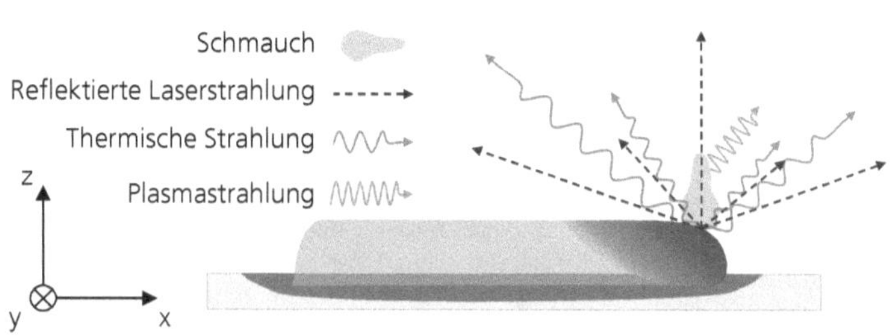

Bild 4
Elektromagnetische Emission während des DED-Prozesses

Die Messung thermischer Emission erfolgt wie nachfolgend beschrieben mithilfe des photoelektrischen Effekts. Hierfür werden bei der Prozessüberwachung für das DED in der Literatur Photodioden, und weitere auf diesen basierende Sensoren wie Pyrometer und CMOS-Kameras eingesetzt. Dabei wird zwischen den beiden Kategorien der koaxialen und lateralen Installationsmöglichkeit der Messtechnik unterschieden. Koaxial angeordnete Sensoren werden in den Strahlengang der Bearbeitungsoptik integriert, wobei die thermische Emission des Prozesses durch dichroitische Spiegel im gewünschten Wellenlängenbereich transmittiert wird. Im Vergleich zu lateralen Systemen wird das Schmelzbad durch diese Systeme in größerer Auflösung erfasst. Nachteilig ist die fehlende Ortsauflösung der Messdaten, da der Messbereich durch das Verfahren des Bearbeitungskopfes variiert wird. Die Installation lateraler Systeme erfolgt an einem festen Punkt relativ zur Bearbeitungszone. Hierdurch entfallen Anforderungen an die Strahlführung innerhalb der Bearbeitungsoptik. Die Integration mehrerer Sensoren überlappender Messwellenlängen ist im Gegensatz zu koaxialen Systemen unmittelbar möglich [30–33]. Nach [34] resultiert durch die laterale Installation bei dreidimensionaler Bearbeitung ein signifikanter Messfehler, weswegen die koaxiale Integration empfohlen wird [24, S. 68–69].

Thermische Strahlung

Nach dem Planckschen Strahlungsgesetz wird durch jeden Körper, dessen Temperatur T oberhalb des absoluten Nullpunktes liegt, elektromagnetische Strahlung emittiert. Das Spektrum dieser Strahlung wird durch die Temperatur und den Emissionsgrad ε des Körpers charakterisiert. Hierbei wird durch den Emissionsgrad beschrieben, wie viel Strahlung durch diesen Körper im Vergleich zum idealen schwarzen Körper emittiert wird. Ideale schwarze Körper werden durch die Absorption von Strahlung jeglicher Wellenlänge λ und $\varepsilon = 1$ definiert. Das Emissionsspektrum eines Flächenelements eines idealen schwarzen Körpers in einen Halbraum wird durch die spektrale spezifische Ausstrahlung

2.1 $$M_0^\lambda(\lambda, T) = \frac{2\,\pi\,h\,c^2}{\lambda^5}\,\frac{1}{e^{\left(\frac{h\,c}{\lambda\,k_B T}\right)}-1}$$

mit dem Plankschen Wirkungsquantum h, der Vakuumlichtgeschwindigkeit c und der Boltzmann-Konstante k_B beschrieben. Diese ist für ausgewählte Temperaturen in Bild 5 dargestellt. Erkennbar ist, dass die Maxima der Wellenlängen mit zunehmender Temperatur hin zu kürzeren Wellenlängen verschoben werden [35, S. 102–104, 36]

Bild 5
Spektrale spezifische Ausstrahlung für ausgewählte Temperaturen in Abhängigkeit der Wellenlänge

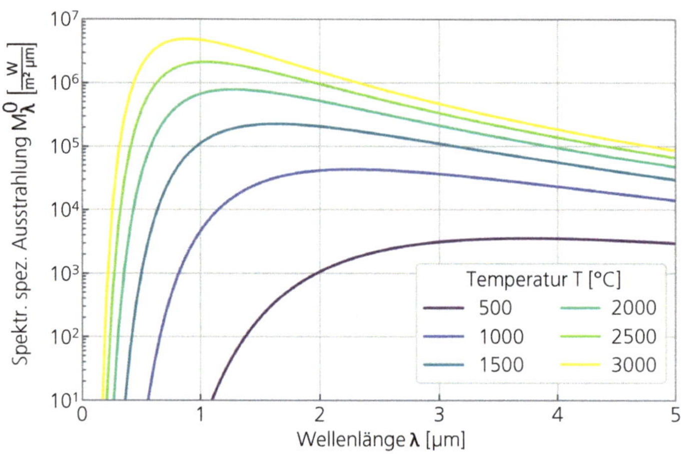

Die Integration von M_0^λ über das gesamte Wellenlängenspektrum führt zum Stefan-Boltzmann-Gesetz

2.2

$$P_{th} = \sigma A T^4$$

mit der Stefan-Boltzmann-Konstante σ. Durch diese Formel wird die thermisch abgestrahlte Leistung P_{th} eines realen Körpers der Fläche A bestimmt. Für reale Körper gilt $0 < \varepsilon < 1$. Genauer wird durch den hemisphärischen spektralen Emissionsgrad

2.3

$$\varepsilon_\lambda(\lambda,T) = \frac{M_\lambda(\lambda,T)}{M_\lambda^0(\lambda,T)}$$

das Verhältnis zwischen den spektralen spezifischen Ausstrahlungen M_λ eines realen Körpers und M_λ^0 eines schwarzen Strahlers bei gleicher Temperatur und Wellenlänge definiert.

Durch die spektrale Strahldichte L_λ wird die pro Raumwinkel durch Wärmestrahlung abgegebene Leistung abhängig von der Wellenlänge angegeben. Für reale Körper ist L_λ im Allgemeinen abhängig vom Betrachtungswinkel β und der Richtung ϕ relativ zur Oberfläche. Für ideal diffus abstrahlende Körper kann der Zusammenhang

2.4
$$M_\lambda(\lambda,T) = \pi\, L_\lambda(\lambda,T)$$

zwischen spektraler spezifischer Abstrahlung und der spektralen Strahldichte angegeben werden. Ausgehend hiervon kann für eine ideal diffuse Emission zudem der gerichtete spektrale Emissionsgrad ε'_λ über

2.5
$$\varepsilon'_\lambda(\lambda,T) = \frac{L_\lambda(\lambda,T)}{L^0_\lambda(\lambda,T)} = \frac{M_\lambda(\lambda,T)}{M^0_\lambda(\lambda,T)} = \varepsilon_\lambda(\lambda,T)$$

mit der spektralen Strahldichte L^0_λ des schwarzen Strahlers ermittelt werden. [37, S. 654–657]

Photodioden

Zur Messung der Intensität von elektromagnetischer Strahlung werden Photodioden eingesetzt. Nach dem inneren photoelektrischen Effekt werden im dotierten Halbleiter einer Photodiode aufgrund von Absorption auftreffender Strahlung ungebundene Elektronen-Loch-Paare generiert. Diese können als elektrischer Photostrom I_{ph} gemessen werden, wobei die Stromstärke durch Proportionalität zur thermisch eingestrahlten Leistung $P_{opt,\lambda}$ charakterisiert wird. Durch Umstellung des Stefan-Boltzmann-Gesetzes in Formel 2.2 wird der Rückschluss auf die Temperatur des Körpers ermöglicht. Die zur Erzeugung eines Elektronen-Loch-Paares notwendige Energie E_{ph} eines Photons wird durch die Abhängigkeit von der Größe der Bandlücke des Halbleitermaterials beschrieben. Da die Energie eines Photons nach

2.6
$$E_{ph} = \frac{hc}{\lambda}$$

von dessen Wellenlänge λ abhängig ist, erfolgt die Auslösung des Photostroms unterhalb einer materialabhängigen Grenzwellenlänge λ_{grenz}. [38]

Die Wellenlängenabhängigkeit einer Photodiode kann über die spektrale Empfindlichkeit

2.7
$$R(\lambda) = \frac{I_{ph}}{P_{opt,\lambda}}$$

definiert. In Bild 6 ist die spektrale Empfindlichkeit von Photodioden verschiedener Halbleitermaterialien schematisch dargestellt. [39]

Bild 6
Schematische Darstellung der spektralen Empfindlichkeit von Photodioden auf Basis verschiedener Halbleiterwerkstoffe nach [40, 41]

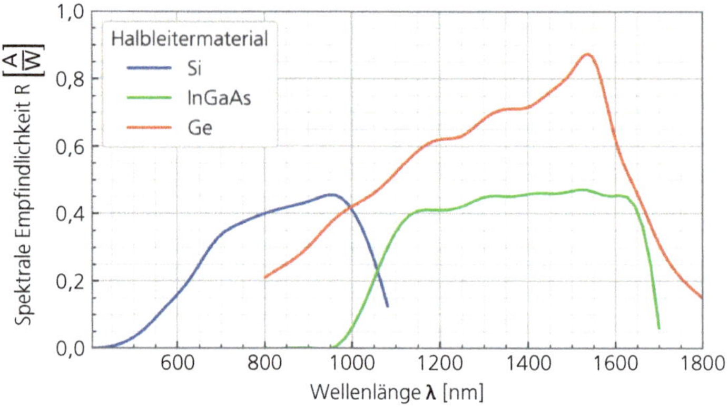

Pyrometrie

Zur berührungslosen Temperaturmessung werden Pyrometer verwendet, in denen Photodioden als Sensor integriert sind. Nach Formel 2.2 wird die mithilfe des Sensors detektierte thermische Leistung und damit die erfasste Temperatur durch den Emissionsgrad beeinflusst. Der Emissionsgrad des Messobjekts ist dabei aufgrund der Abhängigkeit von der Temperatur sowie der Wellenlänge oftmals nicht hinreichend präzise bestimmbar.

Daher erfolgt die Messung der Temperatur häufig mit Quotientenpyrometern anhand zweier Sensoren bei benachbarten Messwellenlängen. Durch den Vergleich der spektralen Strahldichte L_λ bei verschiedenen Wellenlängen λ_1 und λ_2 mittels des Quotienten

2.8
$$r(T)=\frac{L_\lambda(\lambda_1,T)}{L_\lambda(\lambda_2,T)}$$

kann die Temperatur des untersuchten Körpers über

2.9
$$T=\frac{hc}{k}\cdot\left(\frac{1}{\lambda_1}-\frac{1}{\lambda_2}\right)\cdot\frac{1}{5\ln\frac{\lambda_2}{\lambda_1}+\ln\frac{\varepsilon_{\lambda 1}}{\varepsilon_{\lambda 2}}-\ln r(T)}$$

ermittelt werden [42, S. 1198].

Unter Annahme des gleichen Emissionsgrades bei beiden gemessenen Wellenlängen ist der Quotient und damit die Temperaturmessung unabhängig vom Emissionsgrad, da dieser aus dem Verhältnis gekürzt werden kann. Dadurch wird Formel 2.9 reduziert zu

2.10
$$T = \frac{hc}{k} \cdot \left(\frac{1}{\lambda_1} - \frac{1}{\lambda_2}\right) \cdot \frac{1}{5 \ln \frac{\lambda_2}{\lambda_1} - \ln r(T)} .$$

Diese Annahme wird bei realen Körpern nicht erfüllt, weshalb eine Abweichung der Messung von der realen Temperatur besteht. Die Temperatur wird anhand deren Proportionalität zum Quotienten der durch die Sensoren detektierten Strahlung ermittelt. [35, S. 104–107]

Der wesentliche Unterschied zur Photodiode besteht in der Kalibrierung des Pyrometers, die mithilfe eines schwarzen Referenzstrahlers durchgeführt wird. Deshalb wird die mittels Pyrometrie gemessene thermische Emission in Einheiten der Temperatur angegeben. [24]

CMOS-Sensorik

Mittels auf Complementary Metal-Oxide Semiconductor (CMOS) Sensoren basierenden Kameras erfolgt im Gegensatz zur Pyrometrie die zweidimensional ausgelöste Darstellung der thermischen Strahlung. Hierbei werden statt eines einzelnen Messpunktes Photodioden als Pixel in einem Raster angeordnet. Jedem Bildpunkt wird jeweils ein separater analoger Verstärkerschaltkreis zugeordnet, weshalb die Bildpunkte selektiv ausgelesen werden. Durch diese Architektur werden im Vergleich zu Charge-Coupled Device (CCD) Sensoren größere Frameraten, flexiblere Auslesestrategien sowie eine größere Auflösung erreicht. [39]

2.2.2 Koaxiale Prozessüberwachung beim laserbasierten DED

Die ersten Arbeiten, in denen Methoden der Prozessüberwachung für das DED-Verfahren untersucht werden, datieren in die 1990er Jahre zurück [20, 43]. Seitdem wurden bereits umfassende Arbeiten zur koaxialen und lateralen DED-Überwachung dokumentiert. Daher werden nachfolgend ergänzend zu den o.g. Erklärungen zu den in dieser Arbeit verwendeten koaxial integrierten Sensoren (Pyrometer, CMOS-Kamera, vgl. Abschnitt 3.3.2) material- und parameterunabhängig ermittelte Wirkzusammenhänge in der koaxialen Prozessüberwachung angeführt und auf umfassende Review-Paper in [21, 44–49] verwiesen.

In der Literatur wird der Einfluss verschiedener Prozessparameter bisher auf die mittels Pyrometrie und Photioden erfassten Schmelzbadmessdaten anhand der Fertigung einfacher Geometrien wie Einzelspuren und Stegen untersucht. Mittels koaxial installierter CCD- und CMOS-Kameras werden die geometrischen Eigenschaften der Schmelzbademission erfasst. Hierbei werden die Aufnahmeparameter der Kamera so eingestellt, dass eine Sättigung des Sensors im Bereich des Schmelzbades eintritt. Hierdurch wird die Extraktion der Schmelzbadgeometrie anhand eines Schwellwertvergleichs ermöglicht. [24, 25, 34, 50–52]

Bei Erhöhung der Laserleistung ist eine Vergrößerung der Schmelzbadbreite dokumentiert, wohingegen eine Verkleinerung dieser bei einer Vergrößerung der Vorschubgeschwindigkeit erfolgt. Aufgrund des Vergleichs beider Faktoren mithilfe der Energieeinbringung wird der Einfluss der Vorschubgeschwindigkeit kleiner als jener der Laserleistung bewertet. Durch Vergrößerung des Pulvermassenstroms wird keine Änderung oder eine kleine Abnahme der Schmelzbadbreite dokumentiert. Dabei wird die Abnahme mit der größeren zum Aufschmelzvorgang benötigten Energie begründet. Weiterhin werden bei dünnwandigen Stegen positive Korrelationen zwischen der Bauteilhöhe und der Schmelzbadgeometrie festgestellt, die auf die mit der Probenhöhe zunehmenden Wärmestau zurückgeführt wird. Zur Verkleinerung von systematischen Messfehlern durch Prozessnebenprodukte wird die elliptische Approximation der Schmelzbadgeometrie vorgeschlagen. [52, 53] Durch den unbekannten Emissionsgrad ist die Relation zwischen Schmelzbadtemperatur und Pixelgrauwert nicht reliabel herstellbar. [25, 34, 50–54]

Neben der Erfassung der Schmelzbademission werden die Messgrößen zur insitu Anpassung von Prozessparametern verwendet. Durch die Regelung der Laserleistung nach dem Pyrometersignal wird die Vergrößerung der geometrischen Genauigkeit des gefertigten Bauteils sowie die Verhinderung von Oxidation an der Bauteiloberfläche dokumentiert [23, 30, 34, 55, 56]. Aus Aufnahmen koaxial installierter Kameras wird die Schmelzbadbreite extrahiert und als Regelgröße genutzt, wobei die Vergrößerung der Homogenität des Bearbeitungsergebnisses im Querschliff sowie der Härte beobachtet wird [53, 57].

2.2.3 Maschinelles Lernen für die Analyse thermischer Emissionssignale beim DED

Durch die stetige Weiterentwicklung von Methoden des maschinellen Lernens werden für diese eine steigende Anzahl von Anwendungsfeldern für das DED dokumentiert. Insbesondere auf künstlichen neuronalen Netzen (KNN) basierende Modelle werden in der Grundlagenforschung vermehrt angewendet [58–64]. Die komplexen Wirkzusammenhänge des DED-Prozesses werden auf Basis dieser Modelle in einem größeren Umfang als durch konventionelle statistische Methoden abgebildet [8]. Seit 2020 wird der Einsatz von Convolutional Neural Networks (CNN) als Methode des überwachten Lernens zur Vorhersage von Eigenschaften mittels DED gefertigter Bauteile dokumentiert. Die Netzwerke werden jeweils mithilfe von Aufnahmen koaxial integrierter CMOS-Sensoren als Eingangsdaten trainiert. Als Ausgabedaten werden verschiedene Qualitäts- und Geometriefeatures verwendet, bei denen die Möglichkeit der Zuordnung zu den Bildern besteht. [58, 60, 66]

Selbstorganisierende Karten werden zur Erzeugung einer zweidimensionalen Repräsentation eines multidimensionalen Eingangsraums unter Verwendung eines KNNs angewendet [65, S. 547–551]. Dieser Ansatz des unüberwachten Lernens wird in [62, 64] zur Analyse von Clustern in Schmelzbadbildern für das DED implementiert. Ziel des Ansatzes ist die Separierung von Aufnahmen eines stabilen Prozessverlaufs von jenen, die während der Bildung einer Pore erfasst werden. Die Bilder werden während der Fertigung eines Steges mittels einer koaxial integrierten CMOS-Kamera erfasst. Durch diese wird aufgrund von Kalibrierung und Sensitivität im infraroten (IR) Wellenlängenbereich das Temperaturprofil des Schmelzbades quantifiziert. In der erzeugten Visualisierung wird die Korrelation zwischen einzelnen Clustern und der mittels Computertomographie gemessenen Porosität beobachtet. Die Sensitivität[1] der Klassifikation bei Erstellung der selbstorganisierenden Karten auf Basis vollständiger Bilder ist mit 96% größer als jene bei Verwendung manuell extrahierter geometrischer Merkmale des Schmelzbades mit 82%. Dies wird mit Informationsverlust durch die manuelle Merkmalsextraktion begründet. [62]

Da durch die Parameter Laserleistung und Vorschubgeschwindigkeit Indikatoren für den Energie- und Masseneintrag in den DED-Prozess dargestellt werden, wird in [66] ein CNN nach diesen Zielgrößen trainiert. Die Architektur wird dabei vom ResNet[2] adaptiert. Das Training des CNN erfolgt mittels 1.600.000 Bildern aus 405 Einzelspuren, wobei die Bilder mithilfe einer koaxial integrierten IR-Kamera aufgenommen werden. Die durch dieses CNN erlernten Muster werden als repräsentativ für die Analyse von Schmelzbadbildern beschrieben, weshalb nachfolgend Transfer Learning angewendet wird. Hierfür wird durch die Fertigung von 20 Einzelspuren ein kleinerer Datensatz aus 8.000 Bildern generiert, wobei die durch Metallographie ermittelte Aufmischungstiefe als Zielgröße genutzt wird. Die mittlere quadratische Abweichung zwischen der Vorhersage des Modells und der realen Aufmischungstiefe wird mit 2,8% quantifiziert. Das auf Basis der a priori bekannten Zielgrößen Laserleistung und Vorschubgeschwindigkeit trainierte CNN wird deshalb durch hinreichende Generalisierungsfähigkeit charakterisiert. Da die für die Qualität des DED-Prozesses relevanten Zielgrößen mittels kostenintensiver Analyseverfahren generiert werden, wird durch Transfer Learning ein valides Konzept zur Verkleinerung der Kosten bei der Anwendung von CNNs für das DED dargestellt. [66]

In [58] werden die Prozessparameter sowie Schmelzbadbilder als Eingangsgrößen für ein CNN genutzt, wobei durch die verwendete Kamera der sichtbare Wellenlängenbereich detektiert wird. Als Ausgabegröße werden die mittels Photogrammetrie gemessene Spurhöhe und -breite genutzt. Durch Variation von Laserleistung und Vorschubgeschwindigkeit werden 24 verschiedene Einzelspuren gefertigt, wobei 6561 Bilder generiert werden. Nach der Trainingsphase wird bei

[1] Durch die Sensitivität wird der Quotient aus Anzahl korrekt positiv klassifizierten und tatsächlich positiven Objekten beschrieben [65].

[2] Mittels Projektion von Eingangs- auf Ausgabeschichten wird bei ResNet die Sättigung von Neuronen in tiefen CNNs verhindert [67].

Anwendung des Modells auf Testdaten der Wert des Bestimmtheitsmaßes $R^2 = 0{,}986$ beziffert.

Durch die Kombination von CNNs und physikalischen Simulationen werden mittels des in [60] dargestellten Ansatzes das Vorkommen und die Größe von Poren vorhergesagt. Die 1557 Bilder des Trainingsdatensatzes werden durch eine kalibrierte koaxiale Thermokamera während der Fertigung eines Steges aufgezeichnet, wobei das Temperaturprofil wie bei dem in [62] verwendeten Kamerasystem quantitativ dargestellt wird. Die Poren werden mittels Computertomographie detektiert, wobei der Durchmesser der berücksichtigten Poren mindestens 50 µm beträgt. Die Architektur des CNNs basiert auf VGG16[3], während die Merkmale der Simulation durch die Finite-Elemente-Methode generiert werden. Der Testdatensatz wird aus 257 porenfreien Bildern sowie zwölf porenbehafteten Bildern aufgebaut, wobei für alle Bilder eine korrekte Klassifikation durch das trainierte Modell erfolgt. Der Wert der Wurzel der mittleren quadratischen Abweichung zwischen der Vorhersage des Modells und der realen Porengröße wird für den Testdatensatz mit 36 µm beziffert. Der Vorhersagefehler wird größer, wenn ein CNN ohne Verwendung der physikalischen Simulation trainiert wird. Durch Hinzunahme der Bauteilschichtnummer als Eingangsgröße wird der Vorhersagefehler kleiner, was durch die unterschiedlichen thermischen Bedingungen in verschiedenen Schichten begründet wird. [60]

[3] Durch aufeinanderfolgende 3x3-Faltungen werden bei der VGG16-Architektur komplexere Muster gelernt, wobei die Trainingszeit aufgrund der im Vergleich zu größeren Faltungsoperatoren kleineren Anzahl von Parametern kleiner ist [68].

3 Problemstellung und Vorgehensweise

3.1 Handlungsbedarf und Zielsetzung

Das übergeordnete Ziel der Prozessüberwachung ist neben dem Aufbau des Prozessverständnisses insbesondere die Gewährleistung konsistenter Bauteilqualitäten. Um das Potential der Prozessüberwachung insbesondere für die Prüfung qualitätskritischer AM-Bauteile zu entfalten, ist die Berücksichtigung sich unterscheidender Eigenschaften von AM-Bauteilen notwendig [69]. Unter diesem Gesichtspunkt werden die bisherigen Arbeiten zur Prozessüberwachung (vgl. Kapitel 2.2.2 und 2.2.3) nachfolgend eingeordnet und Handlungsbedarfe abgeleitet, die in dieser Arbeit verfolgt werden.

Die meisten für das DED-Verfahren durchgeführten Arbeiten zur Prozessüberwachung beschränken sich unabhängig vom verwendeten Sensor auf vereinfachte Anwendungsfälle wie Einzelspuren und einspurige Stege, durch die bedingt AM-relevante Geometrien dargestellt werden. Die Ursache hierfür ist, dass die Datenerfassung bislang zeitaufgelöst erfolgt. Durch den Mangel an Ortsinformationen der Messdaten können beobachtbare Effekte allein unter Berücksichtigung der Vorschubgeschwindigkeit und Abtastrate in den geschweißten Proben lokalisiert werden. Bei für AM charakteristischen bidirektionalen Schweißstrategien sind an den Umkehrpunkten Abbrems- und Beschleunigungsvorgänge aufgrund der Trägheit der Kinematik notwendig. Mit den dadurch lokal variierenden Vorschubgeschwindigkeiten kann die fehlerfreie Lokalisierung der Messdaten nicht gewährleistet werden.

Für andere AM-Verfahren wie das Laser Powder Bed Fusion (LPBF)-Verfahren haben sich im Vergleich insbesondere lateral an der Prozesskammer angebrachte Kamerasysteme zur Überwachung bewährt, mit denen die gesamte Bearbeitungsfläche erfasst werden kann. Aufgrund des Scanner-basierten Verfahrensprinzips mit Brennweiten >200 mm kann die Bearbeitungsebene ohne Störkonturen überwacht werden, sodass die den Umschmelzvorgängen zugrundeliegenden Schmelzbad-Emissionen lokal aufgelöst werden können. Mittels Integration der so gewonnenen Signale werden Einzelbilder für jede Schicht generiert, sodass 3D-Tomographien der Schmelzbademissionen erstellt werden können. [70, 71] Da bei DED-Verfahren, bei denen die Bearbeitungsoptiken mittels Werkzeugmaschinen geführt werden, Arbeitsabstände zwischen Düsenaustritt und Substrat von <15 mm vorliegen, können nicht beliebige Geometrie ohne räumliche Verzerrung mittels lateral angewandter Sensoren überwacht werden.

Im Gegensatz zum LPBF existieren für das DED bisher nur wenige Veröffentlichungen, in denen eine ortsaufgelöste Prozessüberwachung von Schmelzbademissionen gezeigt wird. So wird die Lokalisierung der DED-Messdaten unter Berücksichtigung der Vorschubgeschwindigkeit durch Rückverfolgung der Bahnplanung erprobt [72, 73]. Voraussetzung für diesen Ansatz ist die Bahnplanung mittels linearer Verfahrwege sowie Unterbrechungen der Laseremission bei nichtlinearer Bewegung, wodurch die geometrischen Freiheitsgrade des DED-Verfahrens eingeschränkt werden. Das Auswerteskript muss bei Veränderung der Bahnplanung oder der Vorschubgeschwindigkeit zur Einstellung der Synchronisationsparameter individuell angepasst werden.

In bisherigen Forschungsarbeiten wird die thermische Emission im DED-Prozess durch die simultane koaxiale Integration einer Kamera und eines Quotientenpyrometers lokal aufgelöst sowie über einen Messfleck integrierend in Einheiten der Temperatur quantifiziert. Eine vergleichende zeit- und ortsaufgelöste Analyse der Messung beider Sensoren bei Variation von Prozessparametern – insbesondere unter Berücksichtigung der Abhängigkeit der AM-Verfahrensstrategie – wird im Stand der Technik nicht durchgeführt. Bei der koaxialen kamerabasierten Prozessüberwachung wird der Sensor der Kameras im Bereich des Schmelzbades oftmals in Sättigung betrieben [25, 34, 50, 52, 53, 57, 74]. Hierdurch werden Informationen über die Intensitätsverteilung der thermischen Strahlung verworfen (vgl. Bild 7).

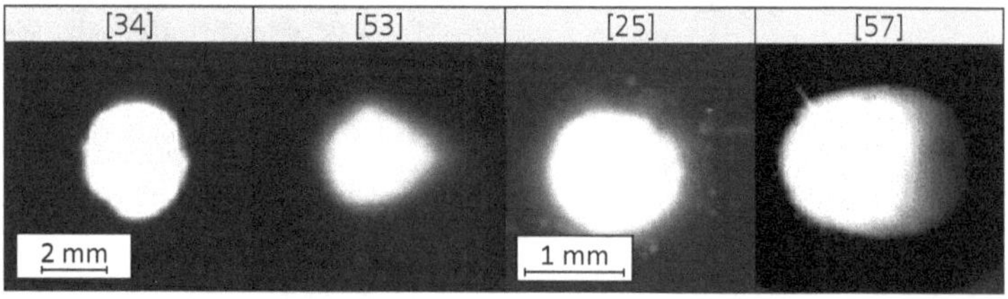

Bild 7
Schmelzbadaufnahmen aus verschiedenen Publikationen, wobei in [53, 57] kein Maßstab angegeben wird

Aufgrund der Verkleinerung der Belichtungszeit wird der maximale Grauwert durch eine kleinere Anzahl der Bildpunkte angenommen. Bislang wird lediglich der Effekt der Modifikation der Belichtungszeit auf den mittleren Grauwert der Bilder analysiert [75], wohingegen der Effekt auf robustere Merkmale wie der Schmelzbadgeometrie oder dem Histogramm der Grauwerte nicht untersucht wird. Die Erfassung und Analyse weiterer Eigenschaften – beispielsweise detektierter Prozessnebenprodukte oder Symmetrieindikatoren, die bisherige Datensätze erweitern könnten – erfolgt nicht. Die Einbindung der Methodik der Merkmalsextraktion in eine automatisierte Bildverarbeitungspipeline wird nicht dokumentiert.

Um AM-Bauteile zulassen und zertifizieren zu können, müssen die Einflüsse von Prozessabweichungen auf vordefinierte Qualitätsgrößen bekannt sein. So können zulässige Grenzwerte von Prozessparameter- und Zustandsabweichungen definiert werden, deren Einhaltung mittels Methoden der Prozessüberwachung geprüft werden können. Daran geknüpft müssen auch kleinste Prozessparameterabweichungen zuverlässig erkannt werden können. In der Literatur wird jedoch aktuell nur die Änderung der Laserleistung mit den aktuellen Photodioden-basierten Sensoren und den bisherigen messbaren Schmelzbad-Kenngrößen (Durchmesser und Fläche der Schmelzbademission, Schmelzbadtemperatur) zuverlässig detektiert. Die Laserleistung korreliert in den bisherigen Studien mit Einzelspuren mit den herangezogenen Messgrößen [24, S. 59, 25, 34]. Variationen anderer Prozessparameter (bspw. Vorschubgeschwindigkeit werden hingegen nicht in gleichem Maße sensitiv aufgelöst. So wird in Einzelspurversuchen bspw. für eine Vervierfachung der Vorschubgeschwindigkeit nur eine Reduktion des Schmelzbaddurchmessers um 17% (bzw. Reduktion der umgerechneten äquivalenten Schmelzbadfläche um 31%) gemessen [24, S. 66].

Zur sensitiveren Detektion von Prozessabweichungen können Analysemethoden Abhilfe schaffen, die nicht auf physikalischen Merkmalen (Temperatur, geometrische Maße) beruhen, sondern den ganzen Informationsgehalt aus den erfassten Datensätzen für Analysezwecke nutzen. Dabei werden durch Deep Learning neuartige Ansätze des maschinellen Lernens repräsentiert. Insbesondere für die Bildverarbeitung wird eine signifikante Vergrößerung der Modellqualität gegenüber konventionellen Methoden erreicht. Die Verbreitung dieser künstlichen neuronalen Netze wird durch die Weiterentwicklung der Netzarchitektur und -komponenten sowie steigende verfügbare Rechenleistung begründet. Während die Merkmale der Daten bei klassischen Ansätzen des maschinellen Lernens separat extrahiert und selektiert werden, werden diese Schritte bei Deep Learning durch das KNN ausgeführt. Anhand dieses Ende-zu-Ende-Ansatzes werden abstraktere Features (dt. Merkmale) gelernt, durch die die Muster der Daten in größerem Maße modelliert werden. Der Vergleich der Datenverarbeitungsschritte wird beispielhaft für eine Klassifikationsaufgabe in Bild 8 dargestellt. [76]

Bild 8
Datenverarbeitungsschritte bei konventionellen sowie auf KNN basierenden Ansätzen am Beispiel der Klassifikation eines Bildes

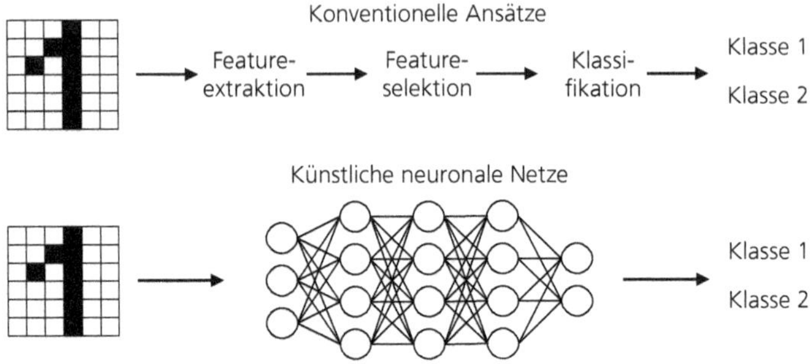

Die Verwendung von maschinellem Lernen für die Mustererkennung in Sensorsignalen bei der Prozessüberwachung für das DED wird in einer kleinen Anzahl von Publikationen dokumentiert. Hierbei werden bisher ebenfalls einfache Geometrien wie Einzelspuren und Stege gefertigt. Die angewendeten Methoden werden im Stand der Technik für die additive Herstellung von Volumenbauteilen nicht validiert. Dies kann durch die bisher nicht etablierte Herstellung des Zusammenhangs zwischen zeitaufgelösten Messdaten sowie der zugehörigen Position im Bauteil begründet werden. In dieser Arbeit soll ein Beitrag zum o.g. übergeordneten Ziel der Prozessüberwachung geleistet werden, in dem unter Berücksichtigung der aufgeführten verschiedenen Forschungslücken und Handlungsbedarfe folgende Teilschritte erfüllt werden:

1. Entwicklung einer Methodik zur prozessbegleitenden Aufzeichnung der Position des Tool Center Point (TCP) der Werkzeugmaschine und Synchronisation mit den Daten der Prozessüberwachungssensoren.

2. Ortsaufgelöste Analyse von CMOS-Kameraabstraktionen, die über den bisherigen Forschungsstand (Fläche und Breite der Schmelzbademission) hinausgehen.

3. Vergleich von Pyrometrie und CMOS-Kamera-Sensorik hinsichtlich der Sensitivität für Änderungen von Prozessparameteränderungen bei DED-Prozessen zum Aufbau von Volumenkörpern.

4. Vergleich einer klassischen Feature-basierten Methode des Maschinellen Lernens und Deep Learning hinsichtlich der Klassifikationsgenauigkeit bei Prozessparameteränderungen.

5. Erprobung von unüberwachten Methoden des Maschinellen Lernens zur Verbesserung der Prozesstransparenz, insb. der größeren Sensitivität gegenüber Prozessparameteränderungen, die lokal im Bauteil während der Fertigung auftreten.

3.2 Forschungsfragen und Vorgehensweise

Nach der Ableitung der derzeitigen Handlungsbedarfe soll durch die Erreichung der o.g. Teilschritte dieser Arbeit ein weiterführender Beitrag zum Stand der Technik geleistet werden, indem folgende leitende Forschungsfragen beantwortet werden:

1. Wie kann ein geeignetes Konzept für die Erfassung zeit- und ortsaufgelöster Prozessüberwachungsdaten während des DED-Prozesses umgesetzt werden, sodass die Einfluss-Wirkzusammenhänge zwischen Prozessparametern, Prozessführung und Messdaten analysiert werden können?

2. Durch welche Variablen der additiven DED-Prozessführung (Prozessparameter, Prozessstrategie) werden die Messdaten bei der koaxialen Schmelzbadüberwachung mittels Pyrometrie und CMOS-Kamera signifikant beeinflusst?

3. Wie können Methoden des Maschinellen Lernens für die Analyse von Prozessüberwachungsdaten eingesetzt werden, um Prozessabweichungen sensitiv zu detektieren?

Um die Forschungsfragen zu beantworten, wird die Arbeit in vier Ergebniskapitel unterteilt (vgl. Bild 9).

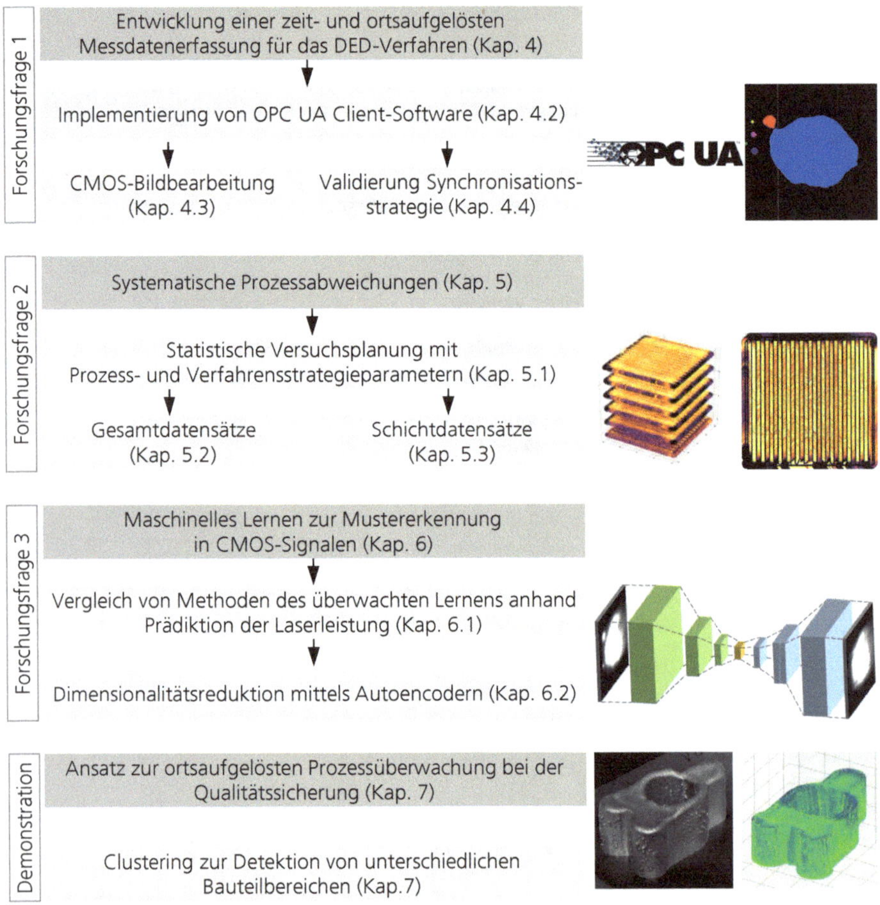

Bild 9 Schematische Darstellung der Vorgehensweise und der Ergebniskapitel zur Beantwortung der Forschungsfragen

In Kapitel 4 wird die Entwicklung einer Softwarelösung vorgestellt, durch die die Erfassung der Prozessüberwachungs- sowie Maschinensteuerungsdaten realisiert wird. Als Schnittstelle zur Werkzeugmaschine wird die Open Platform Communications Unified Automation (OPC UA) verwendet. Für die räumliche Lokalisierung der Messpunkte erfolgt die Synchronisation mit den TCP-Koordinaten. Um die Pyrometermessdaten mit den CMOS-Daten vergleichen zu können, wird im Anschluss eine Bildverarbeitungspipeline zur Extraktion schmelzbadspezifischer Features implementiert und der Einfluss der Kamerabelichtungszeit auf die gemessenen Features analysiert. Die Synchronisationsgenauigkeit der Messdaten mit den TCP-Koordinaten wird für beide Sensoren experimentell validiert.

In Kapitel 5 „Systematische Prozessabweichungen" werden die Wechselwirkungen zwischen den DED-Prozesseinflussgrößen und den Prozessüberwachungsdaten statistisch unter Verwendung multipler linearer Regressionsmodelle (vgl. Abschnitt 3.4) untersucht. Die Sensitivität der Messdaten beider Sensoren werden gegenüber systematischen Änderungen von Prozessparametern, der Prozessführung sowie Bauteilquerschnitten im Vergleich zu einem Referenzprozess in einem statistischen Versuchsplan verglichen. Neben der Variation von bereits untersuchten DED-Verfahrensparametern Laserleistung, Vorschubgeschwindigkeit und Pulvermassenstrom werden weitere relevante Parameter hergeleitet und definiert. Mit diesen wird der Einfluss der Prozessführung und Bauteilgeometrie mit Hilfe der ortsaufgelösten Daten in die statistischen Analysen einbezogen. Die Einflüsse der Parameter des Prozesses und der Prozessführung (vgl. Abschnitt 2.1.1) auf die Pyrometermesswerte und CMOS-Kameradaten werden mithilfe von Effektstärken quantifiziert und gegenübergestellt. Dafür werden zwei Ansätze verfolgt. In einem ersten Schritt wird ein Modell unter Verwendung aller erfasster Messdatenpunkte erstellt. Um zu prüfen, ob die Effektstärken in Aufbaurichtung variieren, werden im nächsten Schritt die Messdaten unter Berücksichtigung der Höheninformationen (z-Koordinaten der ortsaufgelösten Datenpunkte) in Schichten entlang der Aufbauhöhe unterteilt. Für diese Schichtdaten werden anschließend ebenfalls Regressionsmodelle erstellt und diese analysiert.

In Kapitel 6 „Maschinelles Lernen zur Mustererkennung von CMOS-Signalen" werden überwachte und unüberwachte Methoden des Maschinellen Lernens mit dem Ziel der Evaluierung der Potenziale bei deren Applikation auf die Aufnahmen der thermischen Emission beim DED-Verfahren implementiert. Im ersten Schritt wird der durch die Laserleistung gesteuerte Energieeintrag in den DED-Prozess mittels Random Forests (klassischer Ansatz) sowie Convolutional Neural Networks (Deep Learning) für Einzelspuren modelliert. Während die Klassifikation mittels Random Forests auf den extrahierten Features basiert, die mittels der in Kapitel 4 entwickelten CMOS-Bildverarbeitungspipeline ermittelt werden, werden durch das implementierte CNN vollständige CMOS-Aufnahmen verarbeitet (vgl. Abschnitt 3.5). Anhand dieses Anwendungsfalls werden die erzielbaren Klassifikationsgenauigkeiten der beiden Ansätze des Maschinellen Lernens evaluiert und miteinander verglichen. Darauf aufbauend werden mithilfe eines dimensionalitätsreduzierenden Autoencoders mit Convolutional Layers die den CMOS-Aufnahmen zugrundeliegenden Muster abgebildet und charakterisiert. Auf Basis der Dimensionalitätsreduktion wird der ortsaufgelöste Rekonstruktionsfehler als Maß für die Repräsentativität der Bilder für o.g. Muster eingeführt.

Der Rekonstruktionsfehler der Bilder kann dabei als skalares Feature ortsaufgelöst interpretiert werden. Dieser Ansatz wird genutzt, um Abweichungen zu detektieren und zu analysieren. Zuerst werden die prozessinhärenten Abweichungen in einem Referenzprozess bestimmt. Im nächsten Schritt wird durch lokale Änderungen der DED-Parameter Laserleistung und Vorschubgeschwindigkeit die Eignung des Rekonstruktionsfehlers für die Detektion von Prozessabweichungen untersucht.

In Kapitel 7 „Demonstration" wird die Datenerfassungs- und Analysemethodik an einem industriellen Anwendungsfall aus der Luft- und Raumfahrt hinsichtlich der Anwendbarkeit für beliebige Geometrien gezeigt. Als Demonstrator wird eine Boss-Geometrie mit variierenden Querschnitten herangezogen. Anhand dieses Demonstrators wird gezeigt, dass die erfassten Messwerte für ein Bauteil trotz konstanter Prozessparameter lokal signifikant variieren können. Da die Messdaten für die Anwendung von gängigen Qualitätssicherungsmethoden einer Normalverteilung unterliegen müssen, wird ein Clustering der CMOS-Daten vorgestellt. Die Daten werden hierdurch in unterschiedliche Teilgruppen unterteilt, für die unabhängige Prüfkriterien definiert werden können.

3.3 Versuchsaufbau

3.3.1 DED-Versuchsanlage

Die im Rahmen dieser Arbeit durchgeführten Ergebnisse werden an einem 5-Achsen-Gantry-Bearbeitungszentrum der Karl. H. Arnold Maschinenfabrik GmbH und Co. KG entwickelt. Die Anlage wird mittels einer NC-Steuerung des Typs Sinumerik 840D SL sowie einer speicherprogrammierbaren Steuerung (SPS) vom Typ Simatic S7-1500 betrieben.

Als Laserstrahlquelle wird ein Festkörperlaser TruDisk 5001 des Unternehmens Trumpf GmbH & Co. KG genutzt. Durch Verwendung des aktiven Mediums Ytterbium-YAG wird Laserstrahlung der Wellenlänge 1030 nm emittiert, wobei die maximal verfügbare Laserleistung 5000 W beträgt. Die Laserstrahlung wird mittels einer Lichtleitfaser des Durchmessers 400 µm zur Bearbeitungsoptik BEO D70 in geknickter Variante des Hersteller Trumpf GmbH & Co. KG geführt, mit der die Laserstrahlung kollimiert und fokussiert wird. Mittels der motorisch verfahrbaren Kollimationslinse wird die Anpassung des Laserstrahldurchmessers in der Arbeitsebene $d_{L,TCP}$ ermöglicht. Die Bearbeitungsoptik wird inkl. der verwendeten Sensoren in Bild 10 abgebildet.

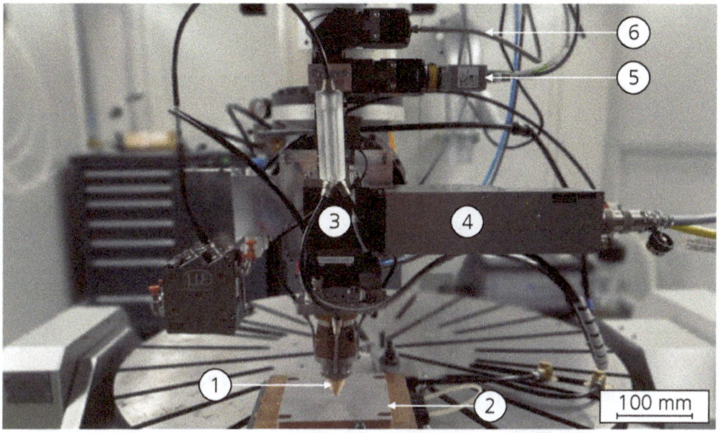

Bild 10 Bearbeitungskopf der Versuchsanlage inklusive angebrachter Sensorik

① Pulverdüse
② Substratplatte
③ Bearbeitungskopf
④ Kollimation
⑤ CMOS-Kamera
⑥ Lichtleitfaser zu Pyrometer

Mittels des Pulverförderers Twin 150 der Firma Oerlikon Metco AG wird der Pulverwerkstoff mithilfe des Fördergases Argon zu der am Fraunhofer ILT entwickelten Pulverdüse Coax40-S zugeführt. Der Nennarbeitsabstand der Pulverdüse (Standoff) Δz_{SO} beträgt 7 mm. In allen Versuchen wird Argon als Schutz- und Fördergas eingesetzt. Die Regelung der Schutzgaszufuhr wird mittels Massendurchflussregler Mass-Stream D-5121 der Firma Bronkhorst Deutschland Nord GmbH realisiert.

3.3.2 Verwendete Sensoren zur Überwachung des Schmelzbades

Für die in-situ Erfassung der Schmelzbadtemperatur sowie -Aufnahmen werden ein Quotientenpyrometer und eine CMOS-Kamera koaxial in den Strahlengang der Bearbeitungsoptik integriert, der in Bild 11 dargestellt wird. Zur Vorbeugung der Detektion von reflektierter Laserstrahlung erfolgt die Filterung dieser durch den ersten Strahlteiler, wohingegen die thermische Strahlung des Schmelzbades transmittiert wird. Mittels des zweiten Strahlteilers wird die thermische Strahlung in die Wellenlängenbereiche separiert, in denen die Sensoren eine spektrale Empfindlichkeit $\mathcal{R}(\lambda) > 0$ aufweisen. Die Transmissionskurven der Strahlteiler werden in Anhang 12.1.1 aufgeführt.

Bild 11 Strahlengang der verwendeten Bearbeitungsoptik

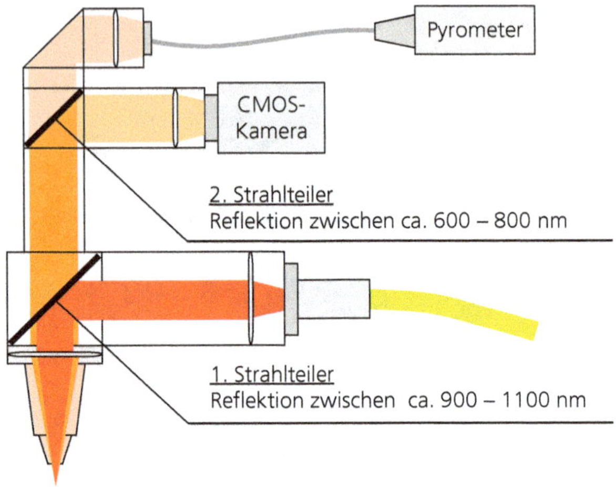

Mittels zweier InGaAs-Detektoren wird durch das Quotientenpyrometer Metis H322 des Unternehmens Sensortherm GmbH die thermische Emission im Wellenlängenbereich 1450 – 1800 nm detektiert. Strahlung dieser Wellenlänge wird durch den zweiten Strahlteiler transmittiert. Hierdurch wird der Temperaturbereich zwischen 700 °C – 2300 °C abgebildet. Die gemessene Temperatur wird als Strom in 16 bit-Auflösung ausgegeben, der nachfolgend linear in eine Temperatur umgerechnet wird. Die Belichtungszeit sowie Einstellzeit des Pyrometers werden mit <40 µs und <80 µs beziffert. Die Messunsicherheit wird mit 0,5% des gemessenen Wertes in °C + 1 °C angegeben. [77] Die Methodik zur Kalibrierung des Pyrometers wird in Anhang 12.1.2 vorgestellt.

Die Messung dieses Stroms erfolgt mittels des Moduls NI 9218 sowie des Shunts NI 9983 des Unternehmens National Instruments. Nach Verstärkung und Filterung des Signals erfolgt die Analog-Digital-Umsetzung, durch die Abweichungen in der Größenordnung der Messunsicherheit des Pyrometers induziert werden. Das digitale Signal wird durch das Datenerfassungsgerät cDAQ-9185 desselben Unternehmens aufgezeichnet und über TCP/IP weitergeleitet. Die Kombination dieser Module wird im Rahmen dieser Arbeit als DAQ (data acquisition device, dt.: Datenerfassungsmodul) bezeichnet. Anhand eines Triggereingangs erfolgt die Steuerung der Messungen, die in den Versuchen dieser Arbeit mit dem Abtastintervall[4] $t_{A,DAQ} \approx 195$ µs durchgeführt werden. [78, 79]

Der Wellenlängenbereich zwischen ca. 600 bis 800 nm wird durch den zweiten Strahlteiler zu der für die Kamera vorgesehenen Adaption der Bearbeitungsoptik

[4] Die Frequenz der Clock des NI 9218 beträgt 13,1072 MHz, weshalb durch $t_{A,DAQ}$ kein runder Wert angenommen werden kann [78].

reflektiert. Infolgedessen wird aufgrund der in Bild 5 dargestellten Abhängigkeit der spektralen Empfindlichkeit vom Halbleitermaterial eine CMOS-Kamera mit Siliziumsensor integriert. Das Kameramodell a2A1920-51gmPRO wird durch das Unternehmen Basler AG hergestellt. Der Verlauf der spektralen Empfindlichkeit der Kamera wird im Anhang in 12.1.2 gezeigt. Dieser Verlauf sowie die Transmission der Strahlteiler werden durch Nichtlinearität charakterisiert. Da der Sensor zudem im Bereich der Schmelzbademission größtenteils in Sättigung betrieben wird, wird die mittels der Kamera gemessene thermische Strahlung nicht in Einheiten der Temperatur quantifiziert.

Die Samplingtiefe wird auf 8 bit eingestellt, weshalb durch die Bildpunkte Werte zwischen 0 – 255 angenommen werden. Die Bilder werden über die GigE Vision Schnittstelle übertragen, wobei ein Optokoppler als Triggereingang für die Aufnahmesteuerung zur Verfügung steht. Die Verstärkung des Signals wird auf 0 dB eingestellt, während der Einfluss der Belichtungszeit nachfolgend in Abschnitt 4.3.4 näher untersucht wird. Die Kamera verfügt über einen einstellbaren Modus (Ultra Short Exposure Time), mit der Belichtungszeiten zwischen 1 bis 14 µs eingestellt werden können. Im Standardmodus werden Belichtungszeiten $t_{BZ} \geq 19$ µs erreicht. Die Bestimmung des Auflösungsvermögens der Kamera erfolgt in Anhang 12.1.2, wobei die Länge eines abgebildeten Bildpunktes zu 6,7 µm ermittelt wird. Dabei wird ein globaler Verschluss verwendet, sodass Lagefehler bei der Aufnahme der Schmelzbademission vermieden werden. [80]

Mit dem vorgestellten Aufbau wird die thermische Emission des Schmelzbades lokal aufgelöst sowie über einen Messfleck integrierend als Temperatur quantifiziert. Durch die koaxiale Integration beider Sensoren wird die perspektivische Verzerrung des Messbereichs vermieden. Der durch die Sensoren detektierte Wellenlängenbereich wird in Bild 12 im Vergleich zur spektralen spezifischen Ausstrahlung M_0^λ bei für den DED-Prozess typischen Temperaturen des Schmelzbades dargestellt. [24, S. 39–40]

Bild 12
Detektierte Wellenlängenbereiche der verwendeten Sensoren im Vergleich mit der spektralen spezifischen Ausstrahlung M_0^λ

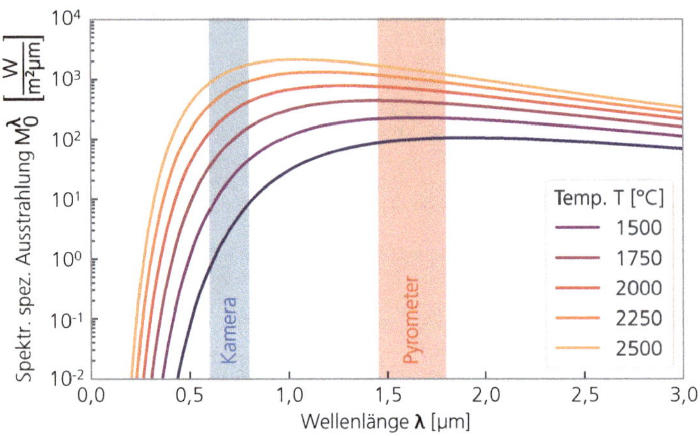

Anhand des bei der Bilderfassung mit 600 x 600 Bildpunkten verwendeten Abtastintervalls $t_{A,CMOS}$ = 10 ms wird die Schmelzbaddynamik des DED-Prozesses nicht kontinuierlich abgebildet. Dies wird über die große mittlere Geschwindigkeit der Pulverpartikel im Schmelzbad begründet. Nach [81] wird diese in Abhängigkeit der Prozessparameter in der Größenordnung 80 – 160 µm/ms quantifiziert. Die Dauer des Umschmelzvorgangs eines Pulverpartikels wird in derselben Quelle zu ca. 0,5 ms bestimmt.

Aufgrund des verwendeten Abtastintervalls der Kamera $t_{A,CAM}$ = 10 ms werden bei typischen Vorschubgeschwindigkeiten zwischen 5 – 20 mm/s diskrete Aufnahmen im Abstand von 0,05 – 0,2 mm erstellt. Hierdurch kann die Geometrie der Schmelzbademission im Zeitverlauf in hinreichender Auflösung abgebildet werden, da die räumlichen Abstände der Bilder eine Größenordnung unter typischen Durchmessern des Laserstrahls in der Bearbeitungsebene liegen.

Der räumliche Abstand zweier Aufnahmen wird durch die im Prozess verwendete Vorschubgeschwindigkeit v_S zu

3.1
$$\Delta s_{CMOS} = t_{A,CMOS} \cdot v_S$$

bestimmt. In Bild 13 wird der Überlappungsbereich der Aufnahmen der Schmelzbademission für diese Parameter schematisch dargestellt. Durch einen Kreis erfolgt die schematische Darstellung einer Kameraaufnahme der Schmelzbademission, während der Durchmesser des Kreises dem Laserstrahldurchmesser in der

Arbeitsebene $d_{L,TCP}$ und damit der Größenordnung des Schmelzbades entspricht [24, 25, 81].

Bild 13
Schematische Darstellung des Überlappungsbereichs der CMOS-Aufnahmen

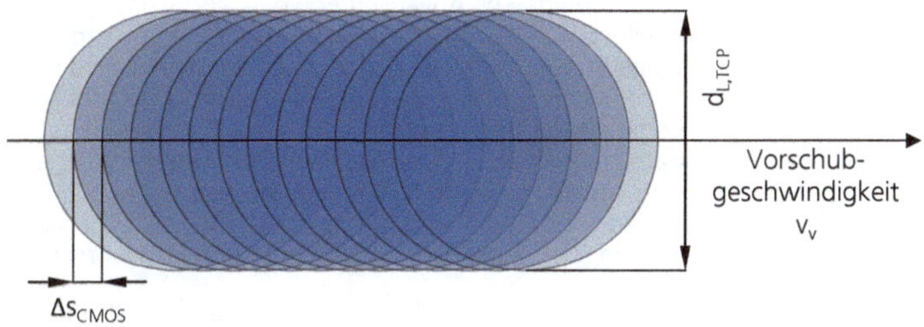

Durch Verschaltung der Triggereingänge der Kamera sowie des DAQ mit dem gleichen digitalen Ausgang der NC-Steuerung erfolgt die simultane Steuerung der Erfassung der Messwerte beider Sensoren. Die Verkabelung der Anlagen- und Messtechnik wird in Bild 14 schematisch dargestellt. Die Verwendung der OPC UA-Schnittstelle zur NC-Steuerung für die Datenerfassung wird in Abschnitt 4 erläutert.

Bild 14
Verkabelung der Mess- und Anlagentechnik

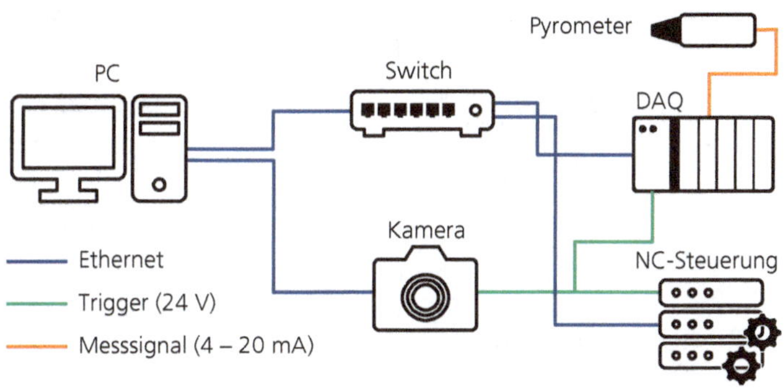

3.3.3 Referenzprozesse

Für die Versuche wird der plasmaverdüste Pulverwerkstoff Spherical Inconel 718 des Unternehmens Advanced Powders and Coatings Inc. mit der Korngrößenverteilung 45 – 90 µm verwendet. Aufgrund der großen Festigkeit bei großen Temperaturen sowie der Korrosionsbeständigkeit wird Inconel 718 für thermisch beanspruchte Bauteile in Turbomaschinen verwendet. [4] In Tabelle 1 wird die chemische Zusammensetzung des Werkstoffs aufgelistet. Die verwendeten Substratplatten sind aus dem Werkstoff Edelstahl 1.4301 gefertigt und weisen eine Breite und Länge von je 150 mm sowie eine Höhe von 10 mm auf. Alle Substrate werden vor der Verwendung gesandstrahlt, mit Ethanol gereinigt und auf einer auf dem Dreh-Kipp-Tisch angebrachten Einspannvorrichtung fixiert.

Tabelle 1
Chem. Zusammensetzung von Inconel 718 [82]

Element		Cr	Co	Fe	Mo	Ni	Nb	Ta	Ti
Massenanteil [Gew.-%]	Min.	17	0	13	2,8	50	4,75	0	0,65
	Max.	21	1	25	3,3	55	5,5	0,05	1,15

Im Rahmen der Untersuchungen werden zwei Referenzparametersätze verwendet, die sich für das Schweißen von Einzelspuren und Volumenkörpern unterscheiden. Als Referenzprozess wird der Aufbau eines bidirektional geschweißten, quadratischen Volumenkörpers mit einer für DED typischen Kantenlänge von 20 mm definiert. Die verwendeten Referenzparameter sind in Tabelle 2 gelistet. Ergänzend wird die in jeder Schicht angewandte Verfahrstrategie anhand ortsaufgelöster Zeitstempel in Bild 15 dargestellt.

Tabelle 2
Referenzparametersatz für Volumenkörper

Prozessparameter	Wert	
Laserleistung	478	W
Laserstrahldurchmesser in Bearbeitungsebene	1500	µm
Vorschubgeschwindigkeit	7,5	mm/s
Pulvermassenstrom	2	g/min
Fördergasdurchfluss	4	l/min
Schutzgasdurchfluss	10	l/min
Strategieparameter	**Wert**	
Spurbreite	1,334	mm
Spurhöhe	0,445	mm
Aspektverhältnis der Einzelspur	0,33	-
Spurabstand	0,667	mm
Hatch-Richtung	y	-
Konturabstand	0,25	mm
Schichtzustellung	0,55	mm
Prozessführung	Hatch Bidirektional ohne Cross-Hatching	
Kantenlänge	20	mm
Anzahl Lagen	27	-

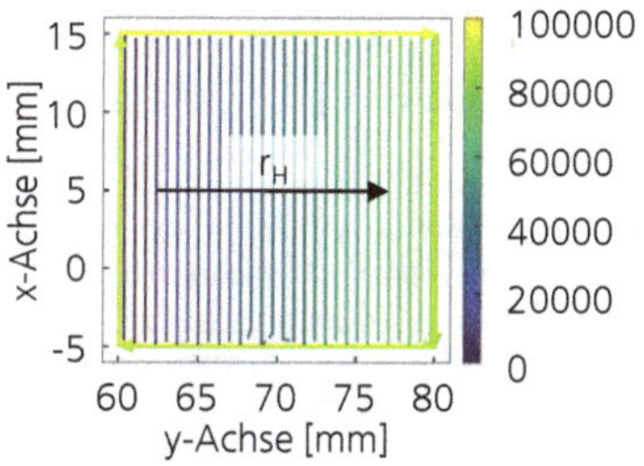

Bild 15 Visualisierung des Verfahrweges des TCP für die Fertigung von Referenzproben anhand ortsaufgelöster Zeitstempel einer repräsentativen Schicht

Die Validierung der Synchronisationsstrategie für die ortsaufgelöste Datenerfassung (vgl. Kapitel 0) erfolgt anhand Einzelspuren, da für diese Referenzgeometrie Start- und Endpunkte eindeutig definierbar sind. Die Anforderungen an die Synchronisationsgenauigkeit zwischen den Prozessüberwachungsdaten und den TCP-Koordinaten (vgl. Abschnitt 4.4) steigt mit der größerer Vorschubgeschwindigkeit. Daher wird die Methodik an einem zusätzlichen Parametersatz mit höherer Vorschubgeschwindigkeit erprobt (vgl. Tabelle 3). Für alle weiteren aufgeführten Einzelspurversuche wird ebenfalls dieser Referenzparametersatz verwendet.

Tabelle 3 Referenzparametersatz für Einzelspurversuche

Prozessparameter	Wert	
Laserleistung	1000	W
Laserstrahldurchmesser in Bearbeitungsebene	1500	µm
Vorschubgeschwindigkeit	16,667	mm/s
Pulvermassenstrom	6	g/min
Fördergasdurchfluss	4	l/min
Schutzgasdurchfluss	10	l/min

In Bild 13 sind für beide Referenzparameter Querschliffe abgebildet. Durch beide Proben werden die Kriterien eines defekt- und rissfreien Aufbaus mit einer Dichte > 99,99% erfüllt.

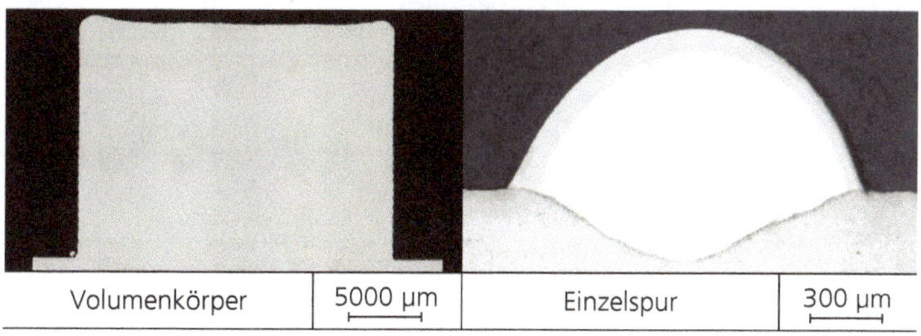

Bild 16 Querschliffe von mit Referenzparametern gefertigten Proben

3.4 Statistische Analysemethoden

3.4.1 Statistische Versuchsplanung

Die in Kapitel 5 vorgestellten Sensitivitätsstudien bei der Fertigung von Proben mit systematischen Prozessabweichungen wird ein statistischer Versuchsplan angewandt. Klassische Methoden zur Erstellung von Versuchsplänen für Parameterstudien sind vollfaktorielle oder „One Factor at a Time" (OFAT) Ansätze. Durch einen vollfaktoriellen Ansatz wird eine vollständige Abdeckung des Parameterraums und eine umfassende Erfassung von Wechselwirkungen zwischen den Parametern ermöglicht. Dadurch ist eine große Anzahl von Versuchen (p^n, p: Anzahl Parameterkombinationen, n: Anzahl an Parameter) erforderlich. Für den OFAT-Ansatz wird eine im Vergleich geringere Versuchsanzahl ($p \cdot n$) benötigt, und durch die Konstanz der verbleibenden Parameter eine einfache Interpretation der Ergebnisse ermöglicht. Nachteilig ist, dass Wechselwirkungen zwischen den Parametern nicht abgebildet werden. Zudem ist der Informationsgehalt des Experiments im Vergleich zu Methoden der statistischen Versuchsplanung bei gleicher Versuchsanzahl niedriger, da durch die Variation von nur einem einzelnen Parameter pro Versuch der Parameterraum in einem geringeren Ausmaß abgedeckt wird. [83]

Durch ein optimales Versuchsdesign wird die systematische Auswahl einer Teilmenge des vollfaktoriellen Versuchsplans ermöglicht. So wird durch die Variation aller Parameter in jedem Versuch eine vollständigere Abdeckung des Parameterraums als mit dem OFAT-Ansatz erreicht.

Bei Verwendung des Kriteriums der D-Optimalität erfolgt diese durch die Maximierung der Determinante der Informationsmatrix des Designs, die im Falle eines linearen Regressionsmodells der Inversen der zugehörigen Kovarianzmatrix entspricht. Durch die Informationsmatrix wird der Informationsgehalt des zu untersuchenden Versuchsraums, der durch die Prozessparameter aufgestellt wird, angegeben. Durch die Determinante wird das Volumen der linearen Abbildung beschrieben, die durch die Informationsmatrix aufgestellt wird. Folglich wird ein Versuchsplan erstellt, durch den ein Versuchsraum mit möglichst hohem Informationsgehalt beschrieben wird. So wird mit dem Vektor der Koeffizientenschätzwerte X das Optimierungsproblem der D-Optimalen Versuchsplanung durch

3.2 $$\max\left\{\left|\mathrm{Cov}(X)^{-1}\right|\right\}$$

beschrieben.

Zur Erstellung eines D-optimalen Versuchsplans werden zunächst entsprechend der definierten Versuchsanzahl Parameterkombinationen aus der Gesamtmenge des vollfaktoriellen Versuchsplans zufällig ausgewählt. Anschließend werden in jeder Iteration mithilfe des Fedorov-Austauschalgorithmus die Parametersätze des aktuellen Sets jeweils gegen die Parametersätze ausgetauscht, durch die die Determinante der Informationsmatrix des Designs maximiert wird. Dies wird wiederholt, bis die Determinante der Informationsmatrix nicht mehr durch Austausch von Parametersätzen aus dem aktuellen Set erhöht werden kann und ein lokales oder globales Maximum erreicht wird. Durch die im Set verbleibenden Parametersätze wird der D-optimal erstellte Versuchsplan gebildet. [84]

3.4.2 Multiple lineare Regression

Die statistische Analyse der Messdaten im Rahmen der statistischen Versuchsplanung in Kapitel 5 erfolgt mittels multipler linearer Regressionsmodelle. Dieser werden zur Quantifizierung der Beziehungen zwischen abhängigen und unabhängigen Prozessgrößen eingesetzt. Mit diesen kann die kombinierte Abhängigkeit einer Größe von mehreren erklärenden Variablen beschrieben werden. Für jede abhängige Größe wird ein einzelnes Modell aufgestellt, durch das ein Vergleich der Einflüsse der verschiedenen unabhängigen Variablen ermöglicht wird. Durch die multiple lineare Regression wird eine Verallgemeinerung der gewöhnlichen linearen Regression für mehrere unabhängige Variablen dargestellt. Bei der Untersuchung einer Stichprobe wird die Regressionsfunktion in der Form

3.3

$$Y_i = \hat{\beta}_0 + \sum_{l=1}^{k} \hat{\beta}_l X_{li} + \hat{\varepsilon}_i \quad , \quad i = 1, \ldots, n$$

gebildet. Jeder diskrete Wert Y_i der abhängigen Variable i wird aus der Summe der Regressionskonstante $\hat{\beta}_0$, den mit den jeweiligen Regressionskoeffizienten $\hat{\beta}_l$ gewichteten Werten X_{li} der k unabhängigen Variablen und dem Residuum $\hat{\varepsilon}_i$ berechnet. Da eine Stichprobe untersucht wird, sind $\hat{\beta}_0$ und $\hat{\beta}_l$ Schätzwerte der wahren Regressionsparameter β_0 und β_l der Grundgesamtheit. Ebenso stellen die Residuen $\hat{\varepsilon}_i$ Approximationen der zugehörigen Störgrößen ε_i dar, die dem Vorhersagefehler des durch die wahren Regressionsparametern definierten Modells entsprechen.

Da für gewöhnlich die Anzahl an Beobachtungen größer als die Anzahl an zu bestimmenden Koeffizienten ist, ist die Berechnung der Regressionsparameter ein Ausgleichsproblem. Zur Lösung wird der kleinste-Quadrate-Schätzer verwendet, der nach dem Satz von Gauß-Markow minimalvariant ist, falls die Störgrößen ε_i

- unkorreliert sind (keine Autokorrelation): $Cov(\varepsilon_i, \varepsilon_j) = 0$, für $i \neq j$
- einen Erwartungswert von 0 haben: $E(\varepsilon_i) = 0$
- eine konstante Varianz besitzen (Homoskedastizität): $Var(\varepsilon_i) = konst.$

Da die exakten Störgrößen ε_i bei Analyse einer Stichprobe nicht bekannt sind, können die Annahmen nur näherungsweise über die Residuen $\hat{\varepsilon}_i$ geprüft werden.

Eine zusätzliche, für die numerische Stabilität des Verfahrens sinnvolle Voraussetzung ist die Abwesenheit von Multikollinearität zwischen den unabhängigen Variablen X_{li}. Diese wird über den Varianzinflationsfaktor

3.4
$$VIF = \frac{1}{1-R_l^2}$$

für jede unabhängige Variable abgeschätzt. Mit R_l^2 wird das Bestimmtheitsmaß eines linearen Modelles zwischen der untersuchten unabhängigen Variablen als abhängige Größe und den restlichen unabhängigen Variablen als unabhängige Größen definiert. Mit einem Varianzinflationsfaktor VIF > 10 wird ein relevantes Multikolinearitätsproblem indiziert. [85]

Bestimmtheitsmaße

Zur Beurteilung der Anpassungsgüte des Modells wird das Bestimmtheitsmaß

3.5
$$R^2 = 1-\frac{\sum_{i=1}^{n} \hat{\varepsilon}_i^2}{\sum_{i=1}^{n} (Y_i-\bar{Y})^2}$$

herangezogen. Dabei konvergiert R^2 mit verbesserter Anpassung des Modells an die Daten gegen 1.

Signifikanztest der Koeffizienten

Mit den Regressionskoeffizienten $\hat{\beta}_l$ werden von der Stichprobe abhängige Schätzungen der wahren Koeffizienten β_l der Grundgesamtheit dargestellt. $\hat{\beta}_l$ sind somit Zufallsgrößen. Zur Prüfung der Signifikanz der ermittelten $\hat{\beta}_l$ Werte wird ein zweiseitiger Einstichproben-t-Test verwendet. Genauer werden die Null- und Alternativhypothesen

3.6
$$H_0: \hat{\beta}_l = 0$$
$$H_1: \hat{\beta}_l \neq 0$$

getestet. Falls die Nullhypothese abgelehnt werden kann, wird der Koeffizient $\hat{\beta}_l$ als signifikant betrachtet. Die zugehörige t-verteilte Teststatistik wird aus

3.7
$$T = \frac{\hat{\beta}_l}{se_l}$$

mit dem geschätzten Standardfehler

3.8
$$se_l = \sqrt{\frac{1/(n-p)\sum_{i=1}^{n} \hat{\varepsilon}_i^2}{(1-R_l^2)\sum_{i=1}^{n} (X_{il}-\bar{X}_l)^2}}$$

des Koeffizienten berechnet [85]. Der Ablehnungsbereich der Nullhypothese wird daraus mit dem Signifikanzniveau α zu

3.9
$$|T| > t_{1-\alpha/2,\ n-p}$$

mit dem $(1-\alpha/2)$-Quantil der t-Verteilung mit n - p Freiheitsgraden als kritischen Wert bestimmt.

Für t-Tests werden normalverteilte Schätzfunktionen für die Regressionskoeffizienten β_l angenommen. Diese Annahme ist bei normalverteilten Störgrößen ε_i erfüllt, was näherungsweise über die Residuen $\hat{\varepsilon}_i$ geprüft werden kann. Mit steigender Stichprobenanzahl nähern sich die Verteilungen der Schätzfunktionen bedingt durch den zentralen Grenzwertsatz unabhängig von der Verteilung der Störgrößen ε_i, Normalverteilungen an. Somit kann die Annahme von normalverteilten Störgrößen ε_i bei hinreichend großer Stichprobenzahl erfolgen. [85]

Effektstärken

Mithilfe von Effektstärken werden die Größen von statistischen Effekten eingeschätzt. So kann beurteilt werden, ob ein statistisch signifikanter Effekt praktische Relevanz besitzt. Dies kann insbesondere bei großen Stichproben nützlich sein, da hier selbst kleinste Effekte mit hoher Signifikanz nachgewiesen werden können. Eine solche Größe ist das für jede unabhängige Variable definierte Cohens f^2

3.10
$$f_l^2 = \frac{R^2 - R_{l,exkl}^2}{1-R^2}$$

mit $R_{l,exkl}^2$, dem Bestimmtheitsmaß des Modells exklusive der untersuchten unabhängigen Variable. Die Gesamteffektstärke aller unabhängigen Variablen auf eine abhängige Variable wird durch

3.11
$$f^2 = \frac{R^2}{1-R^2}$$

berechnet. Nach Cohen indizieren Werte ab $f^2 = 0{,}02$ einen kleinen, $f^2 = 0{,}15$ einen mittleren und $f^2 = 0{,}35$ einen starken Effekt. [86]

3.5 Methoden des Maschinellen Lernens

Die in Kapitel 6 durchgeführten Untersuchungen neuartiger Analysemethoden zur sensitiven Detektion vor Prozessabweichungen erfolgt durch Anwendung von maschinellem Lernen. Durch maschinelles Lernen wird die Extraktion von Wissen aus Daten beschrieben, wobei Methoden der Statistik und der Informatik angewendet werden. Nach einer Lernphase wird durch diese Modelle eine verallgemeinerte Repräsentation des Trainingsdatensatzes dargestellt. Hierdurch wird die Beurteilung von unbekannten Daten ermöglicht, wenn diesen dieselben Muster wie den Trainingsdaten zugrunde liegen. [87, S. 10–12]

Die repräsentierbare Komplexität wird auf Basis der Wahl des Modells sowie der Werte der zugehörigen Hyperparameter[5] bestimmt. Durch Overfitting (dt.: Überanpassung) wird eine Herausforderung für das maschinelle Lernen dargestellt, bei welcher die Anzahl der freien Parameter zu groß ist. Die Komplexität des Modells ist dabei größer als jene der Muster in den Daten, weshalb die Trainingsdaten auswendig gelernt werden können. Infolgedessen ist die Vorhersagequalität bei Trainingsdaten signifikant größer als bei unbekannten Testdaten. Im Gegensatz hierzu resultiert aus einer zu kleinen Anzahl freier Parameter eine unzureichende Modellkomplexität. Dies wird als Underfitting (dt.: Unteranpassung) bezeichnet. Der Vergleich von Over- und Underfitting sowie einer geeigneten Wahl der Hyperparameter wird beispielhaft für ein Regressionsmodell in Bild 17 gezeigt. Der komplexitätsbestimmende Hyperparameter dieses Modells wird durch den Grad der Polynome dargestellt. [88, S. 4–12]

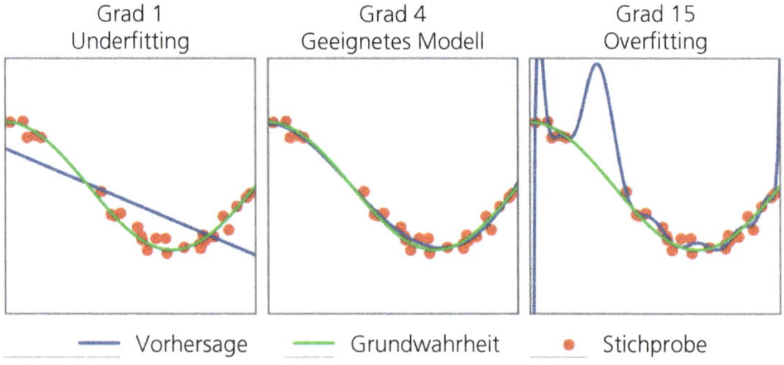

Bild 17
Over- und Underfitting bei Approximation einer Kosinusfunktion mittels Linearer Regression mit polynomiellen Merkmalen (nach [89])

Algorithmen des maschinellen Lernens werden grundlegend in die Kategorien überwachtes Lernen und unüberwachtes Lernen eingeteilt. Ziel der Verwendung

[5] Hyperparameter werden zur Steuerung der Modellkomplexität vor der Trainingsphase festgelegt. [87].

von überwachtem Lernen ist die Berechnung eines Modells, durch das die Vorhersage von Eigenschaften unbekannter Daten ermöglicht wird. Der Trainingsdatensatz besteht aus Paaren von Eingangswerten sowie den zugehörigen Ausgabewerten. Das Modell wird bei diskreter Ausgabe als Klassifikation definiert, während dieses bei kontinuierlicher Ausgabe als Regression bezeichnet wird. Die Qualität der Vorhersage wird anhand einer Kostenfunktion beziffert, die durch die spezifische Problemstellung definiert wird.

Für die Anwendung von unüberwachtem Lernen wird lediglich die Kenntnis von Eingangsdaten vorausgesetzt, weshalb die Generierung von Datensätzen für diese Methoden einfacher als für jene des überwachten Lernens ist. Mithilfe von Modellen des unüberwachten Lernens werden die Eingangsdaten in eine niedrigdimensionale Repräsentation der den Daten zugrunde liegenden Muster transformiert. Anhand dieser Transformation werden die Visualisierung und die Clustereinteilung der Daten ermöglicht. Weitere Anwendungsfelder werden durch die Detektion von Anomalien, Kompression der Datenmenge und Extraktion von Features (dt.: Merkmale) für überwachte Lernverfahren gegeben. [76]

3.5.1 Klassifikation durch überwachtes Lernen

Random Forests

Durch Random Forests wird ein konventioneller Ansatz des überwachten Lernens für Klassifikationsaufgaben definiert, der aufgrund großer Genauigkeit und Skalierbarkeit sowie einfacher Handhabung verbreitet angewendet wird. Random Forests werden aus unkorrelierten Entscheidungsbäumen aufgebaut. Als Entscheidungsbaum wird ein Modell bezeichnet, anhand dessen die Klassifikationsentscheidung auf Basis der iterativen Teilung des Feature-Raums mittels Schwellwerten getroffen wird. Die Festlegung dieser Schwellwerte erfolgt in der Trainingsphase durch die Maximierung des Informationsgewinns der jeweiligen Entscheidung. Der Informationsgewinn wird aus der Differenz der Unreinheit des Elternknotens und der Summe der Unreinheiten der Kindknoten berechnet. Die Quantifizierung der Unreinheit eines Knotens kann anhand der Entropie

3.12
$$I_H(t) = -\sum_i p(i|t)\log_2 p(i|t)$$

erfolgen, wobei der Anteil der Trainingsdatenpunkte der Klasse i am Knoten t als p(i|t) bezeichnet wird. Durch die Entropie I_H wird bei Gleichverteilung aller Klassen in einem Knoten der maximale Wert 1 angenommen, während diese bei vollständiger Homogenität des Knoten durch den Wert 0 beziffert wird. [65, S. 309, 90, S. 91–96]

Die Klassifikation des Random Forests wird aus der Mittelung der Vorhersage einer großen Anzahl B individueller Entscheidungsbäume abgeleitet. Jeder Entscheidungsbaum wird dabei anhand einer individuellen Stichprobe des Trainingsdatensatzes der Größe N trainiert. Für jeden Knoten des Baums der Länge K werden jeweils M Features aus der Menge aller Features zufällig selektiert. Die Teilung der Knoten erfolgt anhand desjenigen Features dieser Untermenge, durch das der Informationsgewinn maximiert wird. Einzelne Entscheidungsbäume werden bei ungeeigneter Wahl der Hyperparameter durch Anfälligkeit für Overfitting charakterisiert. Anhand der Mehrheitsentscheidung auf Basis eines Ensembles verschiedener Entscheidungsbäume wird die Robustheit von Random Forests gegenüber Overfitting erreicht. [65, S. 596–597]

Durch Random Forests wird die Bewertbarkeit der Features nach der durch diese bedingte durchschnittliche Verkleinerung der Unreinheit der Knoten erreicht. Hierdurch erfolgt die Sortierung der Features nach der Wichtigkeit für die Klassifikationsentscheidung, woraus die Ableitung von Aussagen über den Zusammenhang zwischen den Features sowie der Zielgröße der Klassifikation ermöglicht wird. [90, S. 100]

Convolutional Neural Networks

Mittels CNN wird eine Vielzahl von komplexen Bildverarbeitungsaufgaben ermöglicht. CNNs werden als KNNs definiert, bei denen in mindestens einem Layer (dt.: Schicht) eine Convolution (dt.: Faltung) verwendet wird [76]. CNNs für die Klassifikation von Bildern werden aus den in Bild 18 dargestellten Blöcken aufgebaut, die nachfolgend erläutert werden.

Bild 18
Komponenten eines Convolutional Neural Networks

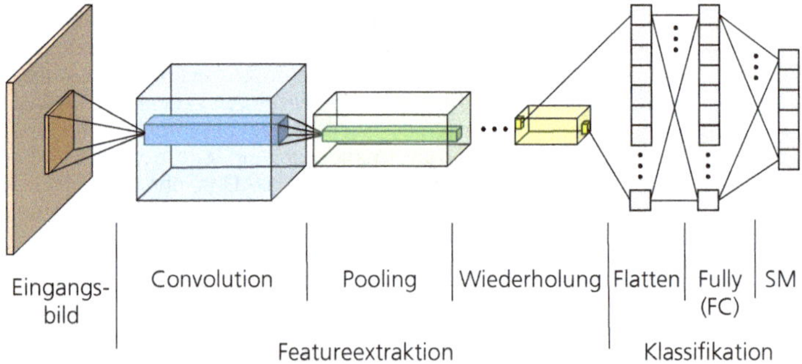

Mittels Convolutional (CONV) Layers werden Features (dt. Merkmale) aus Bildern gelernt. Dabei wird die räumliche Beziehung zwischen Bildpunkten mittels Verwendung quadratischer Filter der Größe F×F erhalten, durch deren Einträge lernbare Features dargestellt werden. Da die Filter auf verschiedene räumliche Eingangsbereiche appliziert werden, wird Translationsinvarianz bei der Featureextraktion erreicht. Mittels mathematischer Faltung erfolgt die Verrechnung dieser

Filter mit dem Eingang, wodurch eine zweidimensionale Feature Map (dt.: Merkmalskarte) erzeugt wird. Bei Anwendung mehrerer Filter wird durch die Feature Maps ein dreidimensionaler Block aufgebaut, dessen Tiefe D der Anzahl der Filter entspricht. Die Einträge der Feature Map werden als Neuronen bezeichnet. Durch Neuronen im gleichen Tiefenschnitt wird der gleiche Eingangsbereich analysiert. Die Komponenten von CONV-Layers werden in Bild 19 gezeigt. [76, 91]

Bild 19
Schematische Darstellung eines Convolutional Layers

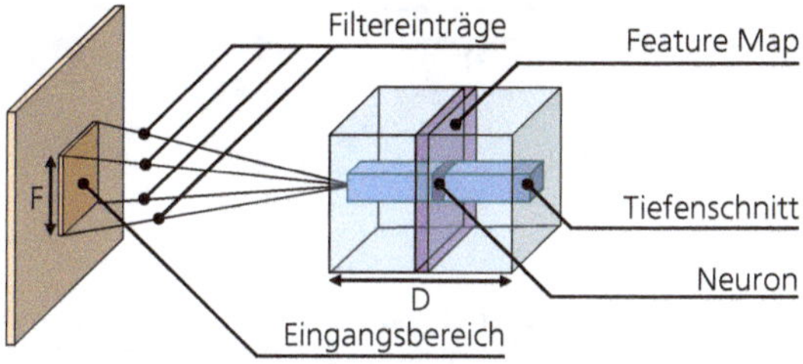

Der Wert der Neuronen entspricht der Antwort des zugehörigen gelernten Filters auf den betrachteten Eingangsbereich. Zur Abbildung nichtlinearer Zusammenhänge wird eine Aktivierungsfunktion auf die Neuronen angewendet. Neben der Filtergröße und -anzahl werden durch den Stride (dt.: Schritt) der Faltung und dem Padding (dt.: Einbettung) des Eingangs die Hyperparameter von CONV-Layers dargestellt.

Der Ausgang von CONV-Layers wird oftmals an ein Pooling Layer (POOL, dt.: Sammelschicht) übergeben. Mittels dieser wird die Dimension der Feature Maps und somit die Trainingsdauer verkleinert. Aufgrund der kleineren Parameteranzahl wird Overfitting vorgebeugt. Die Applikation von Pooling erfolgt unabhängig auf jede Feature Map des Eingangs. Bei Nutzung des häufig verwendeten Max-Poolings wird der größte Wert innerhalb einer Filtergröße beibehalten, während alle weiteren verworfen werden. Durch Filtergröße und Stride werden die Hyperparameter für Pooling Layers definiert. Das Ergebnis der Anwendung von Max-Pooling auf eine Feature Map wird in Bild 20 veranschaulicht.

Bild 20
Feature-Map vor und nach Anwendung von Max-Pooling (nach [91])

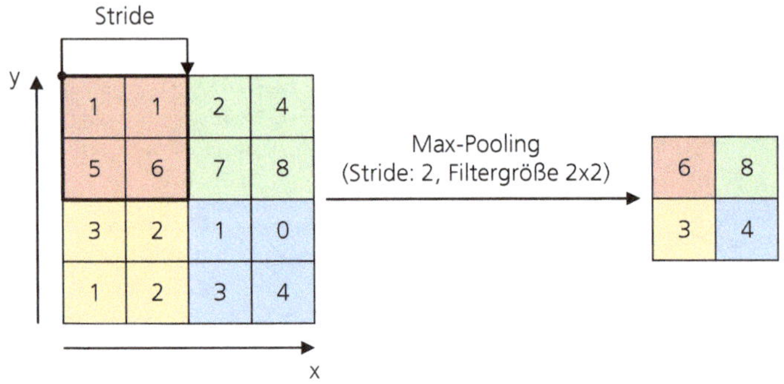

Durch Wiederholung der Abfolge aus CONV-Layers und POOL-Layers werden höherwertige Features extrahiert, anhand derer die diskriminierenden Eigenschaften des Datensatzes in größerem Maße abgebildet werden. Die Features des letzten dreidimensionalen Blocks werden in einen Vektor konvertiert (Flatten). Dieser wird als Input für Fully Connected Layers (FC, dt.: vollständig verbundene Schicht) verwendet, deren Aufbau vergleichbar mit dem konventioneller KNN ist. Zur Quantifizierung des Klassifikationsergebnisses als Wahrscheinlichkeit wird Softmax (SM) als Aktivierungsfunktion auf das letzte FC-Layer appliziert.

Die Wahl der CNN-Architektur erfolgt in Abhängigkeit der Aufgabe. Die Abfolge

$$\text{EINGANG} \rightarrow \left[[\text{CONV} \rightarrow \text{RELU}] \cdot \text{A} \rightarrow \text{POOL}\right] \cdot \text{B} \rightarrow [\text{FC} \rightarrow \text{RELU}] \cdot \text{C} \rightarrow \text{FC} \rightarrow \text{SM} \tag{3.13}$$

wird in praktischen Anwendungen verbreitet genutzt, wobei RELU einer nichtlinearen Aktivierungsfunktion entspricht. Durch A, B und C werden natürliche Zahlen dargestellt. [91]

3.5.2 Dimensionalitätsreduktion durch unüberwachtes Lernen mittels Autoencodern

Ein Autoencoder wird als KNN definiert, das mit dem Ziel der Reproduktion des Eingangs x auf den Ausgang x' trainiert wird. Das Netzwerk wird aus einer Encoder-Funktion z = g(x) sowie einer Decoder-Funktion x' = f(z) aufgebaut. Durch z wird eine niedrigdimensionale Repräsentation des Eingangs beschrieben, die als Bottleneck (dt.: Flaschenhals) bezeichnet wird. Die Komponenten eines Autoencoders werden in Bild 21 gezeigt. [76]

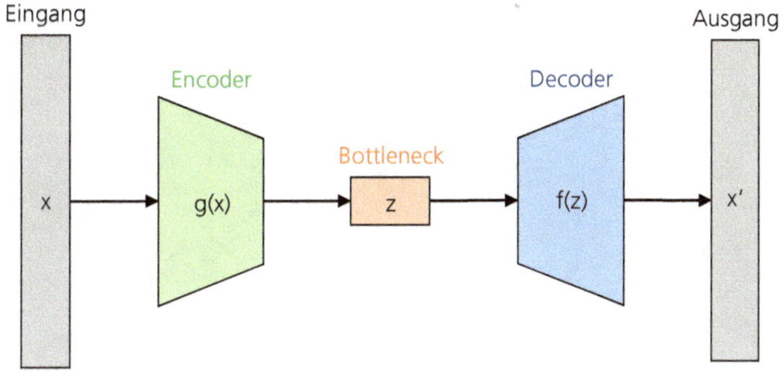

Bild 21
Komponenten eines Autoencoders

Mittels der im Vergleich zum Eingang kleineren Dimensionalität des Bottlenecks werden an dieser Stelle die auffälligsten Muster des Datensatzes komprimiert. Die Kompression erfolgt durch den Encoder, während das Bottleneck z mithilfe des Decoders auf die Dimension des ursprünglichen Bildes transformiert wird. Durch die Trainingsphase wird eine Straffunktion minimiert, mittels der die Abweichung des Ausgangs vom Eingang bewertet wird. Bei Verwendung eines linearen Decoders und dem mittleren quadratischen Fehler als Straffunktion wird derselbe Unterraum wie durch eine PCA aufgespannt. Mittels Verwendung von CNNs als Encoder und Decoder wird eine nichtlineare Generalisierung der PCA für Bilddaten erreicht. Die komplexen Datensätzen zugrunde liegenden Muster werden hierdurch in größerem Maße abgebildet. [76]

In weitgehend homogenen Datensätzen wird die Mehrheit der Datenpunkte mittels der gelernten Muster repräsentiert, wobei eine kleinere Anzahl von Datenpunkten durch den niedrigdimensionalen Raum nicht abgebildet wird. Diese Anomalien in den Daten werden durch einen im Vergleich zu unauffälligen Datenpunkten größeren Rekonstruktionsfehler identifiziert. Durch das Trainieren eines Autoencoders sowie der anschließenden Berechnung der Rekonstruktionsfehler eines Testdatensatzes wird die Detektion von Anomalien ermöglicht. [92]

4 Entwicklung einer zeit- und ortsaufgelösten Messdatenerfassung für das DED-Verfahren

4.1 Anforderungsanalyse für die Datenerfassungs- und Synchronisationsstrategie

Für die Prozessüberwachung während der additiven Fertigung von Volumenkörpern mittels DED wird eine Methodik für die dreidimensionale Darstellung von Messwerten und damit die Lokalisierung von Prozesstrends und -anomalien benötigt. Hierfür wird in diesem Kapitel eine Softwarelösung entwickelt, durch die die Erfassung der mittels in Abschnitt 3.3 thematisierter Messtechnik erfasster Daten sowie der Maschinensteuerung realisiert wird. Die räumliche Zuordnung der Messdatenpunkte wird mittels nachfolgend erläuterter prozessgerechter Synchronisation der Messwerte mit den TCP-Koordinaten umgesetzt.

Ausgehend von der vorgestellten Motivation werden funktionale Anforderungen an die entwickelte Softwarelösung gestellt: Anhand funktionaler Anforderungen (FA) werden jene Aufgaben beschrieben, die durch das System ausgeführt werden sollen [93, S. 366–375].

FA1: Durch die Software sollen die Messdaten des DAQ und der CMOS-Kamera sowie die TCP-Koordinaten der Werkzeugmaschine simultan erfasst werden.

FA2: Durch die Synchronisation der Daten soll die lokale Auflösung der Messwerte entlang der Schweißbahnen ermöglicht werden.

FA3: Die Software soll in die in Abschnitt 3.3 dargestellte System- und Messtechnik integriert werden.

FA4: Das Auslösen sowie Unterbrechen der Datenerfassung soll durch den in Bild 14 gezeigten verkabelten Trigger ermöglicht werden.

Durch nicht-funktionale Anforderungen (NFA) werden Bedingungen zur Einschränkung der Realisierung der FA formuliert [93, S. 366–375]. Folgende NFA werden an die zu entwickelnde Software gestellt:

NFA1: Die Synchronisation der TCP-Koordinaten und der Messdaten soll unabhängig von der Kenntnis der Bahnplanung sowie der Vorschubgeschwindigkeit erfolgen.

NFA2: Die Funktionalität der Software soll nicht vom Typ und Hersteller der Werkzeugmaschine sowie der NC-Steuerung beeinflusst werden.

NFA3: Die Synchronisation der TCP-Koordinaten und der Messdaten soll in einer für den DED-Prozess hinreichend großen Genauigkeit erfolgen.

Das erforderliche Maß der Synchronität wird anhand relevanter Prozessgrößen des DED-Verfahrens bestimmt. Durch die Prozessparameter Vorschubgeschwindigkeit v_v und Laserstrahldurchmesser in der Arbeitsebene $d_{L,TCP}$ werden die wichtigsten Kennzahlen für die prozessgerechte Bewertung der Synchronität definiert. Eine heuristische Bewertung erfolgt über die dimensionslose Kenngröße des maximalen relativen Offsets

4.1
$$MRO = \frac{v_V}{d_{L,TCP}} \cdot t_{sync,max} \cdot 100\%,$$

wobei durch $t_{sync,max}$ ein zeitliches Maß für die maximale zeitliche Streuung des Ergebnisses der Synchronisation dargestellt wird. Während demnach aus der Vergrößerung der Vorschubgeschwindigkeit v_v größere Anforderungen an die Synchronität resultieren, werden diese bei Vergrößerung des Laserstrahldurchmessers in der Bearbeitungsebene $d_{L,TCP}$ kleiner. Hierdurch wird die Vergleichbarkeit der Synchronität bei verschiedenen Prozessparametern erreicht. Bei einem MRO < 50% wird mehr als die Hälfte der Fläche des realen Laserspots durch den Kreis des Durchmessers $d = d_{L,TCP}$ um die synchronisierten TCP-Koordinaten abgedeckt. Für die ortsaufgelöste Visualisierung und Lokalisierung von Anomalien wird diese Überlappung im Rahmen dieser Arbeit als ausreichend und damit prozessgerecht eingeschätzt.

4.2 Software und Implementierung

4.2.1 Verwendete Programmiersprache und Architektur

Die Schnittstellen zu den Messgeräten werden seitens der Hersteller in Form von Software Development Kits (SDK) zur Verfügung gestellt. Aufgrund der Verfügbarkeit dieser SDKs im .Net Standard wird die Software in der Programmiersprache C# implementiert. Durch C# wird der im Vergleich zu anderen Programmiersprachen effizientere Entwurf von GUIs ermöglicht. Die Entwicklung des GUI erfolgt anhand des Frameworks Windows Presentation Foundation (WPF) in der Beschreibungssprache Extensible Application Markup Language (XAML). Die Elemente der Oberfläche werden mittels des quelloffenen Paketes MaterialDesignInXamlToolkit gestaltet, mit dem durch das Unternehmen Google LLC vorgestellte Richtlinien zum GUI-Design umgesetzt werden. [94]

Die Auslegung der Anwendungsarchitektur erfolgt nach dem Model View ViewModel (MVVM) Entwurfsmuster, wodurch die Entwicklung des GUI von jener der Programmlogik separiert wird. Hierdurch werden insbesondere die Testbarkeit, Wartbarkeit und Skalierbarkeit der Software vergrößert. Da die Menge des Glue Codes[6] im Vergleich zu anderen Entwurfsmustern kleiner ist, wird die Übersichtlichkeit der Implementierung vergrößert. [95] Für die Erfassung der Daten der Werkzeugmaschine, des DAQ-Geräts sowie der CMOS-Kamera wird jeweils ein Subsystem eingeführt, das entkoppelt von den anderen Subsystemen in einem Model (engl.) nach dem MVVM-Muster implementiert wird. Diese Models werden im Programmcode durch Klassen repräsentiert. Hierdurch wird die Auswahl der aufzuzeichnenden Datenquellen in Abhängigkeit der Anforderungen des Nutzers sowie Verfügbarkeit der Messmittel ermöglicht.

Die Architektur der Software wird in Bild 22 schematisch gezeigt, wobei durch Open Platform Communications Unified Automation (OPC UA) die Schnittstelle zur Werkzeugmaschine realisiert wird. Aufgrund der Möglichkeit der Synchronisation tabellarischer Daten werden die Funktionalitäten des OPC UA Clients sowie des DAQ Models durch ein gemeinsames ViewModel an das GUI gebunden. In den folgenden Abschnitten werden die einzelnen Models vorgestellt. Die simultane Erfassung und Synchronisation der Daten mehrerer Quellen wird im darauffolgenden Abschnitt anhand eines UML-Sequenzdiagramms beschrieben.

Bild 22
Blockdiagramm der Architektur der entwickelten Software

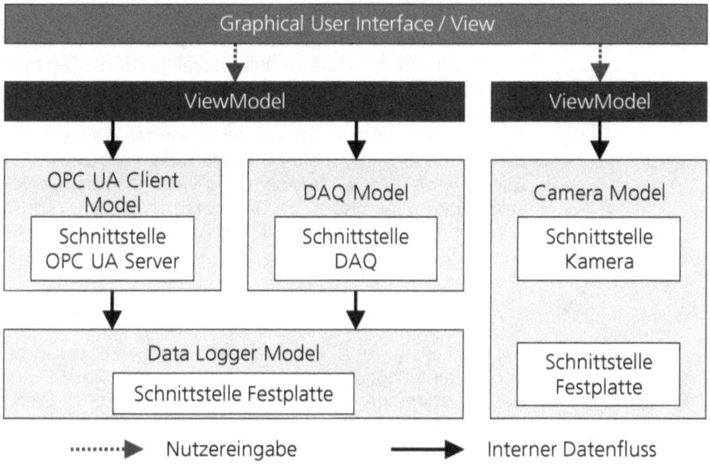

[6] Durch Glue Code werden Programmzeilen zur Herstellung der Komptabilität verschiedener Module beschrieben. Mittels Glue Code wird keine Funktionalität zur Erreichung der Anforderungen implementiert.

4.2.2 Implementierung

OPC UA Client Model

Durch die Nutzung der OPC UA Schnittstelle der Maschinensteuerung erfolgt die prozessbegleitende Aufzeichnung der TCP-Koordinaten. Mittels OPC UA wird ein plattformübergreifender Standard für die Kommunikation im industriellen Umfeld definiert. Hierdurch wird der Datenaustausch zwischen Werkzeugmaschinen und weiteren Netzwerkteilnehmern über TCP/IP ermöglicht. [96, 97]

Die NC-Steuerung der Werkzeugmaschine des Typs NCU 720.3 wird durch einen angebundenen OPC UA Server in der Version V3.0 SP1 gekennzeichnet, der auf einem Rechner des Typs Siemens PCU50.5C mit einem Prozessor des Typs Intel Celeron P4505 ausgeführt wird. Unter Nutzung des von der OPC Foundation zur Verfügung gestellten OPC UA .Net Standard SDKs wird ein OPC UA Client in die entwickelte Software integriert [98].

Durch den Client wird die Möglichkeit der Aufzeichnung der dem Server verfügbaren Informationen realisiert, die durch Knoten (engl. Nodes) repräsentiert werden. Hierzu werden neben den TCP-Koordinaten insbesondere die analogen sowie digitalen Ein- und Ausgänge gezählt. Für die Datenaufnahme werden zwei Strategien implementiert. Zum einen erfolgt die Polling-Strategie anhand wiederholter Leseanfragen an den Server, wobei der Read-Service des OPC UA Standards verwendet wird. Zum anderen werden während der Monitoring-Strategie die Knoten initial abonniert und Wertänderungen vonseiten des Servers an den Client geschickt. Durch Monitoring wird nach der Serverspezifikation die Aufzeichnung von bis zu 100 Knoten mit dem konstanten Abtastintervall $t_{A,MON}$ = 100 ms erreicht [99]. Das Abtastintervall mittels Polling erfasster Daten wird durch Abhängigkeit von der Anzahl der zu lesenden Knoten charakterisiert. [100]

Im Gegensatz zum Abtastintervall für das Monitoring $t_{A,MON}$ = 100 ms ist jenes für das Polling der TCP-Koordinaten $t_{A,POL,TCP}$ nicht in den Spezifikationen des Servers hinterlegt. Aus diesem Grund werden die TCP-Koordinaten während eines zehnminütigen Versuchs erfasst, in dem der Bearbeitungskopf kontinuierlich gemäß der Bearbeitungsstrategie des Standardprozesses (vgl. Bild 15) verfahren wird. Zur Ermittlung des Abtastintervalls für das Polling der TCP-Koordinaten $t_{A,POL,TCP}$ werden die Zeitstempel dieses Versuchs analysiert. In Bild 23 werden die Differenzen aufeinanderfolgender Zeitstempel Δt in Form eines Histogramms dargestellt. Demnach wird das Abtastintervalls für das Polling der TCP-Koordinaten zu $t_{A,POL,TCP}$ = 8 ms angenähert.

Bild 23
Histogramm der Differenzen aufeinanderfolgender Zeitstempel Δt beim Polling der TCP-Koordinaten

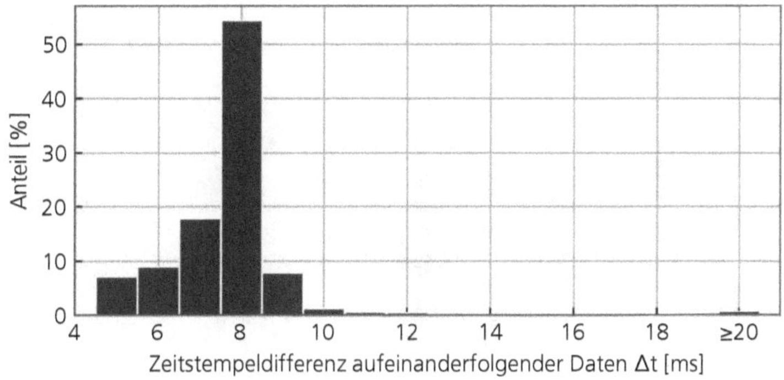

Die Streuung um das Maximum bei $t_{A,POL,TCP}$ = 8 ms kann anhand der limitierten Genauigkeit der Uhr des OPC UA Servers begründet werden. Mittels der Abtastung der TCP-Koordinaten von der NC-Steuerung durch den OPC UA Server kann ein weiterer unbekannter Einfluss auf diese Streuung dargestellt werden. Der in Bild 23 erkennbare Balken für Zeitstempeldifferenzen $\Delta t \geq 20$ ms wird durch einen im Rahmen der Arbeit identifizierten systematischen Fehlers seitens des OPC UA Servers begründet. Anhand des in Bild 24 dargestellten Histogramms für Zeitstempeldifferenzen $\Delta t \geq 20$ ms wird die Bildung eines Clusters um Zeitstempeldifferenzen $\Delta t \approx 220$ ms erkennbar.

Bild 24
Histogramm der Differenzen aufeinanderfolgender Zeitstempel Δt beim Polling der TCP-Koordinaten für Zeitstempeldifferenzen $\Delta t \geq 20$ ms

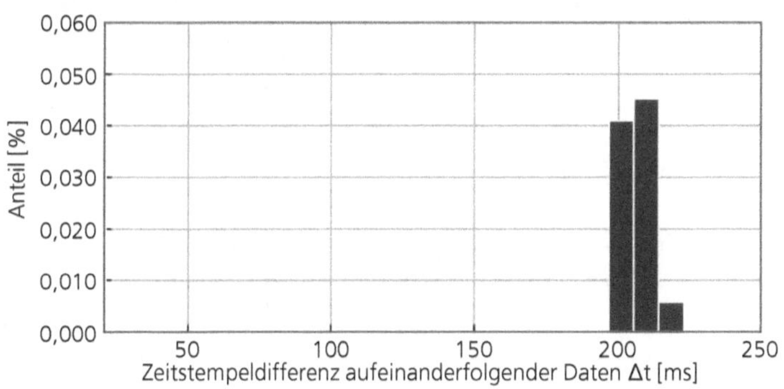

Anhand der Analyse der zeitlichen Abstände dieser lokalen Maxima Δt_{peak} der Zeitstempeldifferenzen Δt wird die in Bild 25 gezeigte Systematik festgestellt. Folglich werden während des Pollings der TCP-Koordinaten in regelmäßigen Abständen von ca. 1100 ms für ca. 220 ms keine neuen Daten durch den Server bereitgestellt. Diese Herausforderung ist dem Hersteller der Steuerung bekannt. Zum aktuellen Zeitpunkt wird jedoch keine Lösung bereitgestellt.

Bild 25
Histogramm der Differenzen aufeinanderfolgender Zeitstempel lokaler Maxima Δt_{peak} beim Polling der TCP-Koordinaten für Zeitstempeldifferenzen

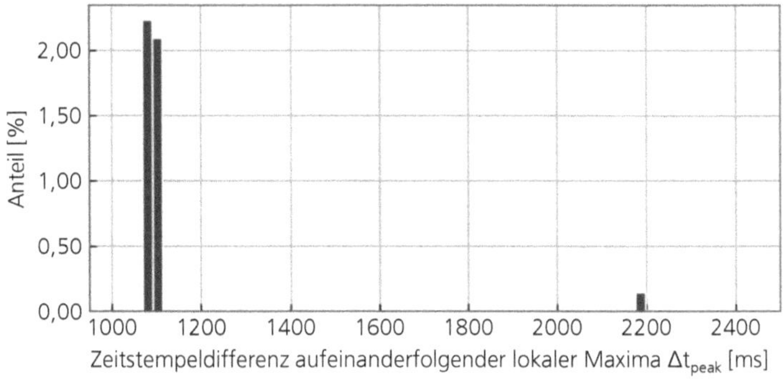

Die Zuweisung der zugehörigen Zeitstempel erfolgt bei beiden Aufnahmestrategien durch den Server anhand des Zeitpunktes, an dem die Abtastung des Knotens ausgeführt wird. Dieser Zeitstempel wird in jede Nachricht des Servers integriert. Aufgrund der Asynchronität der Uhr des OPC UA Servers und jener des Anwendungsrechners wird die zeitliche Differenz beider Uhren als Offset auf jeden Zeitstempel des OPC UA Servers addiert. Hierdurch werden die Zeitstempel des OPC UA Servers in solche des Anwendungsrechners konvertiert.

Neben der Aufzeichnung von Knoten werden weitere Funktionen in den Client eingebunden. Durch den Client wird das aktuelle Netzwerk nach verfügbaren OPC UA Servern durchsucht, während der Serverzugriff anonym oder mittels Nutzerkennung erfolgen kann. Die Wertänderung mittels Monitorings abonnierter Knoten wird über das GUI angezeigt. Hierdurch wird die Überwachung der Funktion systemtechnischer Komponenten sowie vorhandener Signale während des Prozesses ermöglicht.

Anhand einer Baumstruktur erfolgt die Visualisierung der Knoten des Servers, wobei nach Anwahl eines Knotens die im Server hinterlegten Attribute sowie der Wert des Knotens angezeigt wird. Ein Ausschnitt der Baumstruktur des Servers sowie die Attribute des Knotens der TCP-Koordinaten wird in Bild 26 mit einer Bildschirmaufnahme der Software dargestellt.

Bild 26 Bildschirmaufnahme der Baumstruktur des Servers sowie der Attribute des Knotens der TCP-Koordinaten

DAQ Model

Die Konfiguration des DAQs sowie die Erfassung der Messdaten wird mithilfe des von NI bereitgestellten NI-DAQmx SDKs umgesetzt. Durch die im SDK integrierten Klassen wird die simultane kontinuierliche Aufnahme mehrerer Kanäle bei Messung verschiedener physikalischer Größen ermöglicht. [101]

Für die Zuordnung eines absoluten Zeitstempels wird beim Lesen des ersten Buffers die Systemzeit des Anwendungsrechners als Referenzzeit gespeichert. Durch den hardwaregesteuerten Abtasttakt des DAQs wird die hinreichende Genauigkeit der Zeitstempel relativ zum ersten absoluten Zeitstempel gewährleistet. [102]

Data Logger Model

Die mittels OPC UA und DAQ aufgenommenen Daten werden durch eine tabellarische Datenstruktur repräsentiert. Hierbei wird jeweils durch eine Spalte der Zeitstempel sowie durch die weiteren Spalten eine beliebige Anzahl von Messgrößen dargestellt. Anhand der Zeilen werden die Messwerte zu verschiedenen Zeitpunkten dokumentiert. Aufgrund der gleichen Datenstruktur werden die Daten beider Datenquellen anhand von Objekten der gleichen Data Logger Klasse verarbeitet und in Form von Textdateien gespeichert.

Für die Verknüpfung der mittels OPC UA aufgezeichneten Knoten mit den vom DAQ erfassten Messwerten erfolgt die Synchronisation beider Tabellen. Diese wird durch eine statische Methode der Data Logger Klasse anhand der in beiden Datensätzen hinterlegten absoluten Zeitstempel durchgeführt. Da die Daten des DAQs in einem kleinerem Abtastintervall als jene des OPC UA Servers aufgenommen werden, erfolgt eine lineare Interpolation der Daten des OPC UA Servers. Hierdurch werden jeder Zeile der Tabelle der Daten des DAQs die interpolierten Werte des OPC UA Servers angefügt. Die Validität der linearen Approximation der TCP-Bewegung zwischen zwei mittels Polling abgetasteten Punkten wird über die im Vergleich zum Abtastintervall $t_{A,POL,TCP}$ = 8 ms träge Bewegung des TCPs bei für das DED typischen Vorschubgeschwindigkeiten von bis ca. 33 mm/min sowie der überwiegend geradlinigen Verfahrbewegungen durch das Hatching begründet.

Camera Model

Mittels des durch den Kamerahersteller zur Verfügung gestellten pylon .Net SDKs erfolgt die Parametrisierung der Kamera sowie die Erfassung eines Bildstreams im Camera Model der entwickelten Software [103] Da durch das Data Logger Model ausschließlich tabellarische Daten verarbeitet werden, wird im Camera Model eine für Bilddaten geeignete Speicherschnittstelle implementiert. Die Bilder werden mittels Lempel-Ziv-Welch-Algorithmus[7] (LZW) verlustfrei komprimiert und im Tagged Image File Format (TIFF) gespeichert. Da Schmelzbadaufnahmen durch große Regionen gleicher Intensität charakterisiert werden, wird durch die Komprimierung eine Verkleinerung der Datenmenge erreicht. Für ein Bild eines Schmelzbades mit 600x600 Bildpunkten und 8 bit Samplingtiefe wird diese Verkleinerung von ca. 360 kB auf ca. 130 kB quantifiziert.

In den Bildstream ist der Zeitstempel der Abtastung eines Bildes nach dem Einschalten der Kamera eingebettet. Durch Referenzieren auf das erste Bild des Streams sowie der Addition der Systemzeit des Anwendungsrechners bei Empfang des ersten Bildes wird für jedes Bild ein absoluter Zeitstempel berechnet. Dieser wird mit weiteren Parametern des Bildstreams sowie Konfigurationseinstellungen in JavaScript Object Notation (JSON) als Zeichenkette in den Metadaten des jeweiligen Bildes hinterlegt. Hierdurch wird der von der verwendeten Programmiersprache unabhängige Informationsaustausch ermöglicht, da durch alle verbreiteten Programmiersprachen ein JSON-Parser bereitgestellt wird.

Für die Herstellung des Zusammenhangs zwischen den TCP-Koordinaten, den Messwerten des DAQs sowie den erfassten Bildern wird ein weiterer Synchronisationsschritt implementiert. Hierfür werden die in den Metadaten hinterlegten Informationen sowie in Abschnitt 4.3 vorgestellte Bildverarbeitungspipeline in eine tabellarische Darstellung überführt. Auf Basis der Auswertung dieser Features werden große Unterschiede zwischen aufeinanderfolgenden Bildern festgestellt. Wie in Bild 27 beispielhaft gezeigt kann die Entstehung von Prozessnebenprodukten anhand einer Sequenz von Aufnahmen nicht nachvollzogen werden.

[7] Mittels LZW wird ein Wörterbuch erstellt, in dem häufig vorkommende Muster über Abkürzungen codiert werden [104].

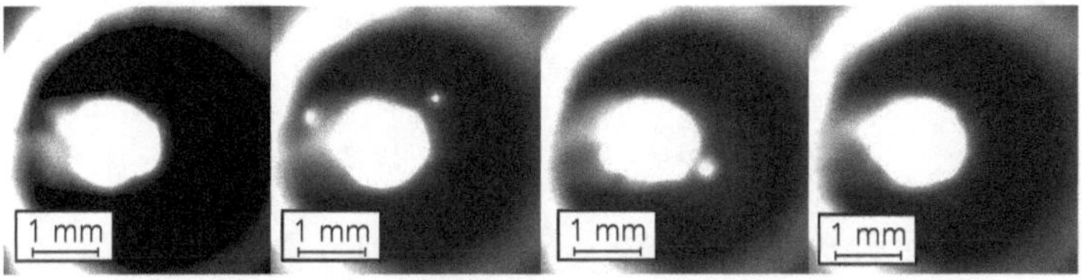

Bild 27
Sequenz von Aufnahmen der thermischen Emission des Schmelzbades sowie von Prozessnebenprodukten

Die zuvor mangelnde Erfassbarkeit der Schmelzbaddynamik durch Abtastung mit $t_{A,CAM}$ wird hierdurch verifiziert. Der Wert der Belichtungszeit wird im Rahmen der Arbeit um mindestens eine Größenordnung kleiner als jener des Abtastintervalls $t_{A,CAM}$ eingestellt, weshalb eine Totzeit von nahezu 10 ms zwischen zwei Bildern durch die Kamera nicht erfasst wird. Aufgrund dieser Totzeit wird in Verbindung mit der großen Schmelzbaddynamik gefolgert, dass die lineare Interpolierbarkeit der Bildfeatures nicht angenommen werden kann. Die Zuweisung eines Datenpunktes des DAQs sowie der TCP-Koordinaten zu den Bildern erfolgt anhand des jeweils naheliegendsten Zeitstempels. Bei dem im Rahmen der Arbeit verwendeten Abtastintervall des DAQs $t_{A,DAQ} \approx 195$ µs wird jedem Bild ein Datenpunkt zugewiesen, dessen Zeitstempel maximal 195 µs von jenem des Bildes abweicht. Die Datenerfassung der verschiedenen Messmittel wird nicht zum exakt gleichen Zeitpunkt gestartet und beendet. Aus diesem Grund werden Bilder zu Beginn und Ende der Messung – bspw. zu Beginn und Ende einer Spur oder Schicht – verworfen, deren Zeitstempel um mehr als 1 ms vom naheliegendsten Zeitstempel der Daten des DAQs abweichen. Da die Auslösung sowie Terminierung der Datenaufnahme nicht während der Laseremission erfolgt, wird hierdurch kein Nachteil dargestellt.

4.2.3 Sequenzdiagramm bei simultaner Datenerfassung

Die Auslösung und Unterbrechung der simultanen Datenerfassung wird durch Betätigung eines Softwaretriggers sowie der Schaltung eines Hardwaretriggers ermöglicht. Da der Hardwaretrigger anhand eines digitalen Ausgangs der Maschine gesteuert wird, kann eine Wertänderung durch den OPC UA Client detektiert und somit die Aufnahme von Daten (engl.: Logging) des OPC UA Servers gestartet und gestoppt werden. Die Messung mittels Kamera und DAQ wird dabei über die Flanken des analogen Triggersignals gesteuert. Anhand eines Sequenzdiagramms nach Unified Modeling Language (UML) wird in Bild 28 die Schrittfolge der simultanen Datenerfassung mittels nutzergesteuertem Softwaretrigger in vereinfachter Darstellung visualisiert. Eine quantifizierte Bewertung der Synchronisationsgenauigkeit bei simultaner Datenerfassung erfolgt in Abschnitt 4.4.

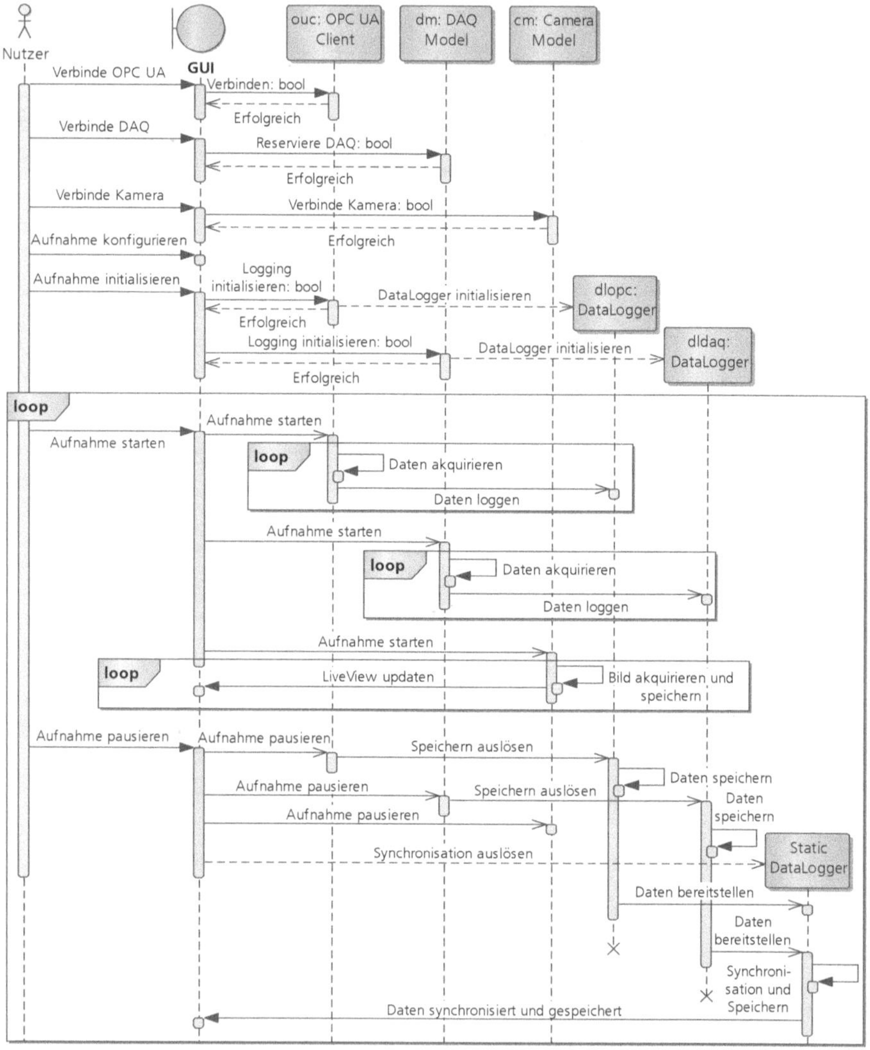

Bild 28 Sequenzdiagramm bei simultaner Datenerfassung mittels Softwaretrigger

Das Starten sowie Pausieren der Aufnahme wird bei Verwendung des Hardwaretriggers durch das Triggersignal ausgelöst, während die weiteren Schritte identisch zu jenen in der Darstellung erfolgen. Durch die inhärenten Unterbrechungen der Laseremission während des DED-Prozesses nach Spuren und Schichten wird ein Zeitabschnitt dargestellt, der für die Datenauswertung irrelevant ist. Innerhalb dieser Unterbrechungen kann die Pausierung der Datenerfassung sowie die Auslösung der Synchronisation der aufgenommenen Daten erfolgen. Hierdurch werden die anfallende Datenmenge sowie die Synchronisationsdauer nach dem Prozess verkleinert. Aus Darstellungsgründen werden lediglich die für die Datenerfassung essenziellen Schritte gezeigt. Zudem wird die Rolle der ViewModels nicht wiedergegeben. In der Anwendung wird durch diese die verbindende Komponente zwischen Nutzereingaben und Models realisiert.

4.3 Verarbeitung der CMOS-Bilder

4.3.1 Identifikation physikalischer Features aus den CMOS-Bildern

Durch die Ableitung skalarer Features aus den CMOS-Bildern der thermischen Emission werden Attribute zur Quantifizierung der detektierten Schmelzbademission sowie der erfassten Prozessnebenprodukte dargestellt. Anhand zeit- oder ortsaufgelöster Visualisierung dieser Features wird die Analyse von Trends und Anomalien im Prozessverlauf ermöglicht.

Mittels der Sichtung sowie des Vergleichs verschiedener Bilder bei unterschiedlichen Einstellungen der Prozessparameter erfolgt die Identifikation von Features, durch die potenziell prozessrelevante Attribute dargestellt werden. Unter Einbezug der Spurrichtung kann aus diesen Abmessungen die Breite sowie Länge der detektierten Schmelzbademission berechnet werden. Weitere geometrische Indikatoren werden durch die Fläche sowie den Umfang gegeben.

Die detektierte Emission wird durch große Volatilität der Schmelzbadkontur charakterisiert. Aus diesem Grund wird das in [52, 53] vorgeschlagene Vorgehen für die elliptische Approximation des Schmelzbades adaptiert. Hierdurch wird eine robustere Darstellung der Schmelzbademission gegeben. Die Beschreibung der Ellipse erfolgt anhand der Länge der Haupt- und Nebenachse, des relativen Rotationswinkels zur Spurrichtung sowie der numerischen Exzentrizität[8].

Durch die Kamera wird die Emission von Prozessnebenprodukten durch Spritzerbildung detektiert. Die Anzahl sowie die Fläche detektierter Prozessnebenprodukte wird als ein Indikator für die Beurteilung der Prozessstabilität identifiziert.

[8] Durch die numerische Exzentrizität wird der Quotient aus dem Abstand der Brennpunkte und der Länge der Hauptachse beschrieben.

Neben den genannten Features werden weitere Features zur Beschreibung der Schmelzbadaufnahmen eingeführt. Dieser für weiterführende Analysen bereitgestellte erweiterte Feature-Satz wird neben den im Rahmen dieser Arbeit vorrangig analysierten Features des primären Feature-Satzes in Tabelle 4 aufgelistet.

Tabelle 4
Ermittelte Features zur Beschreibung der Aufnahmen der thermischen Emission

Signatur	Primärer Feature-Satz	Erweiterter Feature-Satz
Schmelzbad-emission	Länge in x und y, Fläche, Umfang	Verhältnis der Fläche zur konvexen Hülle (Solidität), Schwerpunktkoordinaten, Zirkularität[9]
Prozessneben-produkte	Anzahl, Fläche	
Elliptische Approximation	Länge der Haupt- und Nebenachse, Rel. Rotationswinkel, Exzentrizität	
Gesamtes Bild		Mittlerer Grauwert, Standardabweichung des Grauwerts
Aufnahme-parameter		Absoluter Zeitstempel, Belichtungszeit

4.3.2 Segmentierung der Emissionsbereiche

Durch Segmentierung wird die Teilung eines Bildes in inhaltlich separierbare Regionen beschrieben. Hierbei werden benachbarte Bildpunkte anhand eines Ähnlichkeitskriteriums zusammengefasst [59, S. 699]. Die Methodik der Segmentierung von Regionen in Bildern der Schmelzbademission wird in diesem Abschnitt anhand einer Aufnahme während eines instabilen Prozessverlaufs demonstriert.

Mittels der koaxial integrierten Kamera wird die Reflexion der Schmelzbademission am Innenkonus der Pulverdüse detektiert. Bildpunkte dieses Bereichs werden anhand eines kreisförmigen Filters um den Mittelpunkt des Innenkonus der Pulverdüse wie in Bild 29 gezeigt auf den Grauwert Null gesetzt.

[9] Die Zirkularität Z einer Region wird über $Z = 4\pi A/U^2$ definiert, wobei A der Fläche und U dem Umfang der Region entspricht.

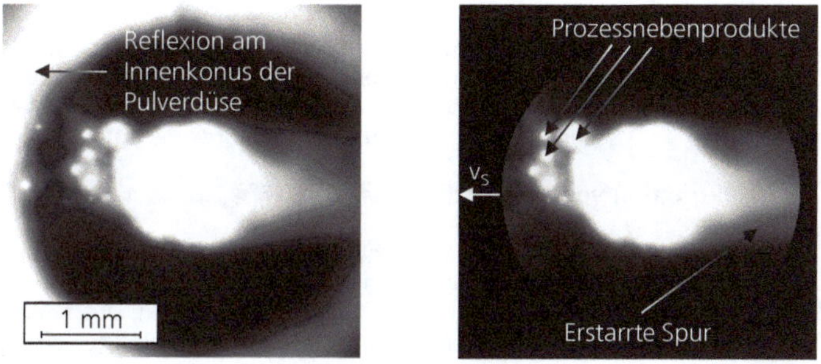

Bild 29
Originalaufnahme (links) sowie kreisförmige Filterung der Emission der Pulverdüse (rechts)

Aufgrund des beschränkten Dynamikumfangs des Kamerasensors wird in Bereichen der Emission durch die Mehrheit der Bildpunkte der maximale Grauwert 255 angenommen, da der Sensor an diesen Stellen in Sättigung betrieben wird. Mittels eines Schwellwertvergleichs wird aus den gesättigten Regionen ein Binärbild erzeugt, da diese mit den Bereichen der größten thermischen Emission korrelieren. Demzufolge erfolgt keine Berücksichtigung von Prozessnebenprodukten, bei denen durch keinen Bildpunkt der maximale Grauwert angenommen wird. Gleiches gilt für den in Bild 31 hinter dem Schmelzbad zu sehenden Schweif, mit dem aufgrund der Erstarrungsgeschwindigkeiten $\dot{T} > 5000$ K/s der bereits erstarrte Teil der Schmelzspur erfasst wird [105, S. 80]. Die Segmentierung erfolgt anhand der Identifikation isolierter Regionen des Binärbildes. Das Binärbild sowie die farblich gekennzeichneten segmentierten Regionen werden in Bild 30 dargestellt.

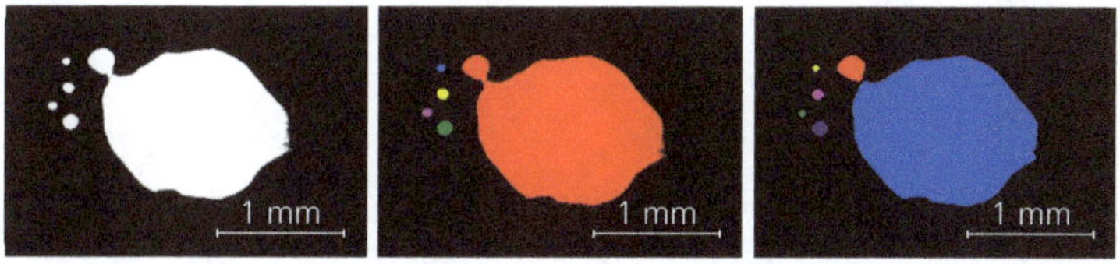

Bild 30
Binarisierung des Bildes (links), Segmentierung (Mitte), Segmentierung nach Anwendung von morphologischem Öffnen (rechts)

In dem in Bild 30 mittig gezeigten Ergebnis der schwellwertbasierten Binarisierung ist die Überlappung der Emission eines Prozessnebenproduktes mit jener des Schmelzbades erkennbar. Hierdurch wird der Wert zu extrahierender Features beeinflusst. Die Trennung solcher Features wird wie nachfolgend gezeigt mithilfe der Anwendung von morphologischer Öffnung auf das Binärbild gelöst, wodurch Stege zwischen zu trennenden Regionen entfernt werden. [59, S. 644–646] Diese Operation erfolgt anhand eines diamantförmigen Strukturelements mit dem Radius Fünf. Das aus diesem Schritt resultierende Binärbild und die segmentierten Regionen werden in Bild 30 rechts gezeigt. Da der Überlappungsbereich in zwei Regionen separiert wird, wird die Effektivität der Applikation von morphologischer Öffnung zur Trennung von durch Stege verbundenen Emissionsbereichen geschlussfolgert. Zusammenfassend wird die Abfolge für die Segmentierung der Emissionsbereiche aus der Filterung der Emission der Pulverdüse, der Generierung eines schwellwertbasierten Binärbildes sowie der morphologischen Öffnung der binarisierten Aufnahme aufgebaut.

4.3.3 Extraktion von Schmelzbad-Features

Das Die Emissionsfläche des Schmelzbades wird als diejenige segmentierte Region mit der größten Fläche identifiziert, während alle weiteren Regionen als Prozessnebenprodukte kategorisiert werden. Durch diese Einordnung erfolgt die Berechnung der vorher eingeführten Features gemäß Tabelle 4.

Die Features der Emission des Schmelzbades sowie der Prozessnebenprodukte werden aus den segmentierten Regionen abgeleitet. Die das gesamte Bild beschreibende Features werden unmittelbar aus dem Originalbild abgeleitet, während die Aufnahmeparameter wie in Abschnitt 4.2.2 beschrieben mittels JSON aus den Metadaten des Bildes gelesen werden.

Die Herleitung der elliptischen Approximation der Schmelzbademission erfolgt anhand der zentralen Momente zweiter Ordnung dieser Region, durch die die gleichen Werte wie durch jene der elliptischen Approximation angenommen werden. Die zentralen Momente zweiter Ordnung entsprechen den Einträgen der Kovarianzmatrix der Region

4.2
$$\Sigma_{reg} = \frac{1}{N-1}\sum_{i=1}^{N}\left(\vec{x}_i-\bar{\vec{x}}\right)\left(\vec{x}_i-\bar{\vec{x}}\right)^T,$$

mit

$$\bar{\vec{x}} = \frac{1}{N}\sum_{i=1}^{N}\vec{x}_i$$

wobei durch $\vec{x}_i$ die zweidimensionalen Koordinaten sowie durch N die Anzahl der Bildpunkte dieser Region repräsentiert werden. Die geometrische Beschreibung der Ellipse wird durch die Eigenwerte sowie Eigenvektoren dieser Kovarianzmatrix Σ_{reg} definiert [52, 59, S. 840–842]. Die elliptische Approximation der Schmelzbademission wird am Beispiel der im vorherigen Abschnitt verwendeten Aufnahme in Bild 31 gezeigt. Mit der relativen Rotationswinkels der Ellipse $\alpha_{rel,rot}$ zu der Achse der Spurrichtung wird ein Maß für die Symmetrie des Schmelzbades definiert.

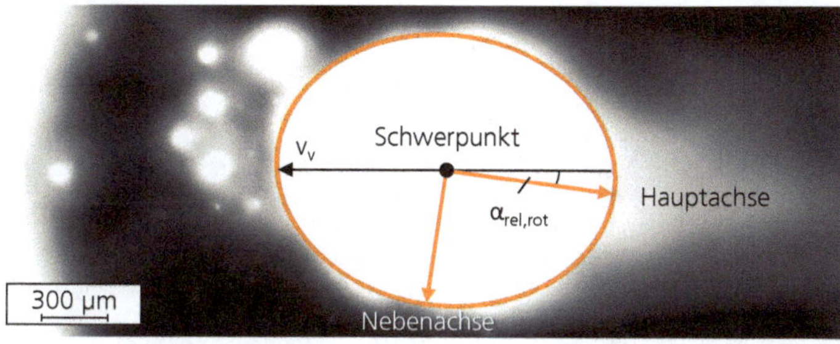

Bild 31
Elliptische Approximation der Schmelzbademission inklusive der Haupt- und Nebenachse sowie des Schwerpunktes der Ellipse

In Bild 32 wird das Ergebnis der Extraktion ausgewählter Features aus Schmelzbadaufnahmen sowie Prozessnebenprodukten (PNP) an vier Beispielen dargestellt. Nach Anhang 12.1.2 entspricht die Kantenlänge eines Pixels (px) ca. 6,7 µm.

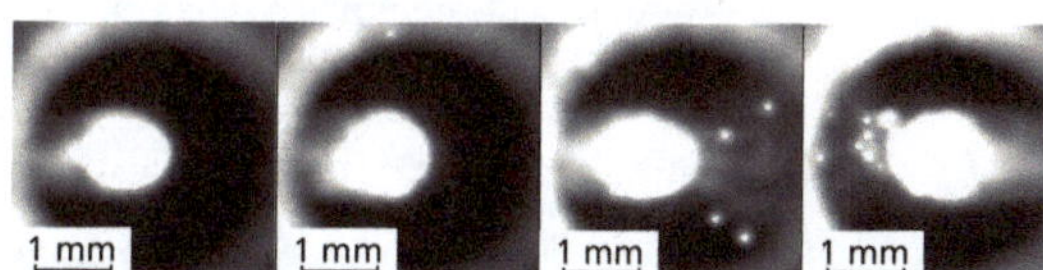

Fläche	26038 px	30607 px	35601 px	36721 px
Länge in x-Richtung	224 px	216 px	268 px	246 px
Breite in y-Richtung	165 px	191 px	190 px	201 px
Hauptachsenlänge	208 px	214 px	249 px	242 px
Nebenachsenlänge	161 px	184 px	184 px	195 px
Relative Rotation	– 3,7 °	15,5 °	– 4,3 °	– 8 °
Anzahl PNP	0	0	4	7
Gesamtfläche PNP	0	0	420 px	1595 px

Bild 32
Extraktion ausgewählter Features anhand verschiedener Aufnahmen der thermischen Emission

Durch die entwickelte Bildverarbeitungspipeline wird die Skalierbarkeit der Methodik für die Featureextraktion bei großen Datensätzen erreicht. Die Implementierung erfolgt in der Programmiersprache Python unter Zuhilfenahme der in Anhang 12.2.5 aufgelisteten Bibliotheken. Die Synchronisation der extrahierten Features mit den TCP-Koordinaten sowie den Pyrometermesswerten wird anhand der in den Metadaten hinterlegten absoluten Zeitstempel ermöglicht. Hierbei wird die nachfolgend in Abschnitt 4.4 vorgestellte Methodik der Zuordnung der jeweiligen Datenpunkte angewandt.

4.3.4 Analyse des Einflusses der Belichtungszeit

In bisherigen Forschungsarbeiten wird die Analyse des Einflusses der Belichtungszeit des CMOS-Sensors auf verschiedene extrahierte Schmelzbadfeatures für den DED-Prozess nicht dokumentiert. Der Sensor bei der kamerabasierten Prozessüberwachung wird im Bereich des Schmelzbades oftmals in Sättigung betrieben. [24, 25, 34, 50, 52, 53, 57, 74] Daher soll im Folgenden der Einfluss der Belichtungszeit auf die Features der Kameraaufnahmen analysiert werden, die mittels der Bildverarbeitungspipeline (vgl. Abschnitt 4.3.2 und 4.3.3) extrahiert werden. Anhand der Ergebnisse dieser Versuchsreihe wird ein Wert für die Belichtungszeit bestimmt, die in allen weiteren Versuchen verwendet wird. Hierfür werden bei verschiedenen Belichtungszeiten Einzelspuren der Länge 40 mm sowie Fly-In und Fly-Out mit den Einzelspurparametern gefertigt. Dabei wird die Belichtungszeit t_{BZ} auf die Werte 1 µs, 5 µs, 10 µs sowie 14 µs im Ultra Short Exposure Time Modus der Kamera und die Werte 20 µs, 30 µs sowie 50 µs im Standardmodus eingestellt. Hierbei werden für jeden Wert der Belichtungszeit zwei Einzelspuren aufgetragen, wodurch der Vergleich des Ergebnisses der Analyse anhand zweier getrennter Datensätze ermöglicht wird. Bei der verwendeten Vorschubgeschwindigkeit v_v = 16,667 mm/s je Einzelspur (vgl. Tabelle 3) werden 200 Bilder für die Analyse bereitgestellt. Hierdurch wird ein für die statistische Analyse des Einflusses der Belichtungszeit auf die Features der Schmelzbademission ausreichend großer Datensatz generiert. Durch die Ausbildung des Schmelzbades am Anfang sowie die Erstarrung dieses am Ende jeder Einzelspur werden nicht-stationäre Zustände des Prozesses dargestellt. Die in diesen Bereichen aufgenommenen Bilder werden in der Analyse nicht berücksichtigt.

Die bei t_{BZ} = 1 µs erzeugten Aufnahmen sind durch kreisförmige Aussparungen innerhalb der Schmelzbademission gekennzeichnet. Dies wird in Bild 33 anhand dreier beispielhafter Aufnahmen gezeigt. Der Durchmesser dieser Aussparungen entspricht etwa der mittleren Partikelgröße des verwendeten Pulverwerkstoffs von 45-90 µm. Hieraus wird die Identifizierbarkeit einzelner Pulverpartikel geschlussfolgert.

Bild 33
Beispielhafte Aufnahmen der Schmelzbademission bei der Belichtungszeit t_{BZ} = 1 µs

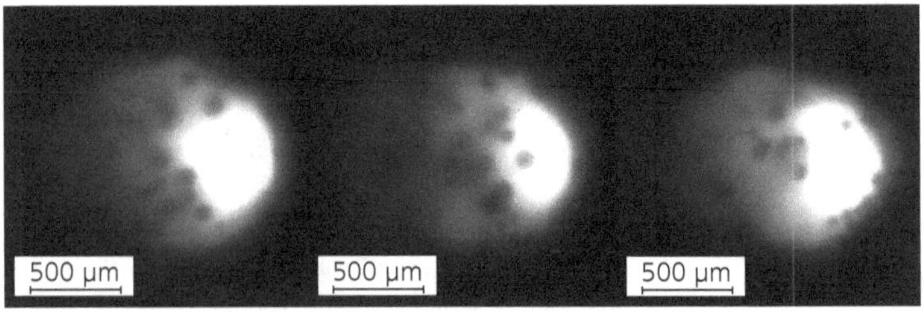

In Bild 34 wird für die eingestellten Werte der Belichtungszeit jeweils eine repräsentative Aufnahme der Schmelzbademission dargestellt. Anhand dieser Aufnahmen ist qualitativ eine Vergrößerung der detektierten Schmelzbademission bei Vergrößerung der Belichtungszeit erkennbar. In den mit Belichtungszeiten $t_{BZ} \geq 20$ µs erfassten Bildern wird eine Überlappung der Schmelzbademission und der Reflexion am Innenkonus der Pulverdüse beobachtet. Aus diesem Grund kann die vollständige Geometrie der Schmelzbademission bei diesen Aufnahmeparametern nicht erfasst und extrahiert werden.

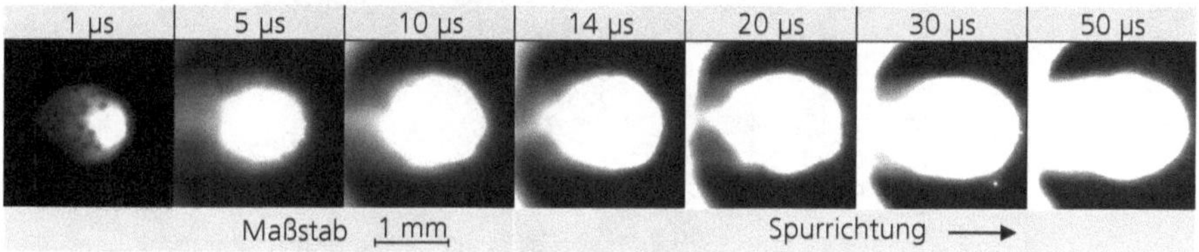

Bild 34 Beispielhafte Aufnahmen der Schmelzbademission bei Variation der Belichtungszeit t_{bz}

Die mittels der Bildverarbeitungspipeline extrahierte Länge und Breite der Schmelzbademission werden in Abhängigkeit der Belichtungszeit in Bild 35 gegeneinander aufgetragen. Dabei werden durch die Datenpunkte insgesamt 2400 Bilder repräsentiert. Hierdurch wird die aus Bild 34 abgeleitete qualitative Aussage der positiven Korrelation zwischen der Belichtungszeit t_{BZ} und der erfassten Geometrie der Schmelzbademission anhand eines ausreichend großen Datensatzes verifiziert. Zur Quantifizierung der Beziehung zwischen der Belichtungszeit und der primären Schmelzbad-Features werden Pearson-Korrelationskoeffizienten als Maß für die lineare Assoziation zwischen zwei Variablen berechnet. Die Korrelationskoeffizienten werden in Tabelle 5 aufgelistet, wobei für alle Features eine positive Korrelation festgestellt wird. In Bild 36 werden die Verteilungen der Werte der extrahierten Features der Emissionsgeometrie sowie der elliptischen Approximation in Abhängigkeit der Belichtungszeit anhand von Boxplots visualisiert. Hierbei werden die Verteilungen aller Features durch den Wert der Belichtungszeit beeinflusst.

Bild 35
Länge in Spurrichtung sowie Breite senkrecht zur Spurrichtung der Schmelzbademission in Abhängigkeit der Belichtungszeit t_{BZ}

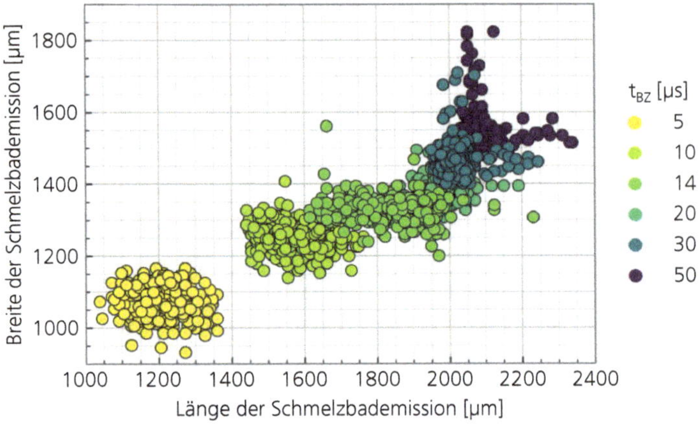

Die großen Korrelationskoeffizienten der geometrischen Schmelzbadfeatures sowie der Längen der Achsen der Ellipsen werden über die in Bild 34 erkennbare Vergrößerung der detektierten Schmelzbademission bei Vergrößerung der Belichtungszeit begründet. Anhand des zugehörigen Boxplots in Bild 36 wird die Verkleinerung der Streuung der Werte der relativen Rotation bei Vergrößerung der Belichtungszeit beobachtet. Dies wird durch die Integration der Dynamik der Schmelzbademission über einen längeren Zeitraum begründet. Hierdurch erfolgt die symmetrischere Abbildung der Schmelzbademission sowie die zunehmende Ausrichtung der elliptischen Approximation nach der Spurrichtung.

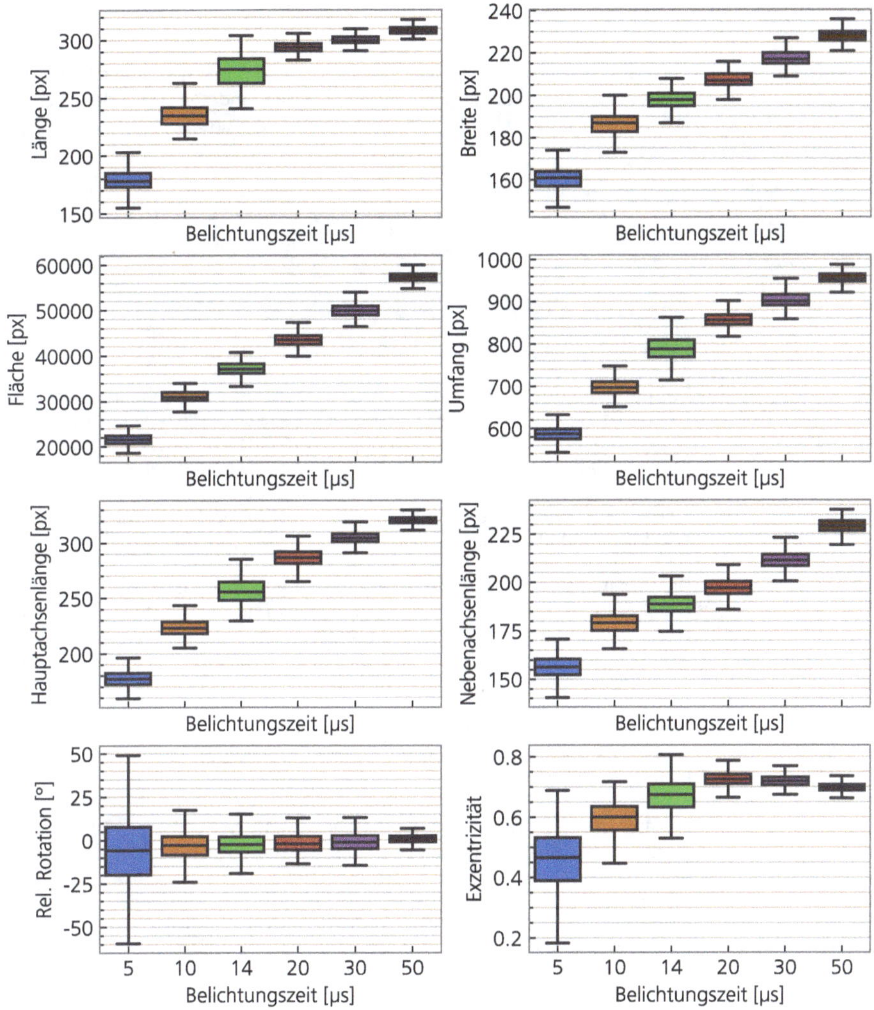

Bild 36 Visualisierung der Verteilung der Werte extrahierter Features für alle 2400 Bilder der Versuchsreihe

Der Korrelationskoeffizient der Exzentrizität wird durch die mittels Bild 34 identifizierbarer Proportionalität zwischen der Belichtungszeit sowie dem Verhältnis aus Länge und Breite der Schmelzbademission begründet.

Tabelle 5
Korrelationskoeffizienten zwischen der Belichtungszeit t_{BZ} und den Features des primären Featuresatzes

Länge	Breite	Fläche	Umfang	Länge Hauptachse	Länge Nebenachse	Relative Rotation	Exzentrizität	Anzahl PNP	Gesamtfläche PNP
0,75	0,76	0,89	0,80	0,82	0,76	0,13	0,34	0,13	0,17

Der positive Korrelationskoeffizient für die Prozessnebenprodukte (Anzahl PNP, Gesamtfläche PNP) wird durch die größere Wahrscheinlichkeit der Detektion von Prozessnebenprodukten bei Vergrößerung der Belichtungszeit begründet. Die PNP-Korrelationskoeffizienten sind im Vergleich zu den anderen Korrelationskoeffizienten in einem kleineren Umfang statistisch belastbar, da abhängig von der Belichtungszeit im Mittel lediglich ca. 0,04 – 0,13 Prozessnebenprodukte pro Bild erfasst werden.

Durch die Werte der Korrelationskoeffizienten sowie die anhand der Boxplots visualisierten Verteilungen wird die Beeinflussung der Werte der extrahierten Features von der Einstellung der Belichtungszeit quantifiziert. Der Rückschluss auf die reale Schmelzbadgeometrie wird durch die Abhängigkeit der extrahierten Schmelzbadfeatures von der Belichtungszeit des Sensors verhindert. Aus diesem Grund werden die im Rahmen dieser Arbeit analysierten Features lediglich auf die bei der jeweiligen Belichtungszeit detektierte Emission des Schmelzbades bezogen. Die Herstellung eines quantitativen Zusammenhangs zur realen Schmelzbadgeometrie erfolgt nicht.

Im Stand der Technik erfolgt die Beschreibung der Geometrie der mittels vergleichbarer koaxial installierter Kameras erfassten Schmelzbademission anhand der Termini Schmelzbadbreite, -länge sowie -fläche. Durch die in diesem Abschnitt vorgestellten Ergebnisse wird die Berücksichtigung der Belichtungszeit t_{BZ} empfohlen. Die Beeinflussung der erfassten Schmelzbademission durch die Belichtungszeit kann anhand folgender Ursache begründet werden. Nach [24, S. 32–39] wird die zum Sensor abgestrahlte thermische Leistung $P_{th,Sensor}$ durch eine Funktion der Oberflächentemperaturverteilung des Schmelzbades sowie der Spurgeometrie beschrieben. Demnach wird mit größerer Neigung der Spuroberfläche die zum Sensor abgestrahlte thermische Leistung $P_{th,Sensor}$ kleiner. Der Zusammenhang zwischen dieser Größe sowie der detektierten Breite der Schmelzbademission b_{SBE} und der Breite der verfestigten Spur b_S wird in Bild 37 dargestellt. [24, S. 60]

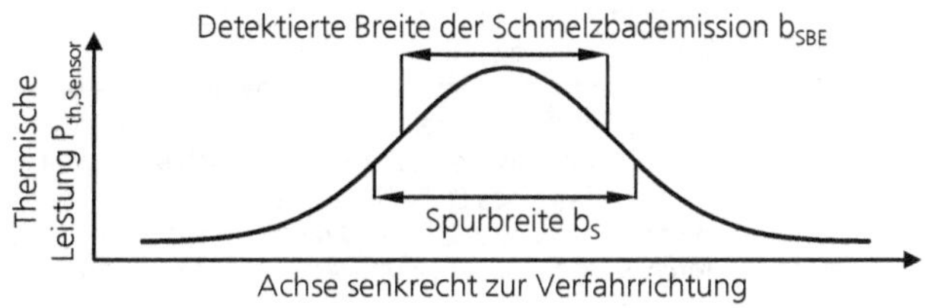

Bild 37
Zum Sensor abgestrahlte thermische Leistung $P_{th,Sensor}$ sowie der Breite der Spur b_{Spur} und Schmelzbademission b_{SBE} (nach [24])

Mithilfe der Belichtungszeit wird der in den Aufnahmen abgebildete Wertebereich der in Richtung des Sensors abgestrahlten thermischen Leistung $P_{th,Sensor}$ eingestellt. Die Darstellung von Leistungsgradienten mittels Grauwertverläufen wird aufgrund des Dynamikumfangs des Sensors beschränkt, weshalb durch den Großteil der Pixel die Grauwerte 0 oder 255 angenommen werden.

Durch die Approximation der Breite der verfestigten Spur $b_S \approx d_{L,TCP} \approx 1{,}5$ mm mittels der Breite der detektierten Schmelzbademission b_{SBE} sowie der Vermeidung der Überlappung der Emissionen des Innenkonus der Pulverdüse und des Schmelzbades werden gegenläufige Ziele verfolgt. Nach Bild 34 erfolgt deshalb keine Berücksichtigung der Belichtungszeiten $t_{BZ} \geq 20$ µs, da der durch die Pulverdüse verdeckte Teil der Emission nicht rekonstruiert und damit nicht quantifiziert werden kann. Da die extrahierte Länge der Schmelzbademission nach Bild 35 bei der Belichtungszeit $t_{BZ} = 14$ µs durch eine große Streuung charakterisiert ist, wird für die Durchführung aller Versuchsreihen die Belichtungszeit $t_{BZ} = 10$ µs gewählt. Die Breiten der mit dieser Einstellung erfassten Schmelzbademissionen betragen nach Bild 35 ca. 190 px ≙ 1,27 mm, während keine Verdeckung der Schmelzbadmission durch die Pulverdüse beobachtet wird.

4.4 Qualifizierung des Datenerfassungskonzepts

Mittels der entwickelten Software wird die simultane Datenerfassung der Messdaten der Kamera und des DAQs sowie der TCP-Koordinaten ermöglicht. Die Software wird in die vorgestellte Systemtechnik integriert. Die Steuerung der Datenerfassung erfolgt durch Schaltung eines verkabelten Hardwaretriggers oder Auslösen eines Softwaretriggers. Hierbei erfolgt keine Limitierung der maximalen Abtastraten der verschiedenen Datenquellen (vgl. Abschnitte 3.3.2 und 4.2.2) durch die Software. In Anhang 12.2 werden Bildschirmaufnahmen der Tabs des GUI der Software aufgeführt. Anhand der zeitaufgelösten Messsignale sowie der Zeitstempel der TCP-Koordinaten erfolgt die Herstellung eines zeitlichen Zusammenhangs und somit die Synchronisation der verschiedenen Datenquellen. Hierdurch wird die lokale Auflösung der Messwerte ermöglicht, sodass alle zuvor genannten funktionalen Anforderungen FA1 bis FA3 erfüllt werden.

Die räumliche Information wird durch prozessbegleitende Erfassung der TCP-Koordinaten erfasst. Die Herstellung des lokalen Zusammenhangs zwischen TCP-Koordinaten und Messdaten erfolgt zeitstempelbasiert. Folglich ist die in [72, 73] durchgeführte nachgelagerte Rückverfolgung der TCP-Bahn unter Kenntnis der Bahnplanung sowie der Vorschubgeschwindigkeit obsolet. Die geometrischen Freiheitsgrade des DED-Prozesses werden nicht beschränkt. Auf OPC UA basierende Spezifikationen für Werkzeugmaschinen und NC-Steuerungen werden durch verschiedene Hersteller erarbeitet und übereinstimmend implementiert [96, 106, 107] Hierdurch erfolgt die Bereitstellung der Struktur sowie Knoten der OPC UA Server in standardisierter Form. Da durch die entwickelte Softwarelösung für die Erfassung der TCP-Koordinaten der OPC UA Standard genutzt wird, ist die Funktionalität der Software unabhängig vom Typ und Hersteller der Werkzeugmaschine sowie der NC-Steuerung. Somit werden auch die nicht-funktionalen Anforderungen NFA1 und NFA2 erfüllt. Durch diese Methodik wird die ortsaufgelöste Erfassung und Visualisierung jeder skalaren Größe ermöglicht, weshalb neben dem Pyrometersignal die mittels der in Abschnitt 4.3 vorgestellten Bildverarbeitungspipeline extrahierten Features der Kamerabilder dargestellt werden können.

Für die Evaluierung der Reproduzierbarkeit des Synchronisationsergebnisses werden 30 Einzelspuren ohne Pulverzufuhr umgeschmolzen (vgl. Bild 38). Dafür wird der Referenzparametersatz für Einzelspuren ohne Pulverzufuhr verwendet. Um eine konstante Vorschubgeschwindigkeit während der Laseremission sicherzustellen, werden Beschleunigungswege vor und nach jeder Einzelspur (Fly-In und Fly-Out) programmiert. Die Steuerung der Datenerfassung erfolgt anhand des in Bild 14 gezeigten Hardwaretriggers am Anfang (Set Trigger) und Ende (Reset Trigger) jeder Einzelspur. Um gleichbleibende Bedingungen der Systemtechnik während des Versuchs zu gewährleisten, werden die Einzelspuren mittels einer Schleife innerhalb des NC-Codes gefertigt. Der Abstand zwischen den Einzelspuren beträgt 5 mm. Zur Validierung des Ergebnisses wird die Versuchsreihe zweifach durchgeführt. Die verwendete Bahnplanung wird in Bild 38 schematisch dargestellt.

Bild 38
Schematische Darstellung der Bahnplanung der ersten Versuchsreihe

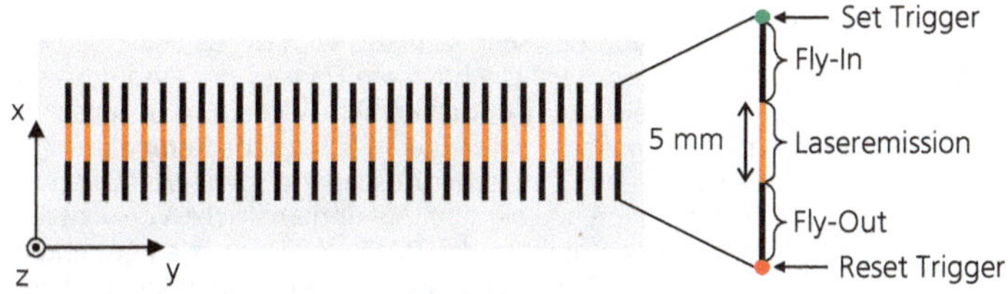

Zur Analyse der Synchronisationsstrategie werden die Flanken der Schmelzbademission untersucht, die durch die Sensoren detektiert werden. Auf Basis der vergleichenden Darstellung der Signalflanken von CMOS-Kamera und Pyrometer im Zeitverlauf wird die Synchronität der Zeitstempel beider Sensoren validiert. Die Synchronität zwischen den Zeitstempeln der Sensoren sowie jenen der von der Werkzeugmaschine erfassten TCP-Koordinaten wird analysiert, indem die TCP-Koordinaten mit den positiven Signalflanken bei allen 30 Einzelspuren verglichen werden. Bei der größtmöglichen Synchronität der Zeitstempel sowie Vernachlässigung der unbekannten Ungenauigkeiten der Signal- und Systemtechnik ist die erfasste TCP-Koordinate an der Stelle der detektierten Signalflanken bei allen Einzelspuren gleich.

Die Synchronität der Kamera sowie des mit dem DAQ verkabelten Pyrometers wird mittels vergleichender Darstellung der jeweiligen Signalflanken evaluiert. Die Signalverläufe der 30. Einzelspur werden repräsentativ in Bild 39 gezeigt. Zu Vergleichszwecken wird der mittlere Grauwert des jeweiligen Bildes als repräsentatives skalares Feature des Kamerasignals verwendet.

Bild 39
Signalverläufe des Pyrometers sowie des mittleren Grauwerts der Kamerabilder bei der 30. Spur

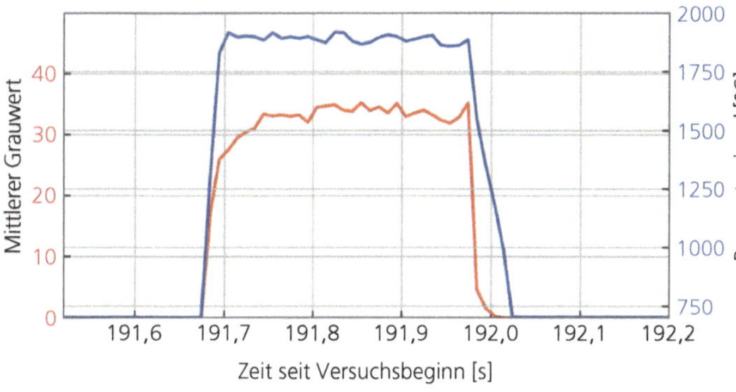

Die Emission des Schmelzbades wird durch beide Sensoren im gleichen Zeitabschnitt detektiert. Die breiteren Flanken des Pyrometersignals werden durch die im Vergleich zum in der Kamera verbauten Si-Sensor größere Sensitivität der InGaAs-Sensoren bei kleineren Schmelzbadtemperaturen (vgl. Bild 6) begründet. Diese treten während der Ausbildung sowie Verfestigung des Schmelzbades am Anfang und Ende der Spur auf. Innerhalb der Versuchszeit ist kein Drift zwischen den Hardwaretakten des DAQs sowie der Kamera erkennbar. Der Effekt eines eventuellen Drifts bei größeren Prozesszeiten kann durch regelmäßiges Referenzieren auf die Systemzeit des Anwendungsrechners kompensiert werden.

In Bild 40 wird der Verlauf des Pyrometersignals gegen die mittels OPC UA Datenerfassung x-Koordinaten des TCPs bei allen 30 Einzelspuren aufgetragen. Anhand der Streuung der Position der durch die Ausbildung des Schmelzbades induzierten positive Flanke des Pyrometersignals erfolgt die Bewertung der Genauigkeit der Synchronisation. Die maximale räumliche Streuung der Signalflanken wird nach Bild 40 mit $s_{sync,max} \approx 0{,}1$ mm abgeschätzt. Die systematische Abweichung aller Signalflanken zur Sollposition der Laseremission bei $x = 0$ wird über die Trägheit der Signal- und Systemtechnik begründet und wird somit nicht auf die Synchronisationsmethodik zurückgeführt.

Auf Basis der verwendeten Vorschubgeschwindigkeit $v_v = 16{,}667$ mm/s wird die maximale zeitliche Streuung des Ergebnisses der Synchronisation aus $s_{sync,max}$ zu $t_{sync,max} \approx 6$ ms berechnet. Der in Formel 3.1 eingeführte maximale relative Offset wird zu MRO ≈ 7% bestimmt. Die Streuung des Synchronisationsergebnisses ist demnach um eine Größenordnung kleiner als der Strahldurchmesser in der Bearbeitungsebene $d_{L,TCP}$. Mit diesem Ergebnis wird die Eignung der implementierten Synchronisationsstrategie für den DED-Prozess bewiesen, sodass auch NFA3 erfüllt wird.

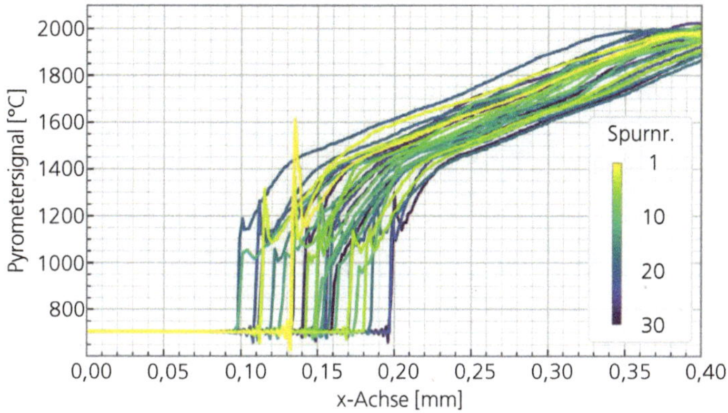

Bild 40
Position der mittels Pyrometrie detektierten positiven Emissionsflanke für die 30 Einzelspuren

Die maximale zeitliche Streuung $t_{sync,max}$ kann durch verschiedene Faktoren bedingt werden. Die Herstellung des zeitlichen Zusammenhangs zwischen den verschiedenen Datenquellen basiert auf absoluten Zeitstempeln. Die Hardwaretakte des DAQs sowie der Kamera werden dabei auf die Systemzeit des Anwendungsrechners referenziert. Die Genauigkeit des mittels der Software abgerufenen Referenzzeitstempels wird für den Anwendungsrechner nach [107] zu 2 ms bestimmt, wobei der in Anhang 12.2 aufgeführte Programmcode verwendet wird. Die Genauigkeit der Zeitstempel der Daten des OPC UA Servers wird im Rahmen der Arbeit nicht analysiert, da die notwenigen Schnittstellen zum OPC UA Server sowie zur NC-Steuerung für den Endanwender nicht unmittelbar nutzbar sind.

Durch regelmäßige Abfrage sowie Vergleich der Systemzeiten des Anwendungsrechners sowie des OPC UA Servers wird ein Drift der beiden Uhren festgestellt. Dabei werden durch die Uhr des OPC UA Servers innerhalb einer Minute ca. 4 ms weniger als durch jene des Anwendungsrechners erfasst. Da die Differenz der Uhren als Offset auf die Zeitstempel des OPC UA Servers addiert wird, kann der Einfluss dieses Drifts auf das Ergebnis der Synchronisation anhand regelmäßiger Anpassung des Offsets verkleinert werden. Die Neuberechnung der Differenz der Uhren erfolgt nach jedem Start der Datenerfassung (Set Trigger), weshalb das Pausieren sowie Fortsetzen der Aufnahme während der prozessinhärenten Unterbrechungen der Laseremission (bspw. zwischen zwei Spuren oder Schichten) empfohlen wird.

5 Systematische Prozessabweichungen

Im vorangehenden Kapitel wird eine Methodik zur ortsaugelösten Datenerfassung vorgestellt. Unter Verwendung ortsaufgelöster Daten können nun erstmalig die Einflüsse systematischer Änderungen der wechselwirkenden Prozessparameter (Laserleistung, Vorschubgeschwindigkeit, Pulvermassenstrom) und Prozessführung auf die vorgestellten Messgrößen der Schmelzbademission untersucht werden. Darauf basierend werden folgende Hypothesen die nachfolgend vorgestellten Versuche formuliert:

Hyp5.1: Aufgrund der bildgebenden Messmethodik können durch CMOS-Aufnahmen des Schmelzbades systematisch induzierte Prozessabweichungen statistisch zuverlässiger modelliert werden.

Hyp5.2: Die messbaren Schmelzbademissionen werden zusätzlich zu den Prozessparametern statistisch signifikant von der gewählten Prozessstrategie und der Bauteilgeometrie beeinflusst.

Dazu werden unter Verwendung einer statistischen Versuchsplanung quaderförmige Probekörper mit variierenden Verfahrensparametern, Prozessstrategien und Bauteilgeometrien (unabhängige Größen) gefertigt. Während der additiven Fertigung erfolgt die Erfassung der ortsaufgelösten Prozessüberwachungsdaten. Unter Verwendung der in Abschnitt 3.4 eingeführten statistischen Analysemethoden werden die Effektstärken der unabhängigen Größen bestimmt und für die Pyrometer-Messdaten sowie die extrahierten Features der CMOS-Aufnahmen (abhängige Größen) verglichen. Die berechneten Regressionsmodelle werden zuerst auf den gesamten Datensatz angepasst. Da mit steigender Bauteilhöhe eine Aufheizung der Proben erwartet wird, werden zur Beantwortung der zweiten Hypothese erweiterte Schicht-Modelle für 1 mm hohe Schichten angepasst.

5.1 Statistische Versuchsplanung

5.1.1 Variierte Einflussgrößen der Prozessführung

Nachfolgend werden die in dieser Parameterstudie variierten Verfahrensparameter vorgestellt. Hierunter fallen die konventionellen Prozessparameter Laserleistung P_L, Vorschubgeschwindigkeit v_S und Pulvermassenstrom $\dot{m}_P$. Diese sind wie in Abschnitt 2 dargestellt als wichtige Einflussgrößen auf den DED-Prozess bei Einzelspuren und dünnwandig aufgebauten Stegen identifiziert. Im Rahmen dieser Parameterstudie werden quaderförmige Proben auf Substratplatten aufgebaut. Ergänzend werden daher auch die Prozessstrategie und die Querschnittsfläche variiert. Ziel ist, nachfolgend definierte Einflussgrößen der Prozessführung zu variieren. So sollen die Wechselwirkungen zwischen den Prozessparametern besser erfasst und der Gültigkeitsbereich der Ergebnisse vergrößert werden.

Vertikale und horizontale Wiederkehrzeiten $\Delta t_{WZ,hor}$ und $\Delta t_{WZ,ver}$

Durch die Bewegung des TCPs während des Schweißprozesses wird im Bauteil eine instationäre Temperaturverteilung hervorgerufen [20, S. 15–21, 108]. Die Ableitung der durch den Laser in das Bauteil eingebrachten Wärmeenergie unterliegt hierbei einer von der Wärmeleitfähigkeit κ abhängigen Trägheit. Entlang der Schweißbahn wird dadurch eine Erhöhung der Temperatur im Vergleich zum umgebenden Material erwartet. Dadurch wird vermutet, dass bei Bewegung des TCPs durch zuvor erwärmte Regionen des Bauteils eine Erhöhung der Schmelzbad-Messgrößen durch das höhere Temperaturniveau vor der erneuten Erhitzung auftritt. So wird durch Bi in [24, S. 74, 34] für bidirektional geschweißte einspurige Stege eine lokale Überhöhung der Spuren an den Stegenden festgestellt, die mit dem Wärmestau aufgrund der kurzen lokalen Abkühlzeit begründet wird. Aus diesem Grund werden horizontale und vertikale Wiederkehrzeiten $\Delta t_{WZ,hor}$ und $\Delta t_{WZ,ver}$ eingeführt (vgl. Bild 41). Die horizontale Wiederkehrzeit $\Delta t_{WZ,hor}$ wird als Zeitstempeldifferenz zwischen dem aktuellen TCP und des am nächsten liegenden Punktes auf der vorherigen Spur TCP_{S-1} definiert. Die vertikale Wiederkehrzeit $\Delta t_{WZ,ver}$ wird analog für den am nächsten liegenden Punkt auf den Spuren der vorherigen Schicht TCP_{Sch-1} definiert. Für die Methodik zur Berechnung der Wiederkehrzeiten in Python wird auf Abschnitt 12.3.1 verwiesen.

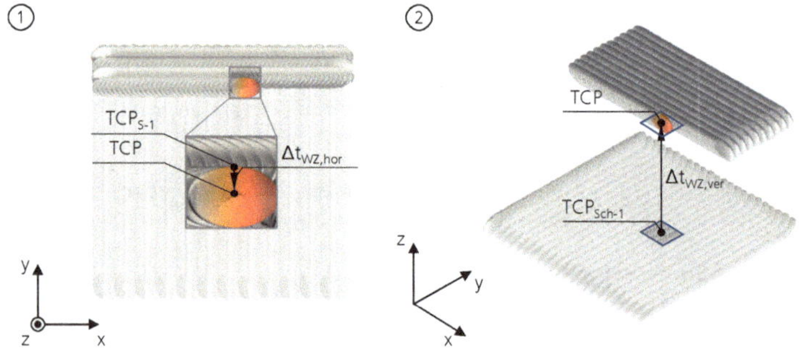

Bild 41
Schematische Darstellung der Wiederkehrzeiten
① horizontale Wiederkehrzeit $\Delta t_{WZ,hor}$
② vertikale Wiederkehrzeit $\Delta t_{WZ,ver}$

Die kleinsten Werte nimmt die horizontale Wiederkehrzeit $\Delta t_{WZ,hor}$ aufgrund der bidirektionalen Prozessstrategie nach den Umkehrpunkten zwischen den Spuren an. Bei der vertikalen Wiederkehrzeit $\Delta t_{WZ,ver}$ ist dies bei Prozessstrategien mit Cross-Hatching je nach Anfangspunkt in den ersten Spuren der Lagen der Fall.

Bei Strategien ohne Cross-Hatching nimmt $\Delta t_{WZ,ver}$ einen näherungsweise konstanten Wert an, da die lokalen Wiederkehrzeiten aufeinanderfolgenden Lagen identisch sind. Die Bauteilgeometrie nimmt ebenfalls Einfluss auf die Beträge der Wiederkehrzeiten. So führt beispielsweise eine Verkürzung der Spuren zu kleineren Maximalwerten der horizontalen Wiederkehrzeit. Da die einzelnen Lagen aus mehreren Spuren zusammengesetzt sind, wird erwartet, dass die horizontale Wiederkehrzeit im Mittel kleinere Werte als die vertikal Wiederkehrzeit annimmt. Somit wird vermutet, dass durch die horizontale Wiederkehrzeit ein größeres Erklärungspotential geboten wird.

Eindimensionaler Wärmewiderstand $\overline{R}_{th}$

Die Abkühlraten im aufgebauten Volumen werden neben der Wärmeleitfähigkeit κ von der Geometrie des zu fertigenden Bauteils beeinflusst. Nach Hoffmann [20, S. 15] strebt die Temperaturverteilung während des DED-Prozesses in dünnwandigen Stegen unter einer Grenzhöhe z_{grenz} einem eindimensionalen Zustand entgegen. Diese Annahme wird im Rahmen dieser Arbeit adaptiert. In einfacher Näherung wird die Temperaturverteilung im gesamten Bauteil entlang der z-Achse als eindimensional angenommen (vgl. Bild 42). Die je Flächeneinheit eingetragene Energie ist bei konstantem Bauteilquerschnitt für alle Lagen näherungsweise konstant. Somit wird angenommen, dass die Temperaturverteilung im Bauteil im Mittel mit der über die Bauteilschicht gleichmäßig verteiltem Energieeintrag korreliert werden kann. Zusätzlich wird der konvektive Wärmeübergang und die Wärmestrahlung an den Seitenwänden des Volumens vernachlässigt sowie eine konstante Wärmeleitfähigkeit κ angenommen. So kann der entgegen der Aufbaurichtung (negative z-Richtung) durch den Bauteilquerschnitt abgeführte Wärmestrom $\dot{Q}_A$ abhängig von der aktuellen Bauteilhöhe z und der Temperaturdifferenz ΔT zwischen der aktuell gefertigten Schicht und dem Substrat durch

5.1 $$\dot{Q}_A = \frac{\kappa \cdot A \cdot \Delta T}{z}$$

Bild 42
Schematische Dartstellung des Wärmestroms $\dot{Q}_A$ bei eindimensionaler Temperaturverteilung

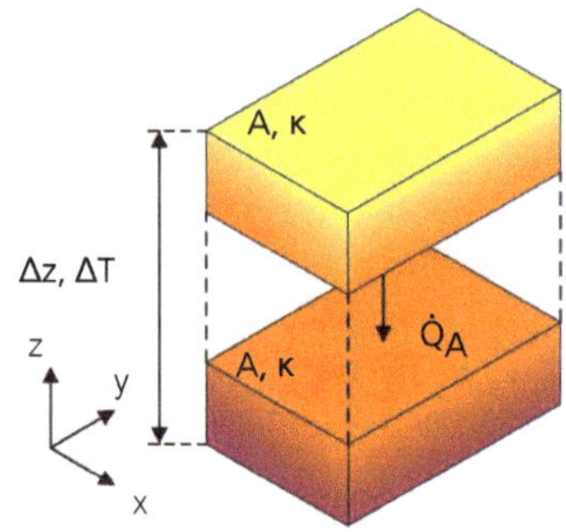

bestimmt werden. Auf Grundlage des Wärmewiderstandes

5.2
$$R_{th} = \frac{\Delta T}{\dot{Q}_A}$$

wird mit Gleichung 5.1 der eindimensionale Wärmewiderstand

5.3
$$\bar{R}_{th} = \frac{z}{\kappa \cdot A}$$

definiert. Dieser soll den beschränkenden Einfluss der Bauteilgeometrie auf den Wärmefluss quantifizieren, wobei er mit steigender Höhe z und abnehmender Querschnittsfläche A zunimmt.

Randabstände $d_{R,\perp}$ und $d_{R,\parallel}$

Zur Erfassung der lokalen Einflüsse der Randflächen des Bauteils auf die Wärmeleitung werden zusätzlich die Randabstände $d_{R,\perp}$ und $d_{R,\parallel}$ definiert. Wie in Bild 43 dargestellt wird durch den zentralen Randabstand $d_{R,\parallel}$ der Abstand des TCP zum Bauteilrand in Spurrichtung r_S angegeben. Mit dem seitlichen Randabstand $d_{R,\perp}$ wird der Abstand des TCP zum Bauteilrand in Hatchrichtung r_H bezeichnet. Hierdurch soll die Annahme berücksichtigt werden, dass bei steigender Randnähe der Wärmefluss zunehmend behindert wird. Die beiden Größen erlauben die getrennte Betrachtung der pro Lage mehrmals durchgeführten, schnellen Bewegung zwischen Vorder- und Hinterkante und der langsamen, pro Lage einmaligen Bewegung zwischen den seitlichen Kanten. Falls beide Randabstände kleine Werte annehmen, kann so erfasst werden, ob sich der aktuelle TCP nahe in einer Ecke des Bauteils befindet. Von einer expliziten Berücksichtigung der Randabstände in alle vier Richtungen entlang der x- und y-Achsen wird aufgrund der starken Multikollinearität abgesehen. Durch die Reduktion auf die zwei minimalen Randabstände wird die Einführung redundanter Information in die Regressionsmodelle und damit verbunden relevante Multikollinearität vermieden.

Bild 43
Randabstände $d_{R,\perp}$ und $d_{R,\parallel}$

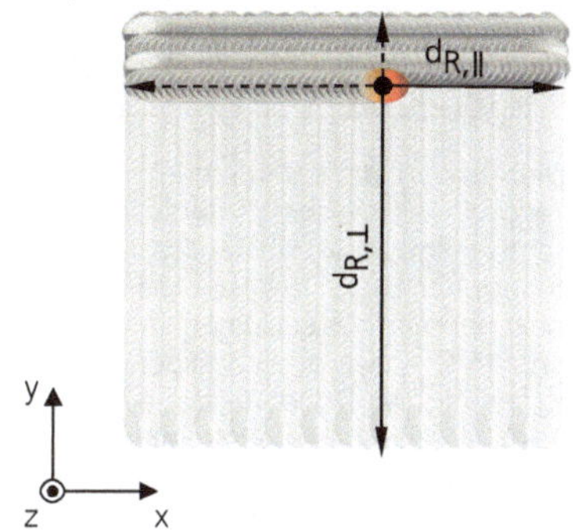

Spurrichtung

Um richtungsabhängige Einflussgrößen auf den Prozess zu erfassen, wird die Spurrichtung der einzelnen Spuren der Hatchschweißung berücksichtigt. Da die Spuren im Rahmen der Versuchsreihen ausschließlich parallel zur x- oder y-Achse orientiert sind, wird die Spurrichtung als kategoriale Variable mit vier Stufen (x+, x-, y+, y-) für jeweils positive und negative x- und y-Richtung eingeführt. Hierdurch sollen vor allem richtungsabhängige Einflüsse der Anlagentechnik quantifiziert werden, die aufgrund der manuellen Ausrichtung und Justage des Pulver- und Laserfokus entstehen können.

5.1.2 Auswahl der Verfahrensparameterkombination

Zur Festlegung der einzelnen Stufen der Parameter P_L, v_S und $\dot{m}_P$ dient der in Abschnitt 3.3.3 vorgestellte Standardparametersatz als Referenz. Davon ausgehend werden die Parameterwerte durch jeweils sechs Schritte in positive und negative Richtung gebildet, wobei die jeweiligen Inkremente 5% des Referenzwertes betragen. So ergeben sich um die Referenzwerte Wertebereiche von $\pm$30%. Die y-Länge l_y wird zwischen 10 mm und 30 mm variiert, während für alle Proben für die x-Länge l_x = 20 mm gewählt wird. Falls kein Cross-Hatching durchgeführt wird, wird die Hatch-Richtung r_H zwischen x und y alterniert. Die variierten Parameter sind in Tabelle 6 dargestellt. Alle weiteren Prozessparameter werden gemäß des Referenzparametersatzes in Tabelle 2 konstant gewählt.

Tabelle 6
Variierte Prozessparameter mit Wertebereichen und ggf. Inkrementen

Prozessparameter	Referenz	Wertebereich	Inkrement	Einheit
Laserleistung	478	336 – 624	24	W
Vorschubgeschwindigkeit	450	315 – 585	22,5	mm/s
Pulvermassenstrom	2,03	1,40 – 2,67	0,106	g/min
y-Länge	20	10 – 30	10	mm
Cross-Hatching	Nein	Ja - Nein	-	-
Spur-Richtung	x	x - y	-	-

Die Auswahl der Parameterkombinationen erfolgt mit dem zuvor beschriebenen Fedorov-Austauschalgorithmus. Durch diesen wird aus der vollfaktoriellen Gesamtmenge an Kombinationen eine Teilmenge nach dem mathematischen Kriterium der D-Optimalität bestimmt. Bei einem maximal D-optimalen Versuchsplan nehmen die einzelnen Parameter der resultierenden Parametersätze Werte an den Grenzen der jeweiligen Wertebereiche an. Dies stellt zwar im Sinne des Kriteriums der D-Optimalität einen idealen Versuchsplan dar, allerdings können solch extreme Parameterkombinationen unter Umständen eine niedrige Prozessstabilität zur Folge haben. Aus diesem Grund wird zur Erstellung des Versuchsplans dieser Arbeit der Austauschalgorithmus vor Finden eines Maximums der Determinante nach drei Iterationen abgebrochen. In einem so erzeugten Versuchsplan häufen sich die einzelnen Parameterwerte an den Rändern der Wertebereiche und erhöhen somit die Determinante der Informationsmatrix gegenüber der zufällig gewählten Ausgangsteilmenge, nehmen allerdings noch nicht ausschließlich Extremwerte an. Dieses Vorgehen wird als Mittelweg zwischen den teilweise konträren Zielen von D-Optimalität und Prozessstabilität erachtet. Die so ermittelten Prozessparameterkombinationen werden in folgender Tabelle 7 dargestellt.

Tabelle 7
Mit Fedorov-Austauschalgorithmus festgelegte Parameterkombinationen

Nr	Leistung P_L [W]	Vorschubgeschwindigkeit v_S [mm/min]	Pulvermassenstrom $\dot{m}_P$ [g/min]	y-Länge l_y [mm]	Cross-Hatching	Richtung
1	480	585	1,50	10	Nein	x
2	408	360	1,72	10	Nein	y
3	576	517,5	2,03	10	Nein	x
4	336	382,5	2,14	10	Nein	y
5	432	517,5	2,56	10	Nein	x
6	504	382,5	2,67	10	Nein	y
7	624	585	1,40	10	Ja	-
8	360	450	1,50	10	Ja	-
9	408	382,5	1,72	10	Ja	-
10	624	315	2,67	10	Ja	-
11	552	360	1,40	20	Nein	x
12	384	562,5	2,56	20	Nein	y
13	576	337,5	2,24	20	Ja	-
14	624	315	1,40	30	Nein	x
15	528	337,5	1,50	30	Nein	y
16	504	562,5	2,35	30	Nein	x
17	432	472,5	2,67	30	Nein	y
18	336	585	1,40	20	Ja	-
19	456	562,5	2,35	30	Ja	-
20	480	427,5	2,56	30	Ja	-

5.1.3 Einzelspur- und Lagenversuche

Die Festlegung des Spurabstands d_T und der Lagenhöhe d_Z erfolgt für jeden Parametersatz individuell anhand von Einzelspur- und Lagenversuchen. Zunächst werden 20 mm lange Einzelspuren für jeden Parametersatz auf eine Substratplatte geschweißt und deren Breite jeweils mit einem Messschieber ermittelt. Diese Einzelspurbreite b_S wird mit 0,5 multipliziert um den Spurabstand d_T festzulegen. So wird ein konstanter Überlapp von 50 % zwischen benachbarten Spuren gewährleistet. Anschließend werden acht 25 mm lange Spuren bidirektional mit den ermittelten Spurabständen nebeneinander auf eine Substratplatte geschweißt, um Lagen aufzubauen. Mit einem Dickenmessgerät werden die Aufbauhöhen der Schichten relativ zur Substratoberfläche bestimmt und als Lagenhöhe d_Z für die jeweiligen Parametersätze festgelegt. Mit diesem Vorgehen wird sichergestellt, dass die tatsächlichen Aufbauhöhen der einzelnen Lagen näherungsweise der Lagenhöhe d_Z der Prozessstrategie entsprechen. Die gemessenen Einzelspurbreiten und Lagenhöhen sowie die daraus berechneten Spurabstände und Lagenzahlen für das Erreichen der Zielhöhe von ca. 15 mm sind in Tabelle 8 dargestellt.

Tabelle 8
Ergebnisse der Einzelspur- und Lagenversuchen mit daraus berechnetem Spurabstand und Lagenanzahl

Nr	Einzelspurbreite b_S [mm]	Spurabstand d_T [mm]	Lagenhöhe d_Z [mm]	Lagenanzahl N_L
1	1,19	0,595	0,35	43
2	1,20	0,600	0,67	22
3	1,42	0,710	0,50	30
4	1,05	0,525	0,75	20
5	1,10	0,550	0,72	21
6	1,35	0,675	0,90	17
7	1,45	0,725	0,33	45
8	1,05	0,525	0,49	31
9	1,22	0,610	0,62	24
10	1,80	0,900	0,90	17
11	1,55	0,775	0,47	32
12	1,10	0,550	0,57	26
13	1,55	0,775	0,80	19
14	1,65	0,825	0,55	27
15	1,45	0,725	0,55	27
16	1,25	0,625	0,54	28
17	1,20	0,600	0,73	21
18	1	0,500	0,33	45
19	1,20	0,600	0,55	27
20	1,30	0,650	0,76	20

Die gemessenen Einzelspurbreiten b_S können durch die lineare Regressionsgleichung

5.4 $$b_S[\mathrm{mm}] \approx 0{,}7007 + 0{,}001922 \cdot P_L[\mathrm{W}] - 0{,}0007146 \cdot v_S\left[\frac{\mathrm{mm}}{\mathrm{min}}\right], \quad R^2 = 0{,}957$$

in Abhängigkeit von der Laserleistung P_L und der Vorschubgeschwindigkeit v_S angenähert werden. Für den Pulvermassenstrom $\dot{m}_P$ kann kein signifikanter Einfluss auf die gemessenen Einzelspurbreiten festgestellt werden.

Für die gemessenen Lagenhöhen wird die Regressionsgleichung

5.5 $$d_Z[\mathrm{mm}] \approx 0{,}5332 + 0{,}2596 \cdot \dot{m}_P\left[\frac{\mathrm{g}}{\mathrm{min}}\right] - 0{,}001047 \cdot v_S\left[\frac{\mathrm{mm}}{\mathrm{min}}\right], \quad R^2 = 0{,}952$$

in Abhängigkeit vom Pulvermassenstrom $\dot{m}_P$ und der Vorschubgeschwindigkeit

v_S ermittelt. Für die Laserleistung kann kein signifikanter Einfluss auf die gemessenen Lagenhöhen festgestellt werden.

5.2 Ergebnisse der statistischen Datenanalyse

Die statistische Versuchsauswertung erfolgt mithilfe von multiplen linearen Regressionsmodellen (vgl. Abschnitt 3.4.2). Diese werden sowohl für den gesamten Datensatz als auch jeweils für separate Schichtdatensätze aufgestellt, die den Gesamtdatensatz in Schichten aufteilen. Als Implementierung für die Modelle wird die in R integrierte Funktion lm verwendet [28]. Zur Auswertung des Gesamtdatensatzes werden getrennte Regressionsmodelle für jede abhängige Variable aufgestellt. In Anlehnung an die Vorgehensweisen in der Literatur umfasst die Auswertung die Pyrometertemperatur T_P und die Emissionsfläche A_M. Hierfür werden zunächst jeweils die Modellannahmen der Regressionsanalyse überprüft. Anschließend erfolgt eine Diskussion des Einflusses der verschiedenen unabhängigen Variablen auf die Pyrometertemperatur und die Emissionsfläche anhand der berechneten Effektstärken. Wie in Tabelle 9 dargestellt, werden als unabhängige Variablen die konventionellen Prozessparameter und die strategieabhängigen Prozesseinflussgrößen verwendet. Da die Spurrichtung als kategoriale Größe definiert ist, können nicht alle vier Richtungen explizit im Modell berücksichtigt werden, da dies zu starker Multikollinearität führt. Deshalb wird die Spurrichtung in sogenannter Dummy-Kodierung mit der positiven X-Richtung als Referenzniveau in die Modelle aufgenommen. Durch die Regressionskoeffizienten der drei verbleibenden Richtungen werden so die durchschnittliche Differenz der abhängigen Variable im Vergleich zur positiven X-Richtung angegeben. Für weitere Features der CMOS-Aufnahmen werden ebenfalls die Regressionsmodelle berechnet. Die Bestimmtheitsmaße, Korrelationskoeffizienten und Effektstärken werden ergänzend als Konfusionsmatrizen in Anhang 12.3.2 dargestellt.

Tabelle 9
Unabhängige und abgängige Variablen der Regressionsmodelle

Unabhängige Variablen	Abhängige Variablen
Laserleistung P_L	Pyrometertemperatur T_P
Vorschubgeschwindigkeit v_S	Emissionsfläche A_M
Pulvermassenstrom $\dot{m}_P$	
Horizontale Wiederkehrzeit $\Delta t_{WZ,hor}$	
Vertikale Wiederkehrzeit $\Delta t_{WZ,ver}$	
Eindimensionaler Wärmewiderstand $\bar{R}_{th}$	
Seitlicher Randabstand $d_{R,\perp}$	
Zentraler Randabstand $d_{R,\parallel}$	
Spurrichtung r_S	

Zunächst werden Modelle mit allen unabhängigen Variablen erstellt. Anschließend erfolgt eine Reduktion der Modelle. Falls vorhanden, werden unabhängige Variablen entfernt, deren P-Werte über dem gewählten Signifikanzniveau von

α = 5 % liegen. Dann erfolgt eine weitere Reduktion von unabhängigen Variablen anhand der berechneten Effektstärken. Iterativ wird jeweils die unabhängige Variable mit dem kleinsten Cohens f^2 aus dem Modell entfernt. Dies wird wiederholt, bis ausschließlich unabhängige Variablen mit einem $f^2 > 0,02$, also einer mindestens kleinen Effektstärke nach Cohen, im Modell verbleiben. Durch dieses Vorgehen sollen unabhängige Variablen entfernt werden, die zwar statistisch signifikant sind, das Modell aber nicht praktisch relevant verbessern. Als Ergebnisse werden die Bestimmtheitsmaße, die berechneten Regressionskoeffizienten und Konstanten mit P-Werten, sowie die zugehörigen Effektstärken der reduzierten Modelle angegeben.

5.2.1 Gesamt-Regressionsmodelle

Prüfung der Modellannahmen

Vor Auswertung der Regressionsmodelle muss die hinreichende Erfüllung der Modellannahmen überprüft werden. Diese umfassen für große Stichproben homoskedastisch verteilte, nicht autokorrelierte Störgrößen ε_i mit einem Erwartungswert von 0. Autokorrelation kann bei Zeitreihendaten, wie sie in dieser Arbeit erfasst werden, quasi nicht vermieden werden. Die Verteilung der Störgrößen kann näherungsweise über die Residuen $\hat{\varepsilon}_i$ überprüft werden. Hierfür werden in einem sogenannten Residuenplot die einzelnen Residuen $\hat{\varepsilon}_i$ über die zugehörigen Vorhersagewerte des Modells aufgetragen. Da die Stichprobengrößen der in dieser Arbeit durchgeführten Regressionsanalysen allesamt größer als 100.000 sind, bietet die gewöhnliche Darstellung des Residuenplots als Streudiagramm eine nur geringe Übersichtlichkeit (vgl. Bild 44, links). Deshalb wird auf eine Darstellung als Heatmap zurückgegriffen. Hierfür wird ein Raster festgelegt und die Anzahl an Punkten in den einzelnen Feldern bestimmt. Diese Werte werden anschließend zwischen 0 und 1 anhand der maximalen vorliegenden Punkteanzahl aus allen Feldern normiert und als relative Dichten berechnet. In den Feldern mit einer relativen Dichte von 1 liegt damit die maximale Punktedichte vor. Einzelne Punkte in weniger dichten Bereichen werden in der Heatmap entsprechend undeutlicher abgebildet.

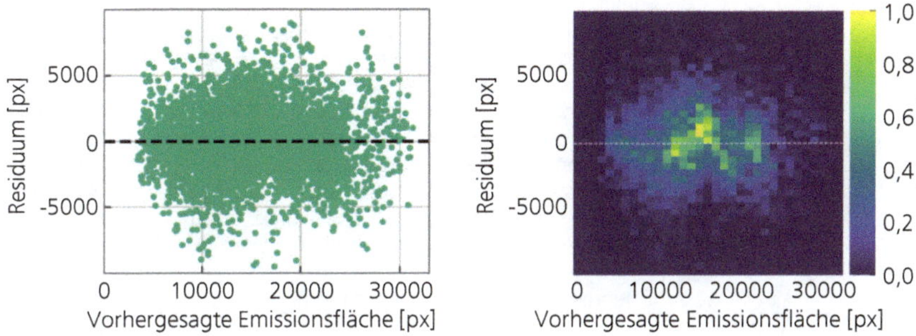

Bild 44 Beispielhafte Darstellung von 10.000 Residuen der Emissionsfläche als Streudiagramm (links) und als Heatmap (rechts)

Der Residuenplot für das Gesamtregressionsmodell der Pyrometertemperatur T_P wird in Bild 45 abgebildet. Die starke Konzentration im Bereich um 1.850 °C deutet auf eine relativ schwache Anpassungsgüte des Modells hin. Ebenso kann eine kleine Abweichung der Residuen von etwa -10 bis +25 °C vom Erwartungswert 0 festgestellt werden. Die absoluten Abweichungen betragen damit <10% der vorhergesagten Temperatur. Ein klarer Trend in der Verteilung wird jedoch nicht identifiziert, der auf eine falsche Modellspezifikation hindeuten würde. Ein deutlicher Trend der Varianz der Residuen über den Vorhersagebereich, und somit Heteroskedastizität, wird nicht festgestellt. Zwar nimmt die Varianz im Bereich um 1.900 °C im Vergleich zu geringeren Vorhersagewerten ab, jedoch ist die Dichte der Beobachtungen dort relativ gering, sodass die Modellannahmen bestätigt werden und die Analyse fortgeführt.

Bild 45 Residuen des reduzierten Gesamt-Regressionsmodells der Pyrometertemperatur T_P in Heatmap-Darstellung

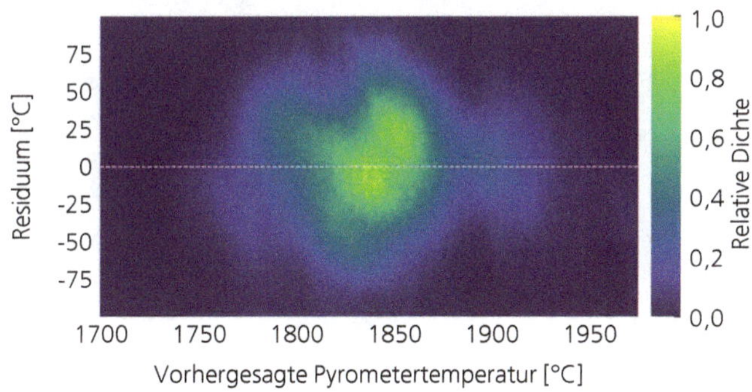

In Tabelle 10 sind die Ergebnisse des Gesamt-Regressionsmodells der Pyrometertemperatur T_P aufgeführt. Der größte auftretende Varianzinflationsfaktor beträgt VIF = 1,79, sodass keine relevante Multikollinearität vorliegt. Das Bestimmtheitsmaß indiziert mit einem Wert von 0,478 eine moderate Anpassungsgüte. Durch die große Anzahl an Freiheitsgraden von über $2{,}6 \cdot 10^6$ kann jeder Koeffizient mit einem P-Wert $<2 \cdot 10^{-16}$ bestimmt werden. Auch die aufgrund mangelnder Effektstärke aus dem Modell entfernten unabhängigen Größen weisen P-Werte $<2 \cdot 10^{-16}$ auf. Der weitere Vergleich der unabhängigen Variablen erfolgt deshalb mit Hilfe der Effektstärken (vgl. Tabelle 10).

Gesamt-Regressionsmodell Pyrometertemperatur T_P

Unabhängige Variable	VIF	Wert Koeffizient	P-Wert	Effektstärke Cohens f^2	
Regressionskonstante	-	$1{,}604 \cdot 10^3$	$<2 \cdot 10^{-16}$	-	-
Laserleistung P_L [W]	1,50	$4{,}472 \cdot 10^{-1}$	$<2 \cdot 10^{-16}$	0,626	***
Vorschubgeschwindigkeit v_S [mm/min]	1,47	$1{,}229 \cdot 10^{-1}$	$<2 \cdot 10^{-16}$	0,059	*
Vertikale Wiederkehrzeit $\Delta t_{WZ,ver}$ [ms]	1,46	$-2{,}325 \cdot 10^{-4}$	$<2 \cdot 10^{-16}$	0,050	*
Seitlicher Randabstand $d_{R,\perp}$ [mm]	1,21	-3,415	$<2 \cdot 10^{-16}$	0,059	*
Zentraler Randabstand $d_{R,\parallel}$ [mm]	1,20	-3,406	$<2 \cdot 10^{-16}$	0,058	*
Spurrichtung x-	1,50	9,913	$<2 \cdot 10^{-16}$	0,260	**
Spurrichtung y+	1,79	$2{,}085 \cdot 10^1$	$<2 \cdot 10^{-16}$	0,260	**
Spurrichtung y-	1,79	$6{,}456 \cdot 10^1$	$<2 \cdot 10^{-16}$	0,260	**
Bestimmtheitsmaß R^2 = 0,478					

Tabelle 10 Ergebnisse des reduzierten Gesamt-Regressionsmodells der Pyrometertemperatur T_P; Kodierung Effektstärken nach Cohen: * schwach (>0,02), ** mittel (>0,15), *** stark (>0,35)

Die in Bild 46 dargestellten Residuen des Gesamt-Regressionsmodells der Emissionsfläche A_M sind über einen großen Vorhersagebereich gestreut, was auf eine gute Anpassungsgüte des Modells hinweist. Im Bereich von etwa 16.000 px kann eine moderate Abweichung von etwa 1.000 px vom Erwartungswert 0 beobachtet werden. Ein eindeutiger Trend in der Verteilung, der auf eine falsche Modellspezifikation hinweisen würde, wird allerdings nicht festgestellt. Die Residuen sind annähernd mit konstanter Varianz verteilt, was gegen eine relevante Heteroskedastizität spricht. Insgesamt werden die Modellannahmen als hinreichend erfüllt erachtet und die Auswertung fortgeführt.

Bild 46
Residuen des reduzierten Gesamt-Regressionsmodells der Emissionsfläche A_M in Heatmap-Darstellung

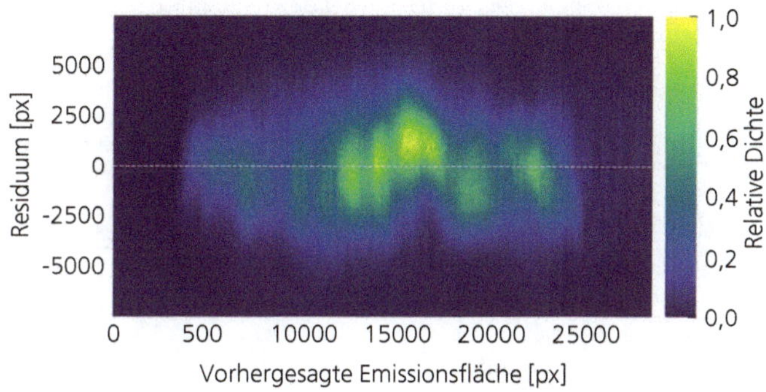

In Tabelle 11 sind die Ergebnisse des Gesamt-Regressionsmodells der Emissionsfläche A_M dargestellt. Mit dem größten auftretenden Varianzinflationsfaktor (VIF) von 1,65 wird keine relevante Multikollinearität festgestellt. Ein Bestimmtheitsmaß von 0,829 indiziert eine gute Anpassungsgüte des Modells. Mit über $3{,}5 \cdot 10^{-16}$ Freiheitsgraden kann jeder Koeffizient mit einem P-Wert $<2 \cdot 10^{-16}$ festgelegt werden. Auch die aufgrund mangelnder Effektstärke aus dem Modell entfernten unabhängigen Größen weisen P-Werte $<2 \cdot 10^{-16}$ auf.

Gesamt-Regressionsmodell Emissionsfläche A_M

Unabhängige Variable	VIF	Wert Koeffizient	P-Wert	Effektstärke Cohens f^2	
Regressionskonstante	-	$-1{,}425 \cdot 10^4$	$<2 \cdot 10^{-16}$	-	-
Laserleistung P_L [W]	1,14	$5{,}954 \cdot 10^1$	$<2 \cdot 10^{-16}$	4,15	***
Eindim. Wärmewiderstand $\bar{R}_{th} \cdot \kappa$ [1/mm]	1,05	$9{,}742 \cdot 10^4$	$<2 \cdot 10^{-16}$	0,421	***
Seitlicher Randabstand $d_{R,\perp}$ [mm]	1,12	$-1{,}305 \cdot 10^2$	$<2 \cdot 10^{-16}$	0,028	*
Spurrichtung x-	1,51	$-1{,}358 \cdot 10^3$	$<2 \cdot 10^{-16}$	0,179	**
Spurrichtung y+	1,65	$-1{,}391 \cdot 10^3$	$<2 \cdot 10^{-16}$	0,179	**
Spurrichtung y-	1,64	$1{,}176 \cdot 10^3$	$<2 \cdot 10^{-16}$	0,179	**
Bestimmtheitsmaß $R^2 = 0{,}829$					

Tabelle 11 Ergebnisse des reduzierten Gesamt-Regressionsmodells der Emissionsfläche A_E; Kodierung Effektstärken nach Cohen: * schwach (>0,02), ** mittel (>0,15), *** stark (>0,35)

Auswertung der Pyrometer-Messdaten

Für die Laserleistung P_L wird mit dem deutlich größten Cohens f^2 von 0,626 eine starke Effektstärke festgestellt. Der positive Koeffizient indiziert eine mit steigender Leistung zunehmende Temperatur. Dieser Zusammenhang ist in Bild 47 anhand der Darstellung der durchschnittlichen Pyrometertemperaturen und Emissionsflächen abhängig von den Laserleistungswerten der verschiedenen Proben erkennbar. In höheren Leistungsbereichen ab etwa 500 W nimmt die Korrelation zwischen T_P und P_L jedoch ab. Dieser asymptotische Verlauf der Pyrometertemperatur mit zunehmender Leistung wird in der Literatur unter anderem von Bi [24, S. 58] ebenfalls beobachtet. Eine weiterführende Analyse dieses Effekts erfolgt in Abschnitt 5.2.2.

Bild 47 Durchschnittliche Emissionsfläche A_M und Pyrometertemperaturen T_P abhängig von der Laserleistung P_L

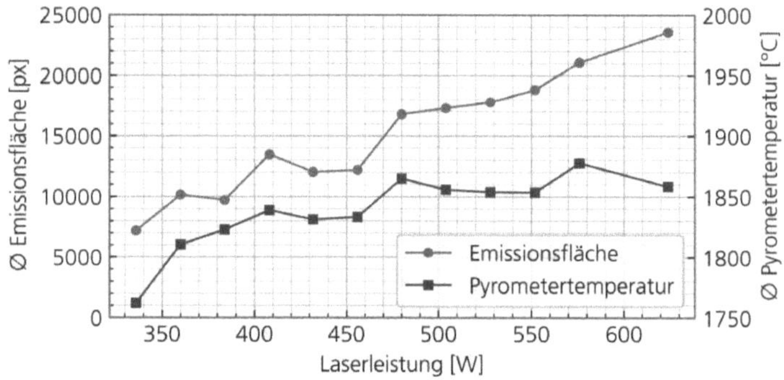

Mit dem zweitgrößten f^2 von 0,260 wird der Spurrichtung eine mittlere Effektstärke zugeordnet. Somit wird eine deutliche Richtungsabhängigkeit der gemessenen Pyrometertemperatur identifiziert. Die größte Differenz mit ca. 65 °C kann anhand der Koeffizienten zwischen positiver x-Richtung als Referenzniveau und negativer y-Richtung festgestellt werden. Eine mögliche Erklärung hierfür kann eine nicht konzentrische Ausrichtung des Pyrometermesspunktes mit dem Laserstrahl sein, die aufgrund der manuellen Justage entstehen kann.

Für die Vorschubgeschwindigkeit v_S wird eine kleine Effektstärke von 0,059 berechnet. Bemerkenswert ist hier der positive Koeffizient, da in der Literatur für Einzelspuren und Stege eine Abnahme der Pyrometertemperatur mit zunehmender Vorschubgeschwindigkeit beobachtet wird [24, S. 66–68, 109, 110]. Als Ursache hierfür wird der mit zunehmender Vorschubgeschwindigkeit abnehmende Spurabstand d_T der aufgebauten Volumenbauteile vermutet. Die pro Flächeneinheit in das Bauteil eingebrachte Wärmeenergie q_A kann für parallele Spuren mit konstantem Abstand über

5.6
$$q_A = \frac{P_L}{v_S \cdot d_T}$$

berechnet werden. Diese wird mit zunehmender Vorschubgeschwindigkeit reduziert und mit kleiner werdendem Spurabstand vergrößert. Somit ist vorstellbar, dass die Reduktion von q_A durch eine größere Vorschubgeschwindigkeit von einer einhergehenden Verkleinerung des Spurabstands ausgeglichen wird. Somit kann womöglich einer Reduktion der gemessenen Pyrometertemperatur entgegengewirkt werden.

Für die vertikale Wiederkehrzeit $\Delta t_{WZ,ver}$ wird eine kleine Effektstärke von 0,050 festgestellt. Der negative Koeffizient indiziert eine mit kürzer werdender Wiederkehrzeit steigende Temperatur. Die horizontale Wiederkehrzeit $\Delta t_{WZ,hor}$ wird im reduzierten Modell aufgrund mangelnder Effektstärke von 0,0034 jedoch nicht berücksichtigt. Der durchschnittliche Wert von $\Delta t_{WZ,ver}$ ist etwa 107 s, wohingegen $\Delta t_{WZ,hor}$ im Mittel nur etwa 3,1 s beträgt. Somit wird erwartet, dass die Überhitzung durch die geringere Wiederkehrzeit stärker ausfällt. Dies lässt sich im Modell allerdings nicht bestätigen. Deshalb wird vermutet, dass durch die vertikale Wiederkehrzeit im Modell andere Einflüsse erfasst werden als durch die Definition eigentlich vorgesehen. So korreliert $\Delta t_{WZ,ver}$ mit einem Korrelationskoeffizienten von etwa 0,87 beispielsweise stark mit der benötigten Zeit zum Schweißen einer Lage. Für Proben ohne Cross-Hatching entspricht die vertikale Wiederkehrzeit exakt der Dauer einer Lage, da die einzelnen Lagen deckungsgleich sind. Eine kürzere Zeitspanne zum Schweißen einer Lage wird unter anderem durch eine kleinere Querschnittsfläche der Probe bedingt, wodurch eine unerwünschte Erfassung des Geometrieeinflusses durch die vertikale Wiederkehrzeit $\Delta t_{WZ,ver}$ denkbar ist.

Den minimalen seitlichen und zentralen Randabständen $d_{R,\perp}$ und $d_{R,\parallel}$ werden kleine Effektstärken von 0,059 und 0,058 zugeordnet. Beide weisen einen negativen Koeffizienten auf, was eine mit abnehmendem Randabstand steigende Temperatur indiziert. Dies steht im Einklang mit dem in Randnähe erwarteten beschränkenden Einfluss der Bauteilgeometrie auf die Wärmeleitung.

Eine nicht relevante Effektstärke von 0,015 wird für den Pulvermassenstrom $\dot{m}_P$ festgestellt. Dies deckt sich mit den Ergebnissen von Bi [23], der in seiner Studie untersuchten Bereich des Pulvermassenstroms keinen relevanten Einfluss auf die Pyrometertemperatur beobachtet. Ebenso keine relevante Effektstärke mit einem Wert von 0,0004 wird für den eindimensionalen Wärmewiderstand $\bar{R}_{th}$ beobachtet.

Auswertung der Emissionsflächen

Die mit Abstand größte Effektstärke wird für die Laserleistung P_L berechnet. Sie liegt mit 4,15 deutlich über dem Grenzwert von 0,35 für starke Effekte. Diese starke Abhängigkeit ist in Bild 47 dargestellt, in der zwischen 336 und 624 W im Durchschnitt über alle Proben hinweg eine Zunahme um etwa 220 % abgebildet wird. Wie durch die große Effektstärke und den positiven Koeffizienten indiziert, steigt im untersuchten Parameterbereich die Emissionsfläche näherungsweise linear mit der Laserleistung. Dies stimmt mit anderen Untersuchungen an Einzelspuren und Stegen in der Literatur überein [24, S. 58–59, 25, 111]. Die Laserleistung stellt somit eine dominante Einflussgröße auf die detektierte Emissionsfläche des Schmelzbades dar.

Eine ebenso große Effektstärke wird für das Produkt aus eindimensionalem Wärmewiderstand $\bar{R}_{th}$ und Wärmeleitfähigkeit λ festgestellt. In der Auswertung dieser Studie wird das Produkt aus eindimensionalem Wärmewiderstand $\bar{R}_{th}$ und Wärmeleitfähigkeit κ betrachtet. Das Produkt ist nach Formel 5.3 äquivalent zum Quotienten aus der aktuellen Bauhöhe z und dem Bauteilquerschnitt in Aufbaurichtung A. Da κ als konstant angenommen wird, hat dies bis auf eine Skalierung des Koeffizienten keinen Einfluss auf die Regressionsanalyse. Das zugehörige f^2 fällt mit 0,42 allerdings dennoch deutlich kleiner aus als für die Laserleistung. Der positive Koeffizient indiziert eine mit steigendem Wärmewiderstand zunehmende Emissionsfläche. Dies steht im Einklang mit dem vermuteten, einschränkenden Geometrieeinfluss auf die Wärmeleitung im Bauteil, der näherungsweise über den eindimensionalen Wärmewiderstand erfasst wird. Somit wird mit steigender Bauteilhöhe und abnehmender Querschnittsfläche der Probe eine Zunahme der Emissionsfläche beobachtet.

Mit einer mittleren Effektstärke von 0,179 kann für die beobachtete Emissionsfläche eine deutliche Richtungsabhängigkeit identifiziert werden. Anhand der Koeffizienten wird die größte Differenz mit etwa 2560 px zwischen positiver und negativer y-Richtung festgestellt. Als Ursache hierfür werden anlagenspezifische Einflussgrößen vermutet, wie beispielsweise die Einstellung des Pulverfokus oder die Intensitätsverteilung des Laserstrahls.

Für den minimalen seitlichen Randabstand $d_{R,\perp}$ kann mit einem f^2 von 0,028 ein gerade noch kleiner Effekt festgestellt werden. Der negative Koeffizient zeigt eine Vergrößerung der Emissionsfläche mit zunehmender Randnähe an. Dies steht im Einklang mit der Hypothese der Behinderung des Wärmeflusses bei kleinem Randabstand. Für den zentralen Randabstand $d_{R,\parallel}$ wird im linearen Modell hingegen eine nicht relevante Effektstärke von 0,0063 berechnet.

Für die vertikalen und horizontalen Wiederkehrzeiten $\Delta t_{WZ,ver}$ und $\Delta t_{WZ,hor}$ werden mit Werten von 0,0002 und 0,0163 keine relevanten Effektstärken festgestellt. Die dennoch größere Effektstärke der horizontalen Wiederkehrzeit steht im Einklang mit dem im Mittel deutlich kleineren Betrag von etwa 3,2 s. Für die vertikale Wiederkehrzeit wird hier im Mittel ein Betrag von etwa 114 s beobachtet. Außerdem wird während der Bewegung vom Ende einer Spur zum Anfang der nächsten Spur an den Wendepunkten die Strahlquelle abgeschaltet. Somit wird abhängig von der Vorschubgeschwindigkeit v_S und dem Spurabstand d_T für kurze Zeit keine Energie ins Bauteil eingebracht. Die in dieser Zeit stattfindende

Abkühlung kann womöglich der Überhitzung des Bauteils an den Wendepunkten entgegenwirken, die durch die horizontale Wiederkehrzeit erfasst werden soll.

Eine ebenso nicht relevante Effektstärke von 0,0043 wird für die Vorschubgeschwindigkeit v_S berechnet. Dies steht im Widerspruch zu Erkenntnissen aus der Literatur für Einzelspur- und Stegversuche, für die eine mit zunehmender Vorschubgeschwindigkeit abnehmende Emissionfläche beobachtet wird [24, 25, 111]. Hier gilt es allerdings zu beachten, dass der Spurabstand d_T stark durch die Vorschubgeschwindigkeit beeinflusst wird. Wie bei der Auswertung des Gesamtmodells der Pyrometertemperatur beschrieben, wird vermutet, dass die mit der Zunahme der Vorschubgeschwindigkeit einhergehende Abnahme des Spurabstands durch einen entgegengesetzten Einfluss auf die pro Flächeneinheit eingebrachte Energie einer Verkleinerung des Schmelzbades entgegenwirkt. Für den Pulvermassenstrom $\dot{m}_P$ wird anhand der Effektstärke von 0,0044 ebenfalls kein relevanter Einfluss auf die Emissionsfläche beobachtet.

5.2.2 Diskussion der Eignung der Pyrometertemperatur zur Schmelzbadüberwachung

Wie in Bild 47 dargestellt nimmt die gemessene Pyrometertemperatur T_P mit steigender Laserleistung P_L als effektstärkstem Parameter nicht mehr relevant zu. Die durchschnittliche Emissionsfläche A_M steigt auch noch in höheren Leistungsbereichen, näherungsweise einem linearen Verlauf folgend, signifikant an. Somit wird vermutet, dass sich die durchschnittliche Pyrometertemperatur mit zunehmender Emissionsfläche einem Grenzwert annähert. Dies kann beispielsweise durch die zum Aufschmelzen des Werkstoffs benötige Energie verursacht werden, da sich mit zunehmenden Schmelzbaddimensionen auch die Fläche der Phasengrenze zwischen festem und flüssigem Werkstoff vergrößert. Zusätzliche dem Schmelzbad zugeführte Energie wird so zunehmend für die Aufschmelzung des Materials, und nicht für die Erhöhung der Schmelzbadtemperatur aufgewendet. Wie nachfolgend in Abschnitt 6.2.2 gezeigt, wird die Schichtdicke mit steigender Höhe aufgrund der Verbesserung des Pulverwirkungsgrads vergrößert. Aufgrund dessen wird der Messfleck des Pyrometers verschoben, sodass durch das Schmelzbad ein im Gegensatz zu den vorherigen Schichten größerer Teil des Messflecks eingenommen wird. Aufgrund es räumlich integrierenden Messprinzips kann dadurch ebenfalls eine Sättigung des Pyrometers verursacht werden.

Eine zusätzliche Visualisierung dieses Sättigungseffektes ist in Bild 48 dargestellt. Hier sind jeweils die durchschnittlichen Pyrometertemperaturen und Emissionsflächen von drei verschiedenen, in y-Richtung geschweißten 20 x 10 mm Proben als Tiefenbilder entlang der x-Achse dargestellt. Mit Tiefenbildern werden aus den Messwerten senkrecht zur Bildebene berechnete skalare Größen zweidimensional dargestellt. In dieser Arbeit werden Mittelwerte betrachtet, wobei hier auch beispielsweise die Standardabweichung oder die minimalen und maximalen

Werte der Messgröße abgebildet werden können. Die Mittelwerte der Emissionsflächen nehmen von oben nach unten gesehen mit etwa 8.940 px für Probe 4, etwa 14.000 px für Probe 2 und etwa 19.600 px für Probe 6 zu. Für Probe 4 kann noch eine Erhöhung der Pyrometertemperaturen und Emissionsflächen am Rand des Bauteils festgestellt werden. Je größer allerdings die Emissionsflächen werden, desto homogener wird die Verteilung der gemessenen Pyrometertemperatur. So kann auch bei Probe 6 für die Emissionsfläche eine klare Zunahme mit steigender Höhe und Randnähe beobachtet werden. Bei der Pyrometertemperatur kann dies allerdings nicht mehr festgestellt werden. Diese nimmt im Mittel, zumindest in dieser Seitendarstellung, einen über das Bauteil hinweg näherungsweise konstanten Wert an. Somit kann anhand der Pyrometertemperatur, im Gegensatz zur Emissionsfläche, der Geometrieeinfluss auf den DED-Prozess nur beschränkt untersucht werden. Aus diesem Grund wird von einer Analyse der Pyrometertemperatur T_P durch die Schichtmodelle abgesehen, und auf den Anhang (vgl. Abschnitt 12.3.1) verwiesen. Gleichzeitig wird hiermit Hypothese Hyp5.1 bestätigt. Für die weitere Auswertung von Tiefenbildern und Schichtmodellen wird die Emissionsfläche A_M als zentraler Indikator für die thermische Situation in der Schmelzbadregion herangezogen.

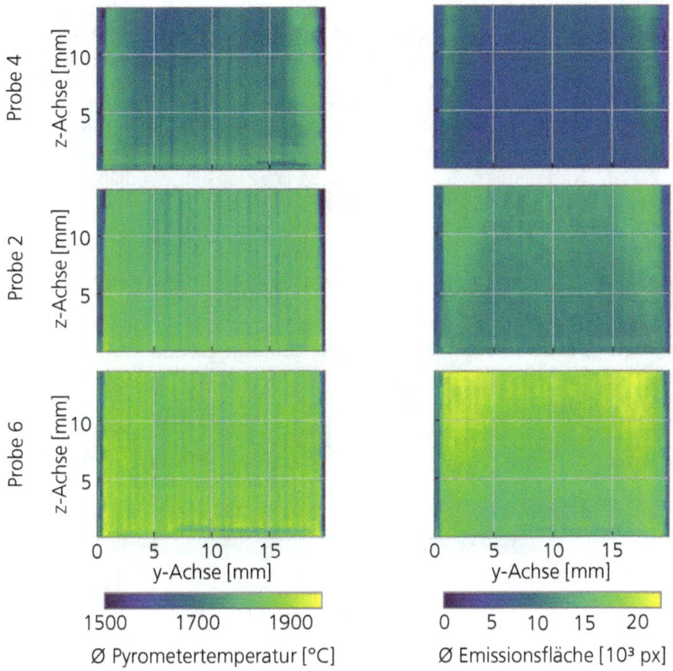

Bild 48 Tiefenbilder der Pyrometertemperatur T_P und Emissionsfläche A_M der Proben 4 (oben, P_L = 336 W, v_S = 382,5 mm/min), 2 (mittig, P_L 408 W, v_S 360 mm/min) und 6 (unten, P_L = 504 W, v_S = 382,5 mm/min). Alle Proben sind mit einer Grundfläche von 20 x 10 mm in y-Richtung ohne Cross-Hatching geschweißt

Im Folgenden werden ausgewählte Tiefenbilder der Emissionsfläche A_M betrachtet, um zusätzlich zu den Ergebnissen des Gesamt-Regressionsmodells Geometrieabhängigkeiten visuell zu beurteilen. Anschließend erfolgt eine Auswertung der Schicht-Regressionsmodelle, um den Einfluss der im Gesamt-Regressionsmodell als relevant festgestellten unabhängigen Variablen in Abhängigkeit von der Bauteilhöhe beurteilen zu können. Für die Prüfung der Modellannahmen der einzelnen Modelle wird auf den Anhang unter Abschnitt 12.3.3 verwiesen.

Zur zusätzlichen Visualisierung des Geometrieeinflusses auf die Emissionsfläche sind in Bild 49 Tiefenbilder der Proben 5, 6 und 7 mit einem Querschnitt von 20 mm x 10 mm dargestellt. Probe 5 ist in x-Richtung, Probe 6 in y-Richtung und Probe 7 mit Cross-Hatching geschweißt. Unabhängig von den unterschiedlichen

Prozessstrategien kann bei allen drei Proben eine deutliche Zunahme der Emissionsfläche mit steigender Bauteilhöhe und Randnähe beobachtet werden. So nehmen die Emissionsflächen in den Tiefenbildern von den Mittelpunkten der ersten Schichten hin zu den Randbereichen der obersten Schichten jeweils um etwa 50 % zu. Dies gilt auch für die in y-Richtung geschweißte Probe 6, bei der durch die mehrmalige Bewegung zwischen rechter und linker Kante in einer Lage jeweils nur für relativ kurze Zeit Energie im Randbereich eingetragen wird. Somit wird deutlich, dass die erfassten Emissionsflächen maßgeblich von der Position im Bauteil beeinflusst werden.

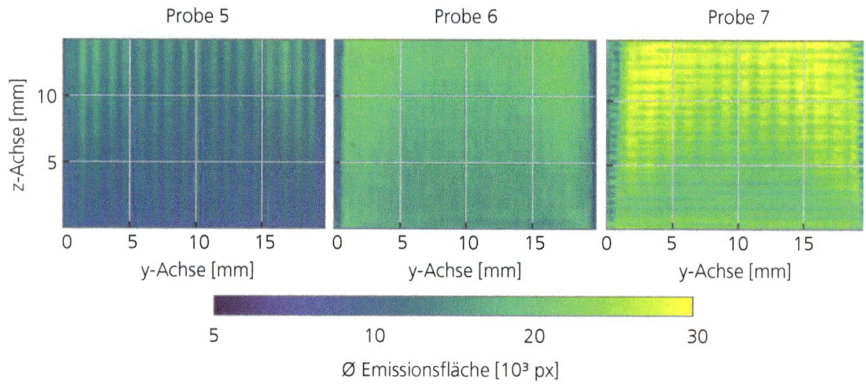

Bild 49 Tiefenbilder der Emissionsfläche A_M entlang der x-Achse für die 10 x 20 mm Proben: 5 (oben): x-Richtung, P_L = 432 W, v_S = 517,5 mm/min: 6 (mittig): y-Richtung, P_L = 504 W, v_S = 382,5 mm/min; 7 (unten): Cross-Hatching, P_L = 624 W, v_S = 585 mm/min

Zur näheren Betrachtung des Einflusses der Randnähe sind in Bild 50 Tiefenbilder der Emissionsfläche der Proben 15, 16 und 19 entlang der z-Achse dargestellt. Direkt erkennbar ist die im Modell festgestellte Richtungsabhängigkeit der Emissionsfläche. In unmittelbarer Randnähe ist unabhängig von der Prozessstrategie eine Erhöhung der detektierten Emissionsfläche des Schmelzbades erkennbar. Besonders stark tritt diese in den Ecken der Proben auf. Vermutet wird, dass dort die Abfuhr der eingebrachten Wärmeenergie im Vergleich zum Zentrum der Probe am stärksten behindert wird. Die eingebrachte Wärme kann in den Ecken des Bauteils in unmittelbarer Umgebung des TCPs nur über ein im Vergleich zur Probenmitte kleines Volumen über die Probe abgeführt werden. Somit könnte ein Stau der Wärmeenergie in diesen Bereichen durch die behinderte Wärmeleitung begünstigt werden.

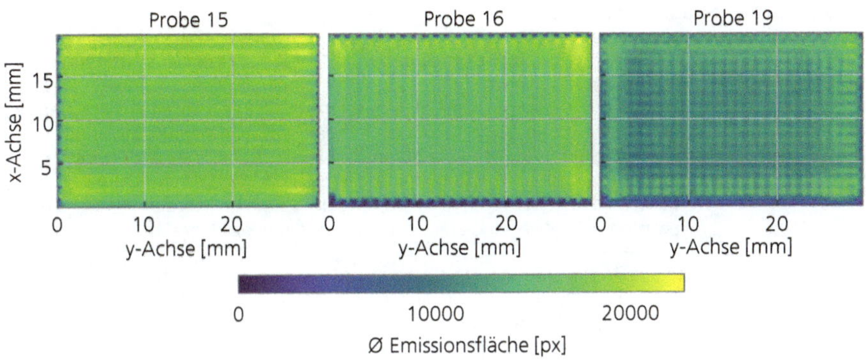

Bild 50 Tiefenbilder der Emissionsfläche A_M entlang der z-Achse für die Proben: 15 (links): x-Richtung, P_L= 528 W, v_S= 337,5 mm/min; 16 (mittig): y-Richtung, P_L = 504 W, v_S = 562,5 mm/min; 19 (unten): Cross-Hatching, P_L = 456 W, v_S = 562,5 = mm/min

Besonders bei den Proben 16 und 19 sind auch an den Rändern in Spurrichtung eine Erhöhung der Emissionsfläche zu beobachten. Dies spiegelt sich im Regressionsmodell, wie durch die geringe Effektstärke des zentralen minimalen Randabstand $d_{R,\parallel}$ indiziert, allerdings nicht wider. Die im Tiefenbild beobachtete Erhöhung der Emissionsfläche tritt zumindest für die betrachteten 20 mm x 30 mm Proben nur in unmittelbarer Randnähe auf. Ab einem Randabstand von etwa 5 mm ist hin zum Zentrum kein relevanter Einfluss mehr feststellbar. Somit ist die lineare Näherung des Modells womöglich ungeeignet, um den Effekt zu erfassen. Gleiches gilt unter Umständen auch für den seitlichen Randabstand $d_{R,\perp}$. Für diesen wird zwar eine geringe Effektstärke im Gesamt-Regressionsmodell berechnet, allerdings kann möglicherweise die gleiche ungenügende Erfassung durch das multiple lineare Modell vorliegen.

5.2.3 Schicht-Regressionsmodelle

Zur Beurteilung des Einflusses der unabhängigen Variablen in Abhängigkeit von der Bauteilhöhe werden einzelne Regressionsmodelle auf jeweils 1 mm hohe Schichten des Gesamtdatensatzes angepasst. So kann durch Betrachtung der Effektstärken in den einzelnen Modellen der Einfluss der Bauteilhöhe auf die Relevanz der verschiedenen Einflussgrößen quantifiziert werden. Außerdem kann durch Untersuchung der Bestimmtheitsmaße die Modellstärke abhängig von der Höhe beurteilt werden. Als unabhängige Variablen werden jeweils die in den reduzierten Gesamtmodellen verbleibenden Größen betrachtet.

Im Folgenden werden die Schichtmodelle der Emissionsfläche A_M untersucht. Zunächst kann nach Bild 51 festgestellt werden, dass die durchschnittliche Emissionsfläche in den einzelnen Schichtdatensätzen näherungsweise linear mit den durchschnittlichen Schichthöhen zunimmt. Vom ersten bis zum 15. Schichtdatensatz beträgt die Vergrößerung etwa 27 %. Dies deckt sich mit Beobachtungen bei Stegversuchen und Volumenbauteilen in der Literatur, wo eine mit der Aufbauhöhe zunehmende Emissionsfläche beobachtet wird. [12, 25, 54, 112] Das bei Stegversuchen auftretende Erreichen eines Gleichgewichtspunkts, wie etwa von Hu und Kovacevic [54] ab einer Höhe von ungefähr 5 mm beobachtet, wird nicht festgestellt. Dies deckt sich mit Erkenntnissen von Zhang et al. [12], die für Volumenbauteile mit einer Grundfläche von 40 mm x 20 mm und einer Höhe von 16 mm ebenfalls bis hin zur letzten Schicht eine Zunahme der Emissionsfläche beobachten.

Bild 51
Durchschnittliche Emissionsfläche A_M in den Schichtdatensätzen abhängig von den durchschnittlichen Schichthöhen

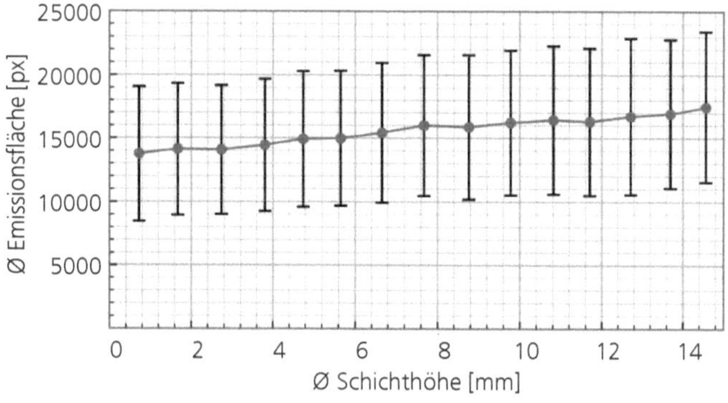

In Bild 52 wird dargestellt, dass die Bestimmtheitsmaße der einzelnen Modelle mit zunehmender durchschnittlicher Schichthöhe abnehmen. Grund hierfür kann die möglicherweise ungenügende Erfassung der Einflüsse der Randabstände sein.

Bild 52
Bestimmtheitsmaße der einzelnen Schichtmodelle der Emissionsfläche A_M abhängig von der durchschnittlichen Schichthöhe

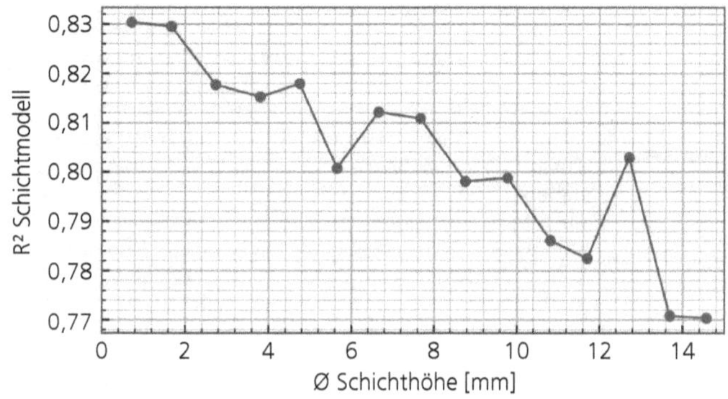

In Bild 53 sind die Verläufe der Effektstärken der verschiedenen unabhängigen Variablen in den einzelnen Schichtmodellen in Abhängigkeit von der Schichthöhe dargestellt. Diese haben einen mit der durchschnittlichen Schichthöhe zunehmenden Effekt auf die Emissionsfläche. Falls dieser unvollständig in den Modellen abgebildet wird, ist eine mit der Höhe abnehmende Anpassungsgüte zu erwarten.

Bild 53
Effektstärken der verschiedenen unabhängigen Variablen in den einzelnen Schichtmodellen der Emissionsfläche A_M abhängig von der durchschnittlichen Schichthöhe. Gestrichelt: Grenzwerte der Effektstärken nach Cohen (klein (lila) > 0,02, mittel (blau) > 0,15, stark (grün) > 0,35)

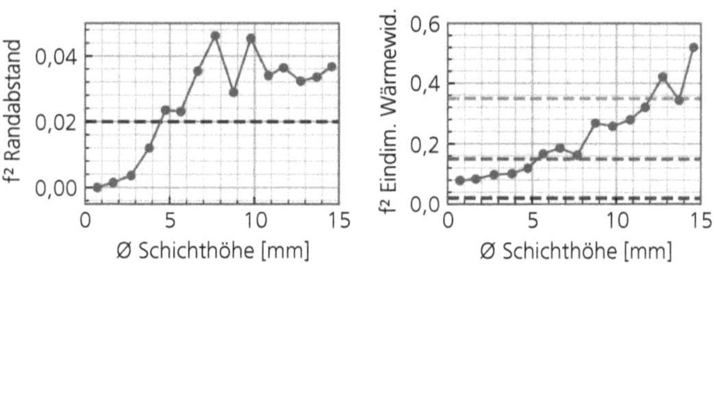

Die Effektstärke der Laserleistung P_L verringert sich mit der durchschnittlichen Schichthöhe um etwa 44 %. Dies kann unter anderem auf die insgesamt abnehmende Anpassungsgüte der Modelle zurückgeführt werden, da die Effektstärken nach Cohen mit abnehmendem Bestimmtheitsmaß kleiner werden. Mit einem auch in höheren Schichten deutlich über dem Grenzwert eines starken Effekts liegenden f^2 bleibt die Laserleistung allerdings dennoch die dominierende Einflussgröße in den Modellen. Für die Effektstärke der Spurrichtung wird eine Zunahme mit der Schichthöhe um etwa 40 % beobachtet. Insgesamt bleibt diese aber im Bereich einer mittleren Effektstärke zwischen 0,15 und 0,35. Die Effektstärke des minimalen seitlichen Randabstands nimmt bis zu einer durchschnittlichen Schichthöhe von etwa 7 mm zu. Ab etwa 5 mm wird eine kleine Effektstärke festgestellt. Für größere durchschnittliche Schichthöhen kann kein eindeutiger Verlauf identifiziert werden. Der Anstieg bis zu einer Höhe 7 mm stimmt mit dem bei zunehmender Bauteilhöhe erwarteten Einfluss der Randnähe auf die Wärmeleitung überein. Allerdings deutet der weiter Verlauf und die insgesamt niedrige Effektstärke auf eine ungenügende Erfassung des Effekts hin.

Die Effektstärke des eindimensionalen Wärmewiderstand $\bar{R}_{th}$ nimmt mit steigender durchschnittlicher Schichthöhe von einem kleinen bis hin zu einem starken Effekt um etwa 550 % zu. Dies folgt der Erwartung eines mit der Bauteilhöhe zunehmenden beschränkenden Einfluss auf die Wärmeleitung. Auch der steigende Verlauf ab einer Höhe von etwa 4 mm deckt sich mit der linearen Abhängigkeit von $\bar{R}_{th}$ von der Bauteilhöhe. Insgesamt bleiben die Effektstärken allerdings unter dem für das Gesamtmodell festgestellten Wert von 0,421. Die Ursache hierfür wird in den Wertebereichen von $\bar{R}_{th}$ in den einzelnen Schichtmodellen angenommen. Da die Schichtdatensätze jeweils nur Beobachtungen in einem Höhenbereich von 1 mm enthalten, unterscheiden sich die Werte von $\bar{R}_{th}$ für die verschiedenen Proben hauptsächlich durch die unterschiedlichen Querschnittsflächen A. Somit wird vermutet, dass in den Schichtmodellen hauptsächlich der Einfluss der Querschnittsfläche identifiziert wird, da der Einfluss der Höhe in den Schichtmodellen nicht mehr direkt erfassbar ist.

5.3 Zwischenfazit zur systematischen Prozessabweichung

In der Literatur werden in Parameterstudien für Einzelspuren und dünnwandige Stege die Laserleistung, die Vorschubgeschwindigkeit und der Pulvermassenstrom als wichtige Einflussgrößen des DED-Prozesses identifiziert. Die Einflüsse dieser Prozessparameter auf die mittels Pyrometer gemessene Schmelzbadtemperatur und die aus CMOS-Aufnahmen extrahierte Emissionsfläche werden in dieser Studie bei Volumenbauteilen analysiert.

Bereits durch ein lineares multiples Regressionsmodell des erhobenen Datensatzes kann für die Emissionsfläche mit einem Bestimmtheitsmaß von 0,829 im Gegensatz zum Modell für die Pyrometertemperatur mit einem Bestimmtheitsmaß von 0,478 ein größerer Anteil der auftretenden Varianz erklärt werden, sodass wie in Abschnitt 5.2.2 näher erläutert Hyp5.1 bestätigt wird. Die Ursache hierfür wird unter anderem in der Sättigung der gemessenen Pyrometertemperatur mit zunehmender Emissionsfläche vermutet.

Anhand der berechneten Schichtmodelle wird veranschaulicht, dass die Emissionsfläche durch neben der in der Literatur betrachteten Verfahrensparameter Laserleistung, Vorschubgeschwindigkeit und Pulvermassenstrom auch statistisch signifikant durch die thermischen Randbedingungen während des DED-Aufbaus statistisch beeinflusst wird. Insbesondere die Effektstärke des eindimensionalen Wärmewiderstands nimmt mit der Höhe statistisch signifikant zu und wird für die letzte Schichten der ca. 15 mm hohen Proben gemäß der Nomenklatur nach Cohen als stark eingestuft. Auch die Effektstärke des Randabstands steigt mit steigender Probe, sodass ab einer Aufbauhöhe von ca. 5 mm eine mittlere Effektstärke berechnet wird, sodass Hypothese 5.2 bestätigt wird.

6 Maschinelles Lernen zur Mustererkennung in CMOS-Signalen

Im vorigen Kapitel wird unter Verwendung statistischer Methoden gezeigt, dass mithilfe des bildgebenden CMOS-Sensors und der aus den Schmelzbadaufnahmen extrahierbaren Emissionsfläche systematische Änderungen von Verfahrens- und Prozessstrategieparametern zuverlässiger erfasst werden können als mit räumlich integrierenden Messverfahren wie der Pyrometrie. Wie in Abschnitt 4.3.2 vorgestellt, werden jedoch bei der Auswertung der CMOS-Aufnahmen aufgrund der Segmentierung der Emissionsbereiche all jene Pixel verworfen, in denen keine Übersättigung erreicht wird. Dadurch werden Informationen für potentiell präzisere Analyseergebnisse verloren. Zusätzliche Potentiale für Messunsicherheiten bestehen durch die Einstellung der Sensoren bei der Datenerfassung. So wird wie bereits in Abschnitt 4.3.4 diskutiert die in der Literatur häufig getroffene Annahme, dass aus CMOS- und CCD-Aufnahmen der Schmelzbademissionen direkte Informationen über die Schmelzbad- oder Spurgeometrie erschlossen werden können, diskutiert. Die extrahierten Feature-Werte korrelieren mit der eingestellten Belichtungszeit und können bspw. nicht mit den tatsächlichen Spurbreiten gleichgesetzt werden.

Weiter ausgeführt wird diese Kritik in einer Studie von Stutzman et al. [29], in der die Fragestellung untersucht wird, was tatsächlich in koaxial erfassten CMOS-Aufnahmen ausgewertet wird. In vorausgehenden Studien wird eine deutliche Schmauchbildung in DED-Prozessen nachgewiesen [26, 28]. Der durch Verdampfung entstehende Schmauch wird dabei vom Schmelzbad weggeführt. Durch Wechselwirkung mit der Laserstrahlung kann der Schmauch atomar angeregt oder ionisiert werden. Dabei werden durch elektronengebundene Übergänge charakteristische Linienemissionen freigesetzt, während derer freie Strahlung und Bremsstrahlung im kontinuierlichen Bereich emittiert werden. Im Fall eines thermischen Gleichgewichts im Schmauch nähern sich die Bremsstrahlungsemissionen der Planck'schen Schwarzkörperverteilung, sodass die CMOS-Aufnahmen hinsichtlich des Ziels der Schmelzbad-Erfassung verfälscht werden können. Darauf aufbauend werden in den durchgeführten Versuchen unter Anwendung von Bandpass-Filtern gezeigt, dass abrupte Änderungen der detektierbaren Geometrie der Schmelzbademission in CMOS-Bildern auch durch Änderungen des Schmauchverhaltens hervorgerufen werden können.

Hinsichtlich des anwendungsorientierten Bedarfs der Prozessqualifizierung und -zertifizierung ist von großer Bedeutung, mittels Prozessüberwachung und geeigneter Datenanalysemethoden Unregelmäßigkeiten während des schichtweisen Aufbaus zu detektieren und lokalisieren. Unter diesem Gesichtspunkt können in den Schmelzbadbildern trotz oben genannter Hindernisse bei der physikalischen und prozessorientierten Interpretation von CMOS-Aufnahmen Informationen zu

Prozessänderungen enthalten sein. Um die Bildanalysen nicht auf Basis physikalisch abgeleiteter geometrischer Features, sondern unter Berücksichtigung aller inhärenten Informationen durchzuführen, können Methoden des Maschinellen Lernens (vgl. Abschnitt 3.5) Abhilfe schaffen [8, 9]. Um dies näher zu bewerten, werden die nächsten Versuche hinsichtlich folgender Hypothesen durchgeführt und analysiert:

Hyp6.1: Bei überwachten Methoden des Maschinellen Lernens können durch die Verarbeitung vollständiger CMOS-Aufnahmen mittels CNN größere Klassifikationsgenauigkeiten als mit Feature-basierten Ansätzen erreicht werden.

Hyp6.2: Durch dimensionsreduzierende Methoden des Maschinellen Lernens können prozessinhärente und absichtlich induzierte globale und lokale Prozessabweichungen zuverlässiger detektiert werden als mit Feature-basierter Überwachung.

6.1 Prädiktion der Laserleistung mittels überwachten Lernens

Durch die Variation der Laserleistung wird der Energieeintrag in den DED-Prozess gesteuert. Nachfolgend wird die Rekonstruierbarkeit der eingestellten Laserleistung anhand der erfassten Schmelzbademission unter Verwendung von Modellen des überwachten Lernens analysiert. Hierdurch erfolgt die Evaluierung der prinzipiellen Modellierbarkeit des Energieeintrags, woraus Potentiale der Applikation von maschinellem Lernen auf die mittels CMOS-Kamera erfasste thermische Emission des DED-Prozesses abgeleitet werden.

Die Rekonstruierbarkeit der eingestellten Laserleistung wird anhand der Genauigkeit von Klassifikationsmodellen mit der Laserleistung als Zielgröße quantifiziert. Hierbei erfolgt ein Vergleich von Random Forests sowie Convolutional Neural Networks (vgl. Abschnitt 3.5.1) und damit eine Gegenüberstellung eines konventionellen sowie auf Deep Learning basierenden Ansatzes des maschinellen Lernens. Anhand der Klassifikationsgenauigkeit sowie der Konfusionsmatrix werden jeweils die Vorhersagequalitäten der Modelle quantifiziert.

6.1.1 Versuchsdurchführung und Datenvorbereitung

Zur Evaluierung möglicher Einsatzgebiete des überwachten maschinellen Lernens wird ein Trainingsdatensatz erstellt. Wie in Kapitel 5 dargestellt und in [24, S. 58–59, 48, 49, 55] bestätigt, ist die Laserleistung P_L der größte Einflussgröße auf die detektierte thermische Emission während des DED-Verfahrens. Für den Trainingsdatensatz wird die Laserleistung gemäß in Tabelle 12 gezeigten Stufen variiert, während die Werte der weiteren Prozessparameter jenen des Referenzparametersatzes für Einzelspuren (vgl. Tabelle 3) entsprechen.

Tabelle 12
Werte der Laserleistung P_L bei der Erstellung des Trainingsdatensatzes für das überwachte Lernen

Sollwert Laserleistung P_L [W]	800	850	900	950	1000	1050	1100	1150	1200
Abweichung von Sollwert P_L [%]	-20	-15	-10	-5	0	+5	+10	+15	+20

Für jeden Wert der Laserleistung werden zwölf Einzelspuren der Länge 60 mm mit Fly-In und Fly-Out gefertigt, wobei jeweils drei Einzelspuren mit gleichen Prozessparametern in vier verschiedene Spurrichtungen aufgetragen werden. Durch die dreifache Wiederholung jeder Einzelspur wird die Detektion eventueller systematischer Fehler sowie die Erstellung eines Testdatensatzes ermöglicht. Durch die verschiedenen Orientierungen der Einzelspuren wird die Analyse einer eventuellen Richtungsabhängigkeit der Messung ermöglicht.

Mit dem Abtastintervall der CMOS-Kamera $t_{A,CAM}$ = 10 ms werden 350 Bilder pro Einzelspur für die Analyse bereitgestellt, wobei die Daten im nicht-stationären Bereich des Prozesses (Spuranfang und Spurende) nicht berücksichtigt werden. Der erstellte Datensatz wird demnach aus Bildern 108 verschiedener Einzelspuren aufgebaut, wobei die Einzelspuren auf drei Substratplatten identisch angeordnet werden. Die Aufnahmen der Schmelzbademission werden durch vergleichsweise simple Muster charakterisiert. Aus diesem Grund wird die für das Training von Modellen des Deep Learning ausreichende Größe des 37.800 Bilder umfassenden Datensatzes erwartet. Die Kameraaufnahmen werden zusätzlich mithilfe der in Abschnitt 4.3 vorgestellten Bildverarbeitungspipeline verarbeitet, wodurch physikalische Features der Schmelzbademission extrahiert und für weiterführende Analysen bereitgestellt werden. Aus den Bildern der ersten sowie zweiten Durchführung werden der Trainings- sowie Validierungsdatensatz im Größenverhältnis 3:1 generiert. Hierdurch wird die Indikation von Over- sowie Unterfitting für das Training der Deep Learning Modelle ermöglicht. Die Bilder der dritten Wiederholung werden als Testdaten verwendet. Auf Basis der Betrachtung des stationären Prozessbereichs werden je Spur 350 Bilder bereitgestellt. Die Größe der Datensätze wird in Tabelle 13 aufgelistet.

Tabelle 13
Größe der Datensätze für das überwachte CNN-Modell

	Training	Validierung	Test
Anzahl Bilder	14.700	4.900	9.800

Für die Reduzierung der Bildgröße wird bei jeder Aufnahme der quadratische Bereich der Kantenlänge 320 px ≙ 2.144 µm um den Emissionsflächenschwerpunkt isoliert. Hierdurch wird die Trainingsdauer der Modelle verkleinert sowie die Verwendung komplexerer Architekturen neuronaler Netze ermöglicht. Infolge der Division durch 255 werden die Grauwerte der Aufnahmen auf den

Wertebereich 0 – 1 normalisiert, weshalb die Qualität der Modelle aufgrund der resultierenden kleineren Gewichte vergrößert wird. [65]

6.1.2 Implementierung der Modelle des überwachten Lernens

Wie in Abschnitt 3.5.1 beschrieben wird für die Klassifikation mittels konventioneller Methoden des überwachten Lernens die Extraktion von Features aus den Eingangsdaten vorausgesetzt. Diese Features werden durch die entwickelte Bildverarbeitungspipeline extrahiert, wobei alle Features der Schmelzbademission, der Prozessnebenprodukte sowie der elliptischen Approximation selektiert und an einen Random Forest Klassifikator übergeben werden. Als Maß für die Unreinheit der Knoten wird die in Abschnitt 3.5.1 beschriebene Entropie verwendet. Mittels Trainings mehrerer Random Forests unterschiedlicher Hyperparameter wird der Klassifikator mit der größten Genauigkeit identifiziert. Die in dieser Gittersuche variierten Hyperparameter werden in Tabelle 14 aufgelistet.

Tabelle 14
Hyperparameter der Gittersuche für Random Forest

Entscheidungsbäume B	Features pro Split M	Max. Tiefe der Bäume K
100, 1000, 2500	4, 6, 8	5, 10, unbegrenzt

Zur Evaluierung der Verallgemeinerungsfähigkeit des Klassifikators wird fünffache Kreuzvalidierung eingesetzt. Hierbei wird jeder Random Forest mit Hilfe von fünf verschiedenen Teilungen des Datensatzes in Trainings- und Validierungsdaten im Größenverhältnis 4:1 trainiert. [87, S. 240–242]

Durch Convolutional Neural Networks wird ein Ende-zu-Ende Ansatz dargestellt, weshalb die Featureextraktion mittels der Bildverarbeitungspipeline nicht notwendig ist. Demzufolge wird die in den Bildern enthaltene Information in vollständiger Form bereitgestellt. Im Rahmen von Voranalysen werden verschiedene CNN-Architekturen und Einstellungen der Hyperparameter evaluiert. Hierbei wird das Ziel der Maximierung der Prädiktionsgenauigkeit der eingestellten Laserleistung aus Bildern des Validierungsdatensatzes verfolgt. Für die Auslegung der Architektur wird der Aufbau des VGG16-Netzes adaptiert. Die Aufnahmen der Schmelzbademission werden durch die im Vergleich zu anderen Herausforderungen der CNN-basierten Bildverarbeitung kleinere Komplexität charakterisiert. Aus diesem Grund wird die Anzahl der freien Parameter kleiner als jene des VGG16 gewählt. Hierdurch wird die Robustheit des Modells gegenüber Variation der Prozessparameter vergrößert sowie die Trainingsdauer verkleinert. [68]

Bei den Voranalysen wird die in Bild 54 dargestellte Architektur identifiziert. Der gewählte Aufbau wird durch die in Formel 3.13 eingeführte Abfolge mit $A = B = C = 2$ beschrieben. Neben der Funktion der nummerierten Layers wird die Form der zugehörigen Outputtensoren sowie die Anzahl der freien Parameter bei der verwendeten Batchsize 32 in Tabelle 15 aufgelistet.

Bild 54
Architektur des identifizierten CNNS

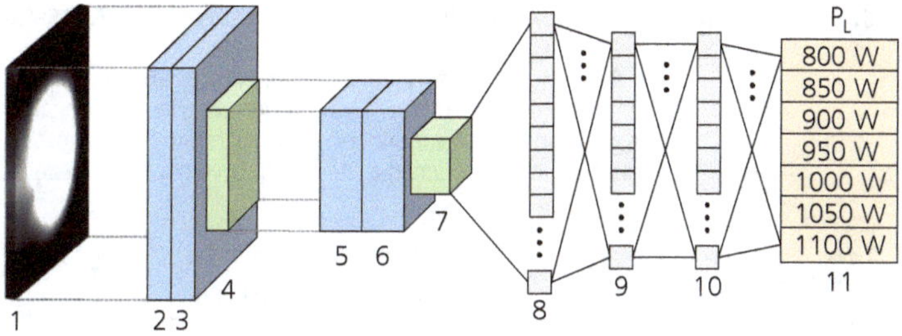

Tabelle 15
Details der Schichten der identifizierten Architektur des CNNs

Nr.	Layer	Tensorform	Freie Parameter
1	Input	32x320x320x1	0
2	CONV 2D	32x318x318x8	80
3	CONV 2D	32x316x316x8	584
4	Max Pooling 2D	32x158x158x8	0
5	CONV 2D	32x156x156x16	1168
6	CONV 2D	32x154x154x16	2320
7	Max Pooling 2D	32x77x77x16	0
8	Flatten	32x94864	0
9	Fully Connected	32x32	3035680
10	Fully Connected	32x32	1056
11	Output	32x7	231

Durch Anpassung der freien Parameter der CONV-Layers werden abstrakte Features unterschiedlicher Komplexität gelernt. Durch die Applikation der ReLU-Funktion[10] nach jedem CONV- sowie FC-Layer wird die Abbildung nicht-linearer Zusammenhänge erreicht. Die Filtergröße der CONV-Layers wird zu F×F = 3×3 eingestellt, wobei die Tiefe der CONV-Layers nach Pooling-Operationen wie in der VGG16-Architektur verdoppelt wird. Die durch die CONV-Layers extrahierten Features werden anhand der Neuronen der FC-Layer miteinander kombiniert. Die Werte der Neuronen der Ausgangsschicht werden mithilfe der Softmax-Funktion auf als Wahrscheinlichkeiten interpretierbare Aktivierungen projiziert. Während des Trainings wird die kategorische Kreuzentropie (engl.: categorical cross entropy) als Straffunktion mittels des Adam-Optimierers[11] in 50 Epochen minimiert. In Anhang 12.5.1 werden weitere Details zur Implementierung der CNNs aufgeführt.

[10] Mit der ReLU-Funktion erfolgt die Aktvierung des Wertes eines Neurons x mittels f(x) = max(0,x) [76].

[11] Durch den Adam-Optimierer wird die Lernrate in Abhängigkeit des gleitenden Mittelwertes der Gradienten sowie der zweiten Momente der Straffunktion angepasst [113].

6.1.3 Analyse der extrahierten physikalischen Features der CMOS-Aufnahmen

Zur Sichtung der Daten werden die Features aus den CMOS-Aufnahmen der Versuchsreihe extrahiert. Der Einfluss der Laserleistung P_L auf die mittlere Breite sowie Länge der Emissionsfläche A_M wird in Bild 55 dargestellt. Durch die gezeigten Fehlerbereiche werden die Standardabweichungen gezeigt.

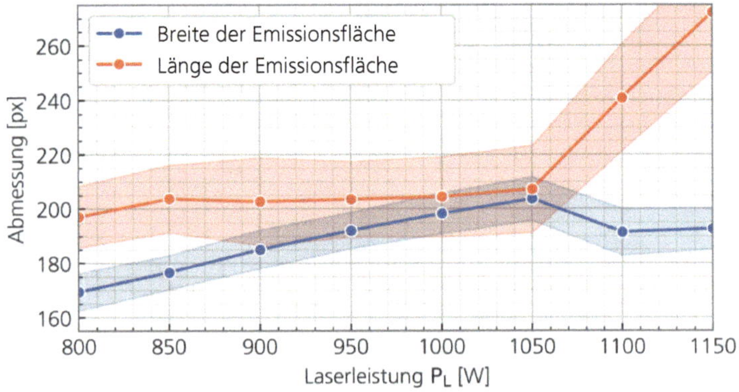

Bild 55
Verlauf der mittleren Breite sowie der mittleren Länge der Emissionsfläche in Abhängigkeit der Laserleistung P_L

Der Laserleistungsbereich zwischen 800 – 1050 W wird durch monotone Vergrößerung der Breite sowie annähernde Stationarität der Länge der Schmelzbademission charakterisiert. Hierdurch werden in der Literatur dokumentierten Ergebnisse reproduziert [25, 34, 50, 51].

Ab der Laserleistung P_L = 1100 W ist eine systematische Abweichung von dem approximativ linearen Verlauf der geometrischen Eigenschaften bei kleineren Laserleistungen erkennbar. Während die Breite der Schmelzbademission kleiner wird, erfolgt eine sprunghafte Vergrößerung der Länge der Emission des Schmelzbades. Dementsprechend erfolgt im Bereich zwischen 1050 – 1100 W eine grundlegende Veränderung der physikalischen Eigenschaften der Schmelzbademission und damit des Prozesszustandes.

Diese Veränderung des Prozesszustandes wird anhand der in Bild 56 dargestellten Anzahl der Prozessnebenprodukte pro Bild in Abhängigkeit der Laserleistung erklärt. Die im Bereich der Laserleistung $P_L \geq$ 1100 W aufgenommenen Bilder werden durch eine größere Anzahl an Prozessnebenprodukten pro Aufnahme gekennzeichnet. Folglich wird in diesem Laserleistungsbereich eine Schwelle von einem stabilen zu einem instabilen Prozesszustand überschritten.

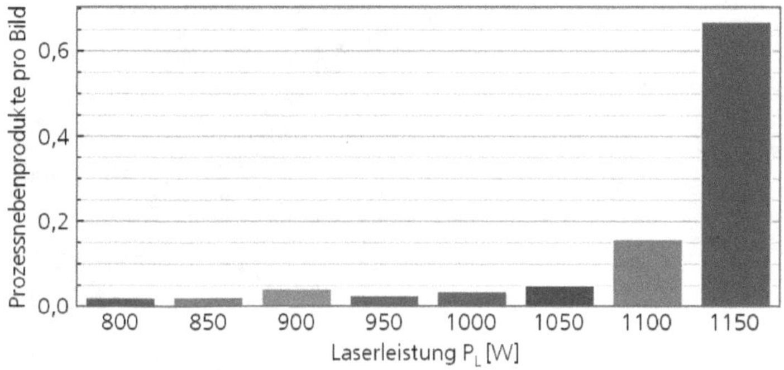

Bild 56
Prozessnebenprodukte pro Bild in Abhängigkeit der Laserleistung P_L

Aufgrund der zu großen Schmelzbaddynamik und der resultierenden Abscheidung von Prozessnebenprodukten in Richtung der Pulverdüse kann die Beschädigung dieser Komponente bei Laserleistungen $P_L \geq 1150$ W nicht ausgeschlossen werden. Aus diesem Grund wird die Versuchsreihe während der Fertigung der Spuren der Laserleistung $P_L = 1150$ W beendet, sodass für die sieben kleineren Laserleistungsstufen ein vollständiger Datensatz generiert wird.

Mittels der in Bild 57 dargestellten Korrelationsmatrix werden die Zusammenhänge der Features zueinander sowie zur Laserleistung visualisiert. Auf Basis der Analyse des Zusammenhangs zwischen der Laserleistung und den Features der Schmelzbadabmessungen wird eine positive Korrelation festgestellt.

Dementsprechend wird der Einfluss der Laserleistung auf die erfasste Schmelzbademission mittels der in Abschnitt 4.3.1 identifizierten Features abgebildet. Hierdurch wird die geeignete Wahl der Features zusätzlich verifiziert. Mithilfe der Aufnahmen der thermischen Emission wird die Ableitung von Aussagen über den Prozessverlauf ermöglicht, wodurch die Eignung der gewählten Belichtungszeit $t_{BZ} = 10$ µs nochmals bestätigt wird.

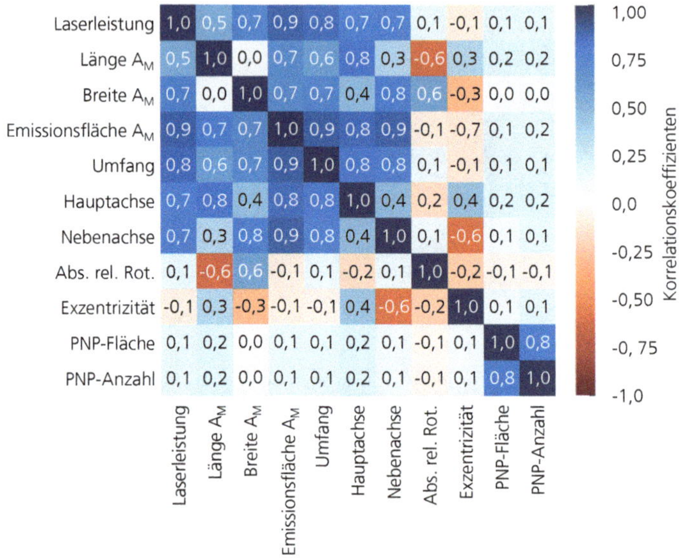

Bild 57
Korrelationsmatrix zwischen den extrahierten Features und der Laserleistung P_L

6.1.4 Ergebnisse der Klassifikation

Random Forest

Der Random Forest der größten Klassifikationsgenauigkeit für die Validierungsdaten wird durch 2500 individuelle Entscheidungsbäume, acht Features pro Split sowie unbegrenzte Tiefe definiert. Durch den mit diesen Hyperparametern trainierten Random Forest werden 71% der Validierungsdaten korrekt klassifiziert. Das vollständige Ergebnis der Gittersuche wird in Anhang 12.5.2 aufgelistet.

Die Genauigkeit der Prädiktion der eingestellten Laserleistung $\hat{P}_L$ der Testdaten wird mit 67% beziffert. Die Verteilung der Vorhersage des Random Forest wird in Bild 58 mittels einer Konfusionsmatrix für den Testdatensatz dargestellt. Hierbei wird durch einen Anteil von 1 die korrekte Klassifizierung aller 1400 bei der jeweiligen Laserleistung P_L aufgenommenen Bildern beschrieben. Für den Großteil der falsch klassifizierten Bilder wird eine direkt benachbarte Kategorie vorhergesagt, wodurch die Robustheit des Klassifikators gegenüber der Volatilität der detektierten thermischen Emission verifiziert wird.

Bild 58
Konfusionsmatrix der Klassifikation mittels Random Forest

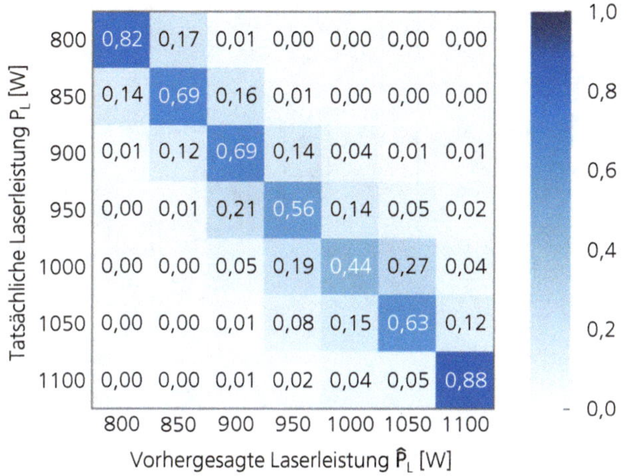

Die Klassifikation erfolgt anhand der extrahierten physikalischen Features. Mittels Bewertung dieser Features nach deren Wichtigkeit für die Klassifikation wird die Transparenz des Random Forests vergrößert. Diese Bewertung erfolgt auf Basis der durch die Features durchschnittlich bewirkten Verkleinerung der Unreinheit der Entscheidungsbaumknoten. In Bild 59 wird diese Gewichtung des trainierten Random Forests dargestellt. Demzufolge werden durch die Fläche, den Umfang und die Breite der Schmelzbademission die wichtigsten Features repräsentiert, während durch die Prozessnebenprodukte kein Mehrwert generiert wird.

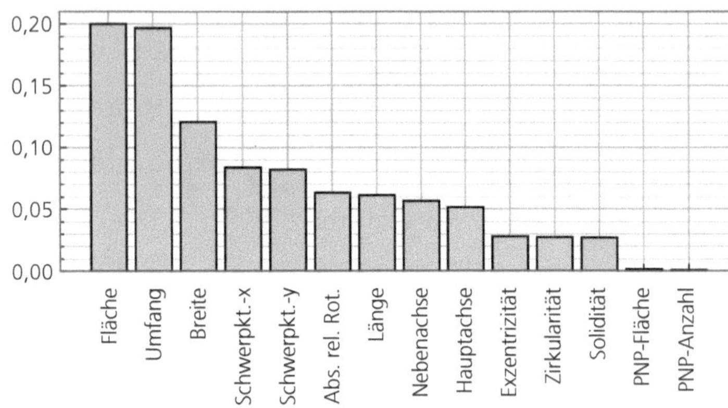

Bild 59 Gewichtung der Features nach der durch diese bedingte durchschnittliche Verkleinerung der Unreinheit der Knoten der Entscheidungsbäume

Convolutional Neural Network

Der Verlauf der Straffunktion sowie der Klassifikationsgenauigkeit während des Trainings des CNNs wird in Bild 60 über die Epochen dargestellt. Demnach wird nach 17 Epochen das Minimum der Straffunktion sowie das Maximum der Klassifikationsgenauigkeit der Validierungsdaten erreicht. Im weiteren Trainingsverlauf wird Overfitting beobachtet, weshalb die Gewichte nach der 17. Epoche für die Klassifikation verwendet werden. Hierbei wird die Klassifikationsgenauigkeit der Validierungsdaten mit 91% quantifiziert.

Mittels der CNNs werden 86% der Testdaten korrekt klassifiziert. Die Kategorisierung der falsch zugeordneten Daten erfolgt anhand der in Bild 61 visualisierten Konfusionsmatrix für die Klassifikation des Testdatensatzes. Wie bei der Verteilung der Klassifikation des Random Forest werden nahezu alle falsch klassifizierten Bilder einer benachbarten Kategorie zugewiesen. Hierdurch wird die Robustheit des Modells gegenüber Overfitting auf den Trainings- und Validierungsdatensatz sowie gegenüber prozessbedingten Schwankungen der Geometrie der Schmelzbademission bestätigt.

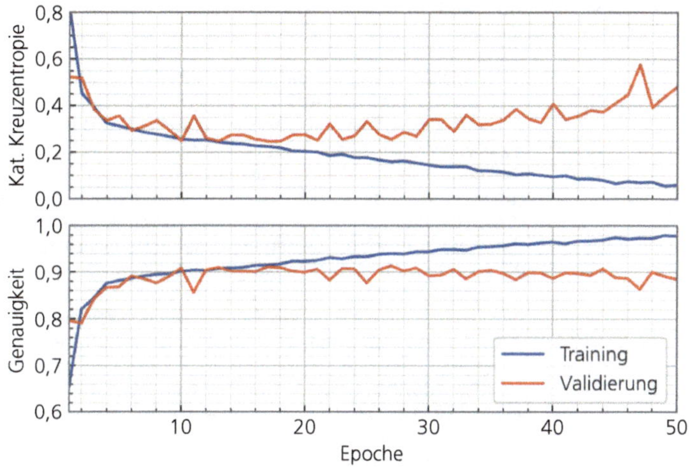

Bild 60
Verlauf der kategorischen Kreuzentropie sowie der Klassifikationsgenauigkeit für die Trainingsphase des CNNs

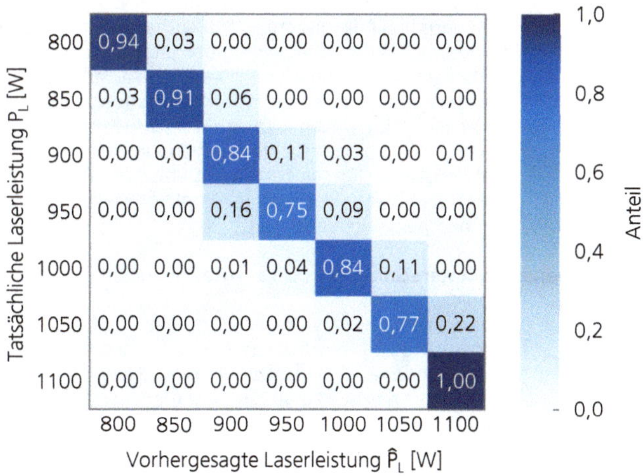

Bild 61
Konfusionsmatrix der Klassifikation mittels CNN

6.1.5 Zwischenfazit zum überwachten Lernen

Zusammenfassend werden sowohl Random Forests als auch CNNs durch die prinzipielle Eignung für die Klassifikation von Aufnahmen der thermischen Emission nach der eingestellten Laserleistung P_L gekennzeichnet. Die Variation der Laserleistung erfolgt in kleinen Abständen von 50 W, wodurch die für die Detektion von Änderungen des Energieeintrags hinreichende Auflösung der Kamera bei der gewählten Belichtungszeit bestätigt wird. Weiterhin erfolgt die Verifikation der prinzipiellen Modellierbarkeit des durch die Laserleistung bedingten Energieeintrags mittels der vorgestellten Modelle des überwachten Lernens. Dabei werden durch die beiden implementierten Ansätze Klassifikatoren mit unterschiedlicher Vorhersagegenauigkeit trainiert.

Für die Klassifikation mittels Random Forest werden in einem Vorverarbeitungsschritt physikalische Features aus den Bildern extrahiert. Durch diesen Schritt wird potenziell relevante Information verworfen, wodurch die kleinere Genauigkeit des Random Forests im Vergleich zu jener des CNNs bedingt wird. Aus diesem Grund wird durch Analyse weiterer Kombinationen der Hyperparameter keine relevante Vergrößerung der Klassifikationsgenauigkeit erwartet. Im Gegensatz zur Vorhersage des CNNs wird durch die auf physikalischen Features basierende Prädiktion des Random Forests ein größeres Maß der Transparenz des Modells erreicht.

Durch den Ende-zu-Ende Ansatz des CNNs werden diesem die vollständigen Bilder und damit die gesamte darin enthaltene Information zur Verfügung gestellt. Mit dem Ziel der Minimierung der Straffunktion der Klassifikation werden mithilfe der Convolutional Layers diejenigen abstrakten Features gelernt, anhand der er der größte Mehrwert für die Klassifikationsaufgabe dargestellt wird. Hierdurch wird die größere Genauigkeit dieses Modells begründet und damit Hypothese Hyp6.1 für den untersuchten Anwendungsfall der Klassifikation von unterschiedlichen Laserleistungen bestätigt. Daraus motiviert wird der CNN-basierte Ansatz der Datenanalyse der Feature-Extraktion vorgezogen und nachfolgend für Volumenkörper weiterverfolgt.

6.2 Dimensionalitätsreduktion mittels Autoencodern

Die qualitative Sichtung aller Aufnahmen großer Datensätze wird durch Zeitintensivität sowie beschränkte Reproduzierbarkeit charakterisiert. Weiterhin werden komplexen Datensätzen zugrunde liegende Muster anhand dieses Vorgehens nicht erfasst. Hieraus wird die modellbasierte Detektion von Anomalien motiviert. Wie in Abschnitt 3.5.2 beschrieben sind Autoencoder-Modelle des unüberwachten Lernens für die Identifikation niedrigdimensionaler Strukturen innerhalb von Datensätzen. Dabei werden die durch diese Strukturen unzureichend rekonstruierbaren Aufnahmen als Anomalien klassifiziert. Dieser Ansatz wird nachfolgend für Volumenkörper erprobt.

6.2.1 Implementierung des Autoencoders

Für die Evaluierung des Autoencoders wird ein weiterer Datensatz mittels der in Abschnitt 4 entwickelten Software angefertigt. Hierfür wird ein Volumenkörper mit Referenzparametern, -strategie und -geometrie (vgl. Abschnitt 3.3.3) gefertigt. Mit dem Abtastintervall von $t_{A,CAM} = 10$ ms werden insgesamt 242.710 CMOS-Aufnahmen erstellt. Aus den Aufnahmen wird ein Trainings- und Validierungsdatensatz im Verhältnis von 3:1 randomisiert aufgeteilt. Das implementierte Modell wird an einem Testdatensatz eines zusätzlich angefertigten Volumenkörpers mit Referenzparametern angewandt, der aus weiteren 242.710 Aufnahmen besteht. Die Datensätze für die Implementierung des Autoencoders werden in Tabelle 16 dargestellt. Auch hier werden die Aufnahmen gemäß Abschnitt 6.1.2 auf quadratische Ausschnitte mit der Kantenlänge von 320 px isoliert und die Grauwerte der Aufnahmen normiert.

Tabelle 16
Größe der Datensätze für die Implementierung des Autoencoders

	Training	Validierung	Test
Anzahl Bilder	182.033	60.677	242.710

Im ersten Schritt wird die Korrelation innerhalb des Datensatzes einer Probe mit Referenzparametern und -geometrie ermittelt. Hierfür werden die CMOS-Aufnahmen des Testdatensatzes mittels einer Principal Component Analysis (PCA, vgl. Abschnitt 12.5.4) transformiert. Die durch die Hauptkomponenten erklärte Varianz wird anhand derer Größen quantifiziert. Die Hauptkomponenten werden größenbasiert sortiert und die kumulative Varianz visualisiert. Dadurch wird Potential für die Reduktion der Dimensionalität aus der Redundanz in Form der Korrelation der Bildpunkte der Aufnahmen abgeleitet [92].

Die durch die größten 30 Hauptkomponenten erklärte Varianz des mittels PCA linear transformierten Trainingsdatensatzes wird in Bild 62 in kumulativer Form dargestellt. Demnach werden bereits durch einen vierdimensionalen Unterraum mehr als 60% der Varianz innerhalb des $320^2 = 102.400$-dimensionalen Datensatzes erklärt. Wie in Anhang 12.5.3 dargestellt, wird die Rekonstruktion von ca. 95% der Varianz anhand von 60 Dimensionen ermöglicht. Hieraus wird die Möglichkeit der Abbildung der dem Datensatz zugrunde liegenden Muster mittels eines niedrigdimensionalen Unterraums geschlussfolgert. Die große Korrelation innerhalb des Datensatzes wird über die weitestgehend homogenen Bereiche in den Aufnahmen definiert, in denen aufgrund des beschränkten Dynamikumfangs des Kamerasensors in der Emissionsfläche der maximale Grauwert 255 sowie insbesondere in den Bildrändern überwiegend Grauwerte von 0 angenommen werden.

Bild 62 Kumulative erklärte Varianz über Hauptkomponenten der PCA

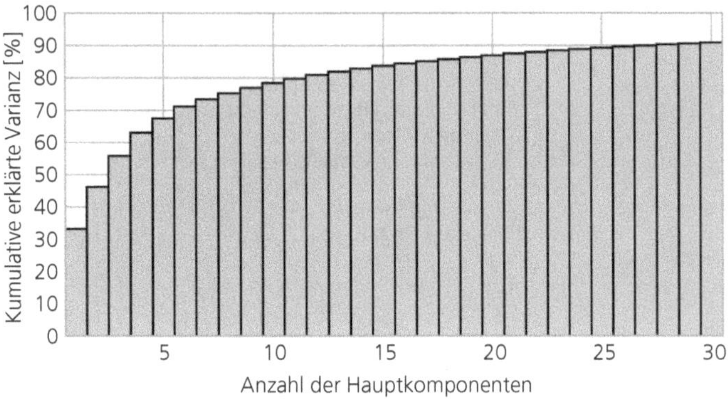

Da durch die PCA lineare Abhängigkeiten angenommen werden, wird bei der Verwendung eines auf Convolutional Layers basierenden Autoencoders bei gleicher Dimensionalität ein größeres Rekonstruktionsvermögen erwartet. Das Bottleneck des implementierten Autoencoders wird aus 100 Dimensionen aufgebaut, weshalb durch dieses Modell die annähernd vollständige Rekonstruktion der Varianz des Datensatzes erwartet wird. Durch die nicht rekonstruierbaren Muster werden dementsprechend Anomalien dargestellt, die durch unzureichende Repräsentativität für den vollständigen Datensatz charakterisiert werden.

Die Architektur des implementierten Autoencoders wird in Bild 63 dargestellt. Das Modell wird auf die Reproduktion von Bildern trainiert, weshalb der Encoder und der Decoder aus Convolutional Layers aufgebaut werden. In Tabelle 17 werden neben der Funktion der nummerierten Layers die Anzahl der freien Parameter und die Form die Outputtensoren bei der verwendeten Batchsize 32 aufgelistet. Sofern nicht explizit nachfolgend erwähnt, wird diese Architektur für die weiteren Untersuchungen angewandt.

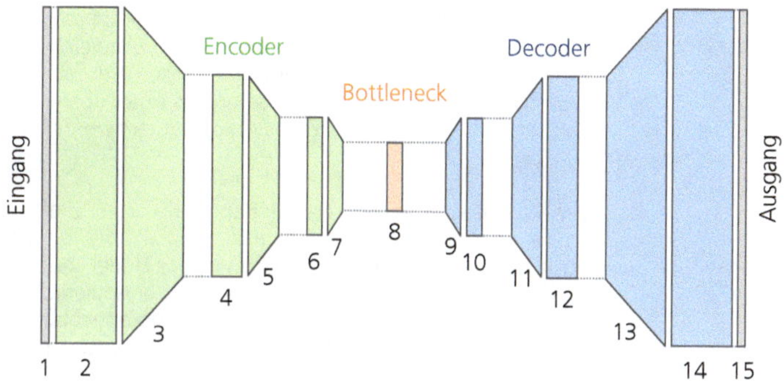

Bild 63
Architektur des implementierten Autoencoders sowie die Nummerierung der Schichten

Tabelle 17
Details der Schichten des implementierten Autoencoders

Nr.	Layer	Tensorform	Freie Parameter	Bestandteil
1	Input	32x320x320x1	0	Input
2	Conv 2D	32x320x320x16	160	Encoder
3	Max Pooling 2D	32x80x80x16	0	Encoder
4	Conv 2D	32x80x80x8	1160	Encoder
5	Max Pooling 2D	32x20x20x8	0	Encoder
6	Conv 2D	32x20x20x4	292	Encoder
7	Max Pooling 2D	32x5x5x4	0	Encoder
8	Conv 2D	32x5x5x4	148	Bottleneck
9	Up Sampling 2D	32x20x20x4	0	Decoder
10	Conv 2D	32x20x20x8	296	Decoder
11	Up Sampling 2D	32x80x80x8	0	Decoder
12	Conv 2D	32x80x80x16	1168	Decoder
13	Up Sampling 2D	32x320x320x16	0	Decoder
14	Conv 2D	32x320x320x1	145	Decoder
15	Output	32x320x320x1	0	Output

In der Trainingsphase werden die Werte der 3.369 freien Parameter gelernt. Die Größe der Filter der CONV-Layers wird mit $F \times F = 3 \times 3$ beziffert. Nach jedem CONV-Layer wird die ReLU-Funktion appliziert, während die Werte der Ausgangsneuronen mittels der Sigmoid-Funktion auf den Wertebereich 0 – 1 abgebildet werden. Durch die Pooling Operationen im Encoder wird die Dimensionalität der Feature Maps sukzessive verkleinert. Die den $320^2 = 102.400$ Features der Eingangsbilder zugrunde liegenden Gesetzmäßigkeiten werden in den $n_{BNP} = 5 \cdot 5 \cdot 4 = 100$ Bottleneckparametern (BNP) komprimiert. Mittels Up Sampling erfolgt die wiederholte Vergrößerung der Dimension der Feature Maps im Decoder mithilfe des Kopierens der Werte der Neuronen. Infolgedessen wird der Output durch die gleichen Abmessungen wie der Input beschrieben.

Zur Bewertung der Abweichung zwischen den rekonstruierten sowie den originalen Bildern wird die mittlere quadratische Abweichung (engl.: Mean Squared Error, MSE) als Straffunktion gewählt. Diese wird unter Verwendung des Adam-Optimierers minimiert. Das Trainieren des Autoencoders erfolgt in 100 Epochen. Details zur Implementierung des Autoencoders werden in Anhang 12.5.3 aufgeführt.

Die Verläufe der anhand des MSE quantifizierten Straffunktionen der Trainings- sowie Validierungsdaten werden in Bild 64 über die Trainingsepochen dargestellt. Dabei werden bis 40 Epochen weder Under- noch Overfitting beobachtet, da durch beide Kurven eine vergleichbare kontinuierliche Verkleinerung des MSE gezeigt wird. Im Anschluss wird das Training abgebrochen[12]. Hierdurch wird die Eignung der gewählten Architektur des Autoencoders für die Komplexität des Datensatzes verifiziert. [92]

Bild 64 Trainings- und Validierungsfehler für den Rekonstruktionsfehler des Autoencoder

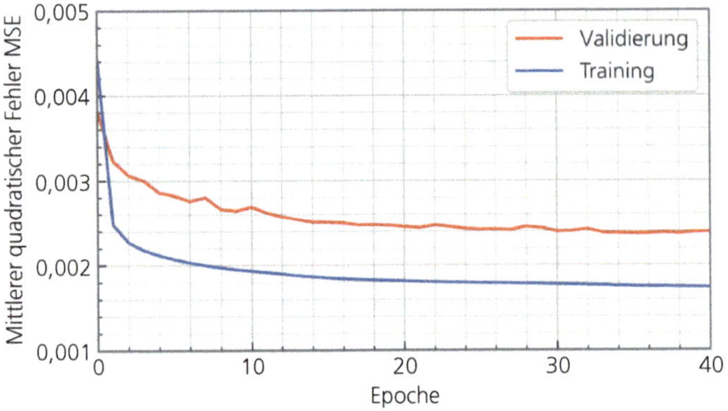

[12] Als Epochenanzahl, d.h. wie oft der komplette Bilddatensatz durchlaufen werden soll, wird 100 festgelegt. Durch die Verwendung des EarlyStopping Callbacks aus Tensorflow wird sichergestellt, dass das Training frühzeitig aufhört, falls sich nach aufeinanderfolgenden Epochen keine weitere Verkleinerung des Validierungsfehlers einstellt. Durch diese Vorgehensweise wird zugleich ein kleiner Validierungsfehler erreicht und gleichzeitig Overfitting vermieden.

6.2.2 Charakterisierung der Autoencoder-Rekonstruktion

Nach der Trainingsphase werden die Bilder des Testdatensatzes anhand der 3.369 gelernten Parameter des Autoencoders auf den Ausgang projiziert. Die Verteilungen der mithilfe des MSE bezifferten Rekonstruktionsfehlers zwischen den Eingangs- und Ausgangsbildern wird in Bild 65 in einem Histogramm und anhand der kumulativen relativen Verteilung der MSE dargestellt.

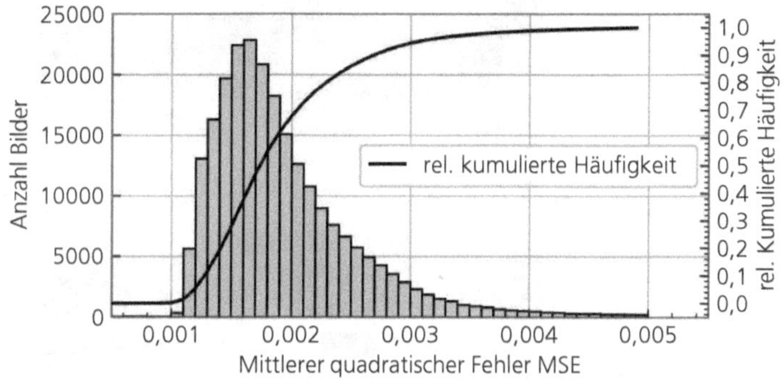

Bild 65
Histogramm und relative kumulierte Verteilung der MSE der Aufnahmen des Testdatensatzes

95% der Bilder des Datensatzes der Referenzprobe werden mit einem MSE < 0,003 rekonstruiert. Mittels dieser Bilder werden die anhand des Autoencoders gelernten Schemata dargestellt, wohingegen eine kleinere Anzahl der Testbilder durch verhältnismäßig größeren Rekonstruktionsfehler MSE > 0,003 gekennzeichnet ist. Abhängig von der Wahl eines Schwellwertes des Rekonstruktionsfehlers können diese als Anomalien klassifiziert werden, da die dem Datensatz zugrunde liegenden Muster durch diese nicht repräsentiert werden. Zur Veranschaulichung werden in Bild 66 exemplarisch je ein Bild des Testdatensatzes mit einem kleinen und einem großen Rekonstruktionsfehler MSE sowie die zugehörigen Rekonstruktionen des Autoencoders und Differenzbilder aufgeführt.

Die dargestellte Aufnahme der Schmelzbademissionen mit dem kleinen Rekonstruktionsfehler wird durch große Symmetrie sowie regelmäßige Konturen gekennzeichnet. Anhand der Differenzbilder wird der verbleibende Rekonstruktionsfehler durch die unzureichend abgebildete Schmelzbadkontur begründet. Die gegenübergestellte Aufnahme mit großen Rekonstruktionsfehlern ist durch große Asymmetrien der Geometrie der Schmelzbademission sowie unregelmäßige Verläufe der Konturen charakterisiert. Weiterhin werden die Prozessnebenprodukte nicht rekonstruiert. Mittels Analyse der Differenzbilder wird der große Rekonstruktionsfehler auf nicht rekonstruierbare Prozessnebenprodukte sowie Lücken und Asymmetrien in der Kontur des Schmelzbades zurückgeführt.

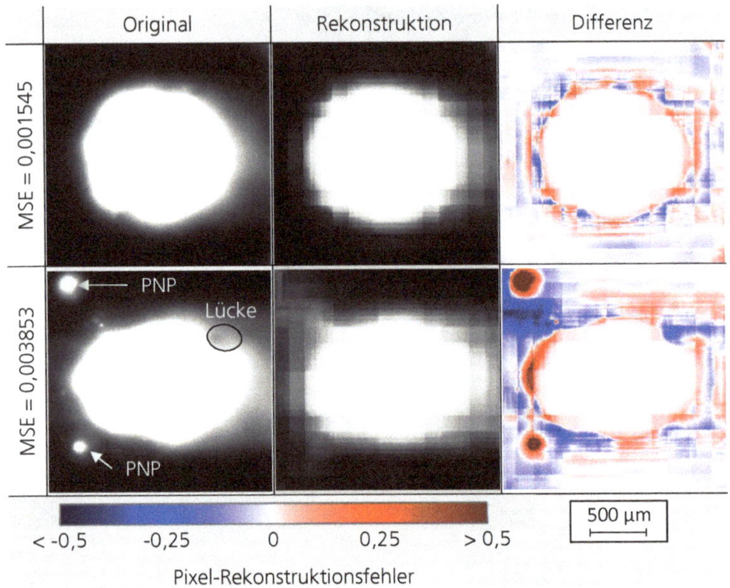

Bild 66 Exemplarische Bilder des Testdatensatzes mit kleinem und großem Rekonstruktionfehler

Nach Abschnitt 3.5.2 werden im Bottleneck die auffälligsten Muster der CMOS-Aufnahmen komprimiert, durch die der Rekonstruktionsfehler zwischen Eingangs- und Ausgangsbildern maßgeblich beeinflusst wird. Um die Transparenz für das Vorgehen zu erhöhen, wird nachfolgend weitergehend untersucht, welche mittels der Bildverarbeitungspipeline extrahierten Features in den Bottleneckparamatern vorwiegend abgebildet werden.

Zu diesem Zweck wird erneut die in Abschnitt 3.4.2 erläuterte multiple lineare Regression herangezogen. Unter Verwendung dieser erfolgt die Berechnung von Regressionsmodellen für einzelne Bottleneckparamater als abhängige Größen. Die aus den CMOS-Aufnahmen extrahierten Features (vgl. Tabelle 4) werden als unabhängige Größen verwendet. Hierfür wird die Dimension der Bottleneckparameter der CMOS-Aufnahmen einmalig für eine übersichtliche Darstellung und Interpretation der Ergebnisse von 100 auf 25 reduziert. Nach Bild 62 werden durch 25 Parametern bereits für lineare Modelle weiterhin ca. 90% der Varianz der ursprünglichen Dimension der Bilddaten abgebildet, sodass angenommen wird, dass die wichtigsten Charakteristika in den Aufnahmen abgebildet werden. Die dafür notwendigen Anpassungen des Autoencoder-Modells zur Reduktion der Bottleneckparameter werden in Anhang 12.5.6 aufgeführt.

Zunächst werden auch hier Regressionsmodelle mit allen Features als unabhängige Variablen angepasst. Anschließend erfolgt eine Reduktion der Modelle. Features wie der Umfang, die Länge und Breite der Emissionsflächen, die in Zusammenhang mit der Emissionsfläche zu großen Multikollinearitäten (VIF >10) führen, werden dabei in den berechneten Modellen nicht berücksichtigt. Um den Einfluss der verschiedenen Features auf die Bottleneckparameter BNP der CMOS-Aufnahmen zu analysieren, werden die Effektstärken nach Cohen für jeden BNP berechnet und in einer Konfusionsmatrix in Bild 67 dargestellt. In einer weiteren Spalte wird die Effektstärke des Gesamtmodells aufgeführt, mittels dessen das Bestimmtheitsmaß für jedes Modell gemäß Formel 3.11 zu

6.1
$$R^2 = \frac{f^2}{1+f^2}$$

berechnet werden kann. Erweiternd werden in Anhang 12.5.7 die berechneten Regressionskoeffizienten sowie die Korrelationskoeffizienten nach Pearson in weiteren Konfusionsmatrizen dargestellt.

Mit Ausnahme der BNP 6, 8 und 15 wird für alle BNP eine große Effektstärke des Gesamtmodells ($f > 0,35$) und damit verbunden ein Bestimmtheitsmaß $R^2 > 0,9$ festgestellt. Die unabhängigen Variablen, die im dimensionsreduzierten Bottleneck am besten abgebildet werden, sind dabei die Spurrichtung, der mittlere Grauwert der CMOS-Aufnahmen sowie die Emissionsfläche. Für vereinzelte aus den CMOS-Aufnahmen extrahierbaren Features wie der in dieser Arbeit neu eingeführten Features Zirkularität, Exzentrizität sowie Rotation werden kleine Effektstärken berechnet. Damit wird das Ergebnis der PCA hinsichtlich einer kleinen Varianz innerhalb der Bilddaten weiter bestätigt. Dennoch wird auch deutlich, dass mitunter mittels der Bottleneckparameter der CMOS-Aufnahmen auch Eigenschaften der Bilder abgebildet werden, die mittels der physikalisch abgeleiteten Features nicht erfasst werden könnten.

Effektstärke Cohen's f^2

0,00 0,10 0,20 > 0,35

Bottleneckparameter	Gesamtmodell	Spurrichtung	Ø Grauwert	Emissionsfläche	Zirkularität	Exzentrizität	Rotation	Solidität	PNP-Fläche	PNP-Anzahl
1	2	0,72	0,13	0,0004	0	0,036	0,037	0,0002	0,0004	0,0006
2	2,9	1,6	0,14	0,3	0,0059	0,011	0,015	0,0065	0	0,0005
3	3,6	1,9	0,0049	0,079	0,0003	0	0,062	0,0038	0,0001	0
4	6,8	2,6	0,009	0,15	0,011	0,09	0,14	0,014	0,0002	0
5	4,7	0,38	0,55	0,21	0,027	0,071	0,0054	0,0066	0	0
6	0,26	0,1	0,0087	0,0016	0,0008	0,014	0,0086	0,0004	0,0001	0,0001
7	1,3	0,56	0,055	0,0047	0,0089	0,0002	0,053	0,0011	0,0001	0,0001
8	0,34	0,23	0,0023	0,0029	0,0051	0,027	0,013	0,015	0	0,0002
9	1,2	0,16	0,33	0,046	0,0001	0,011	0,13	0,0001	0,0004	0,0001
10	0,83	0,32	0,029	0,017	0,0006	0,025	0,0039	0,0014	0,0001	0
11	3,9	2,5	0	0,058	0,0086	0,0017	0,0049	0,0026	0,0002	0,0008
12	0,37	0,0008	0,18	0,0087	0	0,0015	0,039	0,0018	0	0,0001
13	0,72	0,0044	0,026	0,071	0,0079	0,047	0,0066	0,005	0,0002	0
14	4,9	3,2	0,34	0,023	0	0,0045	0,022	0,0005	0	0
15	0,25	0,091	0,14	0,096	0,0049	0	0,0041	0,0002	0	0
16	2,3	0,058	0,63	0	0,031	0,025	0,0007	0,029	0,0001	0
17	0,7	0,033	0,014	0,11	0,011	0,096	0,026	0,015	0	0,0001
18	0,77	0,51	0,0019	0,0054	0,0047	0,0019	0	0,0028	0	0,0005
19	5,1	2,8	0,023	0,0001	0,0016	0,0027	0,075	0,0019	0	0,0005
20	1,3	0,3	0,44	0,2	0,021	0,019	0,054	0,022	0	0,002
21	0,95	0,052	0,0025	0,23	0,0017	0,0003	0,001	0,0004	0	0
22	0,92	0,3	0,0028	0,21	0,0003	0,002	0,0011	0,0003	0,001	0,0002
23	7,6	4,3	0,12	0,0007	0,0048	0,029	0,013	0,017	0,0004	0
24	2,4	0,46	0,4	0,0082	0,022	0,012	0,0016	0,013	0	0,0004
25	3,2	1,6	0,29	0,0071	0,0007	0,0006	0,002	0,0021	0,0005	0,0022

Unabhängige Variable

Bild 67 Korrelationsmatrix der Effektstärken ausgewählter Features der CMOS-Aufnahmen auf die Bottleneckparameter des Autoencoders

Um die Bereiche zu identifizieren, in denen die Rekonstruktionsfehler den oben definierten Grenzwert von MSE = 0,003 übersteigen, werden in Bild 68 die Rekonstruktionsfehler des Testdatensatzes in Tiefenbildern dargestellt. Die Farbskala wird entsprechend bis zu einem Wert von MSE = 0,003 begrenzt. In der ersten Schicht sowie in den entlang der y-Achse verlaufenden Konturspuren werden die größten Rekonstruktionsfehler detektiert. Der Rekonstruktionsfehler sinkt im Mittel mit steigender Höhe und nimmt an den Umkehrpunkten der Hatchspuren (s. Bild 68, rechts) minimale Werte an. Die Richtungsabhängigkeit der Rekonstruktionsfehler nimmt ab einer Höhe von $z \approx 6$ mm ab (s. Bild 68, links). Da die Messdaten von einer Probe stammen, in dem in metallographischen Untersuchungen im Querschliff keine Defekte vorliegen (vgl. Bild 16), wird nachfolgend untersucht, wie die variierenden Rekonstruktionsfehler hinsichtlich im Prozessverlauf interpretierbarer Randbedingungen und Prozessergebnissen gedeutet werden können.

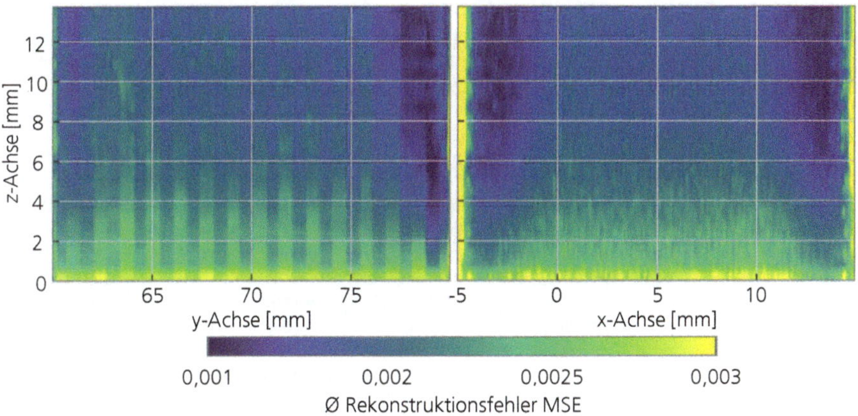

Bild 68 Tiefenbilder der Rekonstruktionsfehler des Testdatensatzes der Referenzprobe

Daher werden nachfolgend weitergehende Untersuchungen durchgeführt, in denen die Rekonstruktionsfehler den Emissionsflächen und geometrischen Schweißergebnissen gegenübergestellt werden (vgl. Bild 69). Für die Vermessung der Schweißergebnisse wird ein 3D-Profilometer des Typs VR5200 der Firma Keyence verwendet. Das Messprinzip ist die Streifenlichtprojektion. Durch Projektion und Verschiebung eines bekannten Streifenmusters auf dem zu messenden Objekt mittels zweier Projektoren wird basierend auf dem Triangulationsprinzip ein Oberflächenprofil berechnet. Das Messgerät weist einen Messbereich von 200 x 100 x 50 mm^3 auf. Die Auflösung beträgt 0,1 µm bei einer Messgenauigkeit von ±0,4 µm. Die Oberflächenmessungen erfolgen nicht maschinenintegriert, sodass nur diskrete Messungen vorgenommen werden können. Daher werden vier Proben bis zu den in Bild 69 aufgeführten z-Koordinaten z_{TCP} mit Referenzparametern gemäß Tabelle 2 geschweißt und die jeweils letzte geschweißte Schicht mittels 3D-Profilometers vermessen. Da alle Proben unter identischen Rahmenbedingungen mit den Referenzparametern geschweißt werden, wird die Vergleichbarkeit der Proben untereinander sowie der Referenzprobe angenommen. Das Hatching erfolgt gemäß Definition in Abschnitt 2.1.1 in positive y-Richtung, sodass die Spuren in den Abbildungen in Bild 69 von links nach rechts propagieren.

Während der Fertigung der Proben werden die CMOS-Aufnahmen und TCP-Koordinaten erfasst. Die Emissionsflächen werden aus den CMOS-Aufnahmen berechnet und mit den TCP-Koordinaten synchronisiert. Zur Ermittlung der Rekonstruktionsfehler werden die CMOS-Aufnahmen der vier Proben auf den Ausgang des in Abschnitt 6.2.1 vorgestellten implementierten Autoencoders abgebildet. Durch die Messergebnisse des 3D-Profilometers werden die Topographien der Schichten sowie die lokalen Abweichungen von der jeweiligen Schichtsollhöhe in Falschfarben dargestellt. Die Schichtsollhöhe z_{Soll} entspricht dem Wert z_{TCP} der jeweiligen aufgeführten Schicht, auf die die a-priori bestimmte Schichtdicke d_Z = 0,55 mm addiert wird. Die erste Schicht wird entsprechend bei z_{TCP} = 0 mm geschweißt. Die Schichtsollhöhe beträgt nach der abgeschlossenen Schweißung der ersten Schicht z_{Soll} = 0,55 mm.

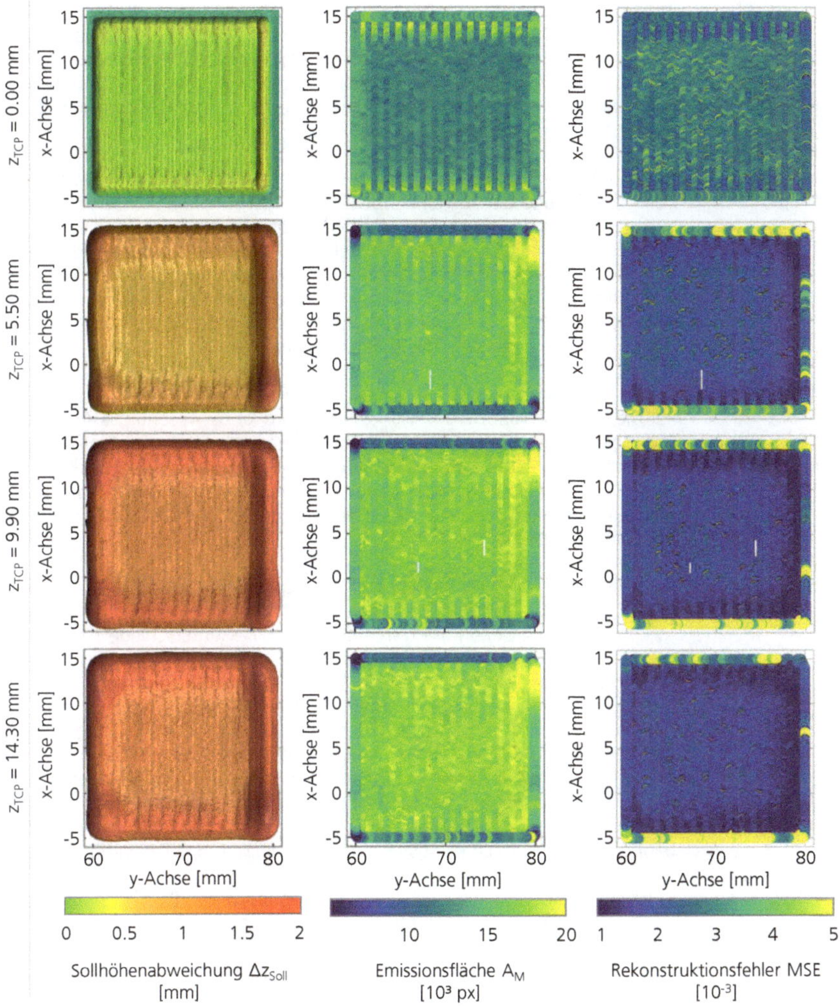

Bild 69 Gegenüberstellung anhand 3D-Profilometermessungen erfasster Sollhöhenabweichungen, ortsaufgelöster Emissionsflächen und Rekonstruktionsfehler für repräsentative Schichten mit Referenzparametern geschweißter Proben unterschiedlicher Höhen

In der ersten Schicht (z_{TCP} = 0 mm) werden Δz_{Soll} < 1 mm gemessen. Dabei wird die a-priori festgelegte Lagenhöhe d_z = 0,55 mm überwiegend eingehalten. An den Umkehrpunkten der Hatch-Spuren werden lokal leichte Überhöhungen detektiert. Weiterhin können in der ersten Schicht die einzelnen Spuren deutlich voneinander unterschieden werden. In der ersten Konturspur werden durchgehend $\Delta z_{Soll} \approx$ 1 mm gemessen.

In den Oberflächenmessungen der weiteren Schichten wird eine steigende globale Überhöhung der Sollhöhenabweichung festgestellt. Für z_{TCP} = 5,5 mm werden im Bereich der Hatch-Spuren Überhöhungen von $\Delta z_{Soll} \approx$ 0,75 mm gemessen, die zu den Probenkanten hin steigen. Daraus resultiert ein reduzierter Arbeitsabstand des Bearbeitungskopfes. Eine weitere Steigerung der Sollhöhenabweichung wird für die Schicht bei z_{TCP} = 9,9 mm gemessen. Für die Hatch-Spuren wird gegenüber z_{TCP} = 5,5 mm eine Verdopplung der Sollhöhenabweichung von $\Delta z_{Soll} \approx$ 1,5 mm gemessen, die in den Konturspuren um bis zu ca. 0,5 mm weiter steigt.

Für die letzte Schicht bei z_{TCP} = 14,85 mm wird keine wesentliche Änderung der Sollhöhenabweichung gemessen, sodass anhand der vorliegenden Datengrundlage ein Steady State-Zustand des Arbeitsabstandes ab z_{TCP} = 9,9 mm vermutet wird. Die in der ersten Schicht an den Umkehrpunkten detektierte Sollhöhenabweichung wird mit steigender Probenhöhe verstärkt, sodass ein Tal in der Mitte der Schicht entsteht.

Die Emissionsflächen der ersten Schicht sind im Mittel kleiner ($A_M \approx$ 12.500 px) als für die nachfolgenden Schichten. Dabei ist die bereits zuvor erkannte Richtungsabhängigkeit ebenfalls durch deutliche Messunterschiede erkennbar. An den Umkehrpunkten mit den lokalen Überhöhungen werden größere Emissionsflächen gemessen als in der Mitte der Hatch-Spuren. Für die in Bild 69 dargestellten nachfolgenden Schichten werden größere Emissionsflächen gemessen. Während für z_{TCP} = 5,5 mm im Schnitt Emissionsflächen $A_M \approx$ 15.000 px gemessen werden, liegen die Werte von A_M für die beiden Schichten bei z_{TCP} = 9,9 mm und z_{TCP} = 14,85 mm bei 18.000 px. Weiterhin wird die Abhängigkeit der Messwerte der Emissionsfläche von der Schweißrichtung mit steigender Höhe zunehmend auf die Umkehrstellen beschränkt. Darüber hinaus werden mit steigender Aufbauhöhe überhöhte Emissionsflächen für die letzten Hatch-Spuren gemessen.

Verglichen mit den Emissionsflächen werden im Mittel die größten Rekonstruktionsfehler übereinstimmend mit Bild 68 für die ersten Schichten gemessen. Für die nächsten Schichten wird eine Reduktion des Rekonstruktionsfehlers festgestellt. Weiterhin ist auffallend, dass in allen Schichten in den Umkehrpunkten übereinstimmend die niedrigsten Rekonstruktionsfehler berechnet werden. Anhand der Darstellungen wird der in Bild 67 dargestellte Einfluss der Emissionsfläche mit größter Effektstärke auf die Bottleneckparameter und damit verbunden auf die Rekonstruktionsfehler bestätigt.

Für die rechte Konturspur wird anhand der Topographien der ersten Schicht eine Überhöhung detektiert, die sich in den Folgeschichten verstärkt. Sowohl Spurbreite als auch die relative Höhenabweichung zum Restniveau der Schicht werden vergrößert. Zudem werden mit steigender Höhe größere Verrundungen an den Probenecken erfasst.

In den Emissionsflächen und den Rekonstruktionsfehlern der Konturspuren senkrecht zu den Hatchspuren werden Abweichungen gegenüber den zu den Hatch-Spuren parallelen Konturspur festgestellt. Ab z_{TCP} = 5,5 mm werden im Vergleich zu den Hatch-Spuren niedrige Emissionsflächen und höhere Rekonstruktionsfehler bis MSE ≈ 0,005 berechnet.

In Bild 70 werden zum Vergleich isometrische Darstellungen der Referenzprobe sowie der ortsaufgelösten Rekonstruktionsfehler und der aus den CMOS-Aufnahmen extrahierten Emissionsfläche und Anzahlen der Prozessnebenprodukte gegenübergestellt.

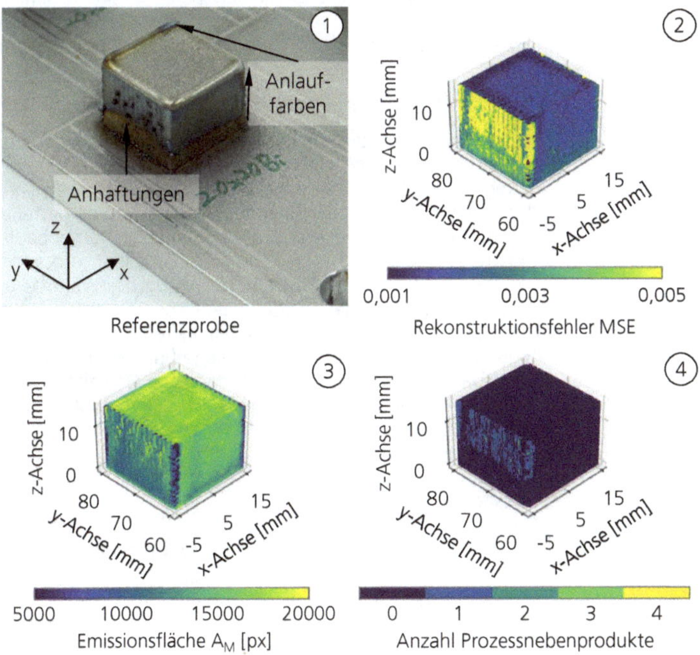

Bild 70 Darstellung der Referenzprobe und isometrische Ansicht ausgewählter geometrischer Features und des Rekonstruktionsfehlers

① Referenzprobe
② Rekonstruktionsfehler MSE
③ Emissionsfläche
④ Anzahl Prozessnebenprodukte

Auf der y-z-Seite des Volumenkörpers werden vermehrt ab einer Höhe von $z_{TCP} \approx 5{,}5$ mm Prozessnebenprodukte lokalisiert. Zusätzlich verändern sich die Anlauffarben der Probe ab der gleichen Höhe ab der genannten Höhe.

Die detektierten Anhaftungen können anhand der ortsaufgelösten Anzahl der Prozessnebenprodukte nachverfolgt werden. Ab $z_{TCP} \approx 5{,}5$ mm werden bis zu vier Prozessnebenprodukte aus den CMOS-Aufnahmen extrahiert. Für die x-z-Seitenwand werden übereinstimmend mit dem Schweißergebnis keine Prozessnebenprodukte detektiert.

Anhand der ortsaufgelösten Rekonstruktionsfehler MSE wird für die gezeigte y-z-Seite der Probe eine Erhöhung des Rekonstruktionsfehler von MSE $\approx 0{,}0035$ zu MSE $\approx 0{,}005$ ab $z_{TCP} \approx 5{,}5$ mm berechnet. In den Bereichen der Seitenwand, in denen Anhaftungen lokalisiert werden, ist der Rekonstruktionsfehler durch lokale Varianzen charakterisiert.

Die in den Messergebnissen erkennbaren Effekte resultieren vermutlich aus der Wechselwirkung mehrerer Prozesseffekte, die nicht eindeutig voneinander getrennt werden können. Diese werden nachfolgend aufgeführt und diskutiert.

Globale Vergrößerung der Emissionsfläche mit steigender Aufbauhöhe

Eine Ursache für die sich in Aufbaurichtung steigenden Emissionsflächen ist das Temperaturfeld der additiv gefertigten Probe. Durch den zyklischen Energieeintrag und die Wärmeleitung während des lagenweisen Aufbaus erfolgt eine Aufheizung des thermodynamischen Gesamtsystems bestehend aus der Substratplatte als Wärmesenke und der kontinuierlich aufgebauten Probe. Nach Hoffmann [20, S. 15] kann die Temperaturverteilung von additiv gefertigten Stegen während des Aufbaus unter Verwendung der Wärmeleitungsgleichung in drei höhenabhängig unterscheidbare Bereiche unterteilt werden. Bei der Schweißung der ersten Schichten ($z \approx 0$) auf dem kalten Substrat kann die eingebrachte Energie durch Wärmeleitung isotrop abgeführt werden. Bis zu einer material-, prozessparameter- und geometrieabhängigen Grenzhöhe z_{grenz} wird die Wärme eindimensional im Steg abgeführt. Nach Überschreitung der Grenzhöhe $z > z_{grenz}$ erfolgt eine zweidimensionale Wärmeabfuhr. Daraus resultiert insbesondere nach den ersten Schichten bis zum Erreichen der Grenzhöhe ein Übergangsbereich, in dem das Temperaturniveau bis zum Übergang in einen stationären Zustand steigt.

Diese Feststellung wird von Zhang et al. für quaderförmige Proben (Dimensionen 40 x 20 x 16 mm^3) gestützt, die mittels lateraler Infrarot-Thermographie die Temperaturverteilung während des Aufbaus mit verschiedenen Prozessstrategien untersuchen. Dabei wird von diesen während des bidirektionalen Aufbaus eine Temperaturerhöhung der Probe gemessen, bei der durch den großen Energieeintrag unter Verwendung einer Laserleistung von P_L = 1200 W und einer Vorschubgeschwindigkeit v_S = 5 mm/s die Maximaltemperatur von ca. 1400°C nach drei Schichten erreicht wird. [12]

Unter Anwendung dieser theoretischen und experimentellen Grundlage können Ansätze für oben aufgeführte Messergebnisse abgeleitet werden. So sind die verhältnismäßig kleinen gemessenen Emissionsflächen in der ersten Schicht verbunden mit den gut aufgelösten Einzelspuren in den Profilometermessungen ein Indiz für die isotrope Wärmeleitung. Damit verbunden erfolgt eine vergleichsweise schnelle Erstarrung des Schmelzbades mit kleineren geometrischen Dimensionen. Die festgestellte Steigerung der Emissionsflächen bis z_{TCP} = 9,9 mm könnte ein Indiz für einen Übergangsbereich sein. Darauffolgend könnte ein stationärer Bereich indiziert durch nahezu unveränderte Emissionsflächen bis zur finalen Probenhöhe von z_{TCP} = 14,85 mm folgen. Aus den daraus resultierenden im Verhältnis zu der ersten Schicht langsameren Abkühlzeiten, den größeren entstehenden Temperaturen und der Schmelzbadfluidität resultieren steigende gemessene Emissionsflächen in Aufbaurichtung.

Globale Schichtdickenzunahme und Änderung des Arbeitsabstands

Weitere Gründe für die vorliegende Zunahme der Emissionsflächen A_M können in der detektierten Zunahme der Schichtdicken vorliegen. Die Geometrie von Einzelspuren und -schichten sind abhängig von den gewählten Prozessparametern, sodass wie in Abschnitt 5.1.3 dargestellt die aus der Wechselwirkung resultierenden Spurhöhen und Schichtdicken statistisch zuverlässig beschrieben werden können. Durch die bauteilgeometrie- und strategieabhängige charakteristische Aufheizung der Proben können weitere Effekte eintreten, aufgrund derer höhenabhängig die Schichtdicke und entsprechend der Arbeitsabstand variiert werden können [24, S. 76–78, 114].

Aufgrund des Temperaturfeldes in der aufzubauenden Probe und des daraus resultierenden Wärmestaus kann eine längere Erhaltung des flüssigen Schmelzbades erfolgen. Dadurch können mehr Pulverpartikel, die auf das Schmelzbad auftreffen, in die Spurbildung eingebunden werden. Mittels Highspeed-Kameramessungen werden hierzu von Volpp et al. [115] gezeigt, dass Pulverpartikel, die die Schmelzbadoberfläche berühren, auch in die Spurbildung aufgenommen werden und keine Reflektion der Partikel von der Schmelzbadoberfläche erfolgt. Weiterhin wird erkannt, dass Pulverpartikel, die nicht in der Schmelze landen, auf die Schichtoberfläche fallen und aufgrund der hohen Materialtemperaturen haften können. Dadurch können sie trotz nominell schlechten Pulverwirkungsgrades durch das Schmelzbad in benachbarten Spuren oder darauffolgenden Schichten für die Spurbildung eingesammelt und eingebunden werden. Durch die in Bild 69 gezeigten Täler in den Schichten könnte das Sammeln der Pulverpartikel auf der Schichtoberfläche begünstigt werden. Dieser Effekt könnte bis zum Erreichen des Steady-State-Zustands verstärkt werden, sodass die Schichtdicke entlang der Aufbauhöhe kontinuierlich steigt bzw. der Arbeitsabstand verkleinert wird.

Ähnliche Ergebnisse hinsichtlich der kontinuierlichen Reduktion des Arbeitsabstandes werden von Donadello et al. [114] mittels eines koaxial integrierten triangulations-basierten Abstandssensors gemessen und die Zusammenhänge mathematisch modelliert. Die Effizienz der Schichtbildung wird danach hauptsächlich von dem Zusammenspiel zwischen der Laserleistung in der Prozessebene bzw. Wechselwirkungszone mit den Pulverpartikeln, dem daraus resultierenden Pulverwirkungsgrad und der Vorschubgeschwindigkeit beeinflusst. Nach 20 Schichten wird ein quasistationärer Zustand festgestellt, in dem sich ein Arbeitsabstand von Δz_{SO} = 7 - 9 mm (bei einem nominellen Arbeitsabstand von Δz_{SO} = 12 mm) einstellt. Dieser Effekt wird von den Autoren als Selbstregelung bezeichnet. Durch den reduzierten Arbeitsabstand wird der Laserstrahl nicht auf die Arbeitsebene fokussiert. Der Selbstregelungseffekt könnte durch einen Ausgleich aus schlechterem Pulverwirkungsgrad durch niedrigere Intensitätsverteilungen oberhalb des Laserfokus durch den reduzierten Arbeitsabstand und des o.g. Einsammeleffekts erfolgen.

Zur Gewährleistung der Vergleichbarkeit der CMOS-Aufnahmen entlang der Aufbauhöhe wird daher die Einhaltung eines konstanten Arbeitsabstands empfohlen. Zu diesem Zweck werden in der Literatur verschiedene Ansätze untersucht. So werden koaxial in den Bearbeitungskopf integrierte Optical Coherence Tomography-Sensoren verwendet, um interferometrisch den Arbeitsabstand zu bestimmen und zu regeln [116]. Ein weiterer Ansatz wird von Bremer et al. [117, 118] verfolgt, in dem mittels eines anlagenintegrierten Laserlinienscanners nach jeder Schicht eine Punktewolke des Schweißergebnisses generiert wird. Anhand der Sollhöhenabweichung wird eine Anpassung der Bahnplanung durch ein erneutes Reslicing der Folgeschichten sowie durch lokale Adaption der Vorschubgeschwindigkeiten zur Einhaltung der Schichtdicken demonstriert.

Aufbauend auf den zunehmenden Schichtdicken kann ein optisch begründeter Erklärungsansatz für die detektierte Zunahme der Emissionsfläche erfolgen. Aufgrund des reduzierten Arbeitsabstands zwischen Düsenaustritt Δz_{SO} und der Probe können die Schmelzbadaufnahmen nicht im Fokus der CMOS-Kamera erfasst werden. Der Bildpunkt liegt damit hinter der CMOS-Sensorebene, sodass die Emissionsfläche aufgrund der größeren Nähe zum CMOS-Sensor im Vergleich zu den vorherigen Schichten größer erfasst werden kann.

Lokale Erhöhung der ersten Konturspur

Um an den Bauteilrändern Verrundungen zu vermeiden, wird in der Referenzprozessstrategie ein Konturabstand von 0,25 mm ($< d_T = 0{,}667$ mm) eingesetzt, sodass ein kleiner Überlapp zwischen den Hatch-Spuren und der Kontur vorliegt. Die erste geschweißte Konturspur liegt dabei direkt neben der letzten Hatch-

Spur. Durch die reduzierte Wärmeleitung an den Bauteilrändern gepaart mit dem niedrigeren Abstand zwischen den Spuren könnte durch den entstehenden Wärmestau ein besserer Pulverwirkungsgrad und damit eine höhere Schweißspur erzielt werden.

Erhöhung an Umkehrpunkten

Durch die niedrigen Wiederkehrzeiten an den Umkehrpunkten der Hatch-Spuren entsteht ein Wärmestau, der nach oben aufgeführter Beschreibung zu höheren Schichtdicken führen kann. Ähnliche Ergebnisse wurden bei der Herstellung von einspurigen Stegen mit bidirektionaler Fertigungsstrategie dokumentiert [24, S. 74–76, 34]. Neben den oben aufgeführten globalen und lokalen Varianzen in den Schweiß- und Messergebnissen werden in Bild 69 Abweichungen in den Emissionsflächen und Rekonstruktionsfehlern für die Konturspuren senkrecht zu den Hatch-Spuren detektiert.

Anhaftungen an den Seitenwänden der Probe

Die Anhaftungen und die erhöhte Anzahl der Prozessnebenprodukte werden vermehrt ab der Höhe $z_{TCP} \approx 5{,}5$ mm lokalisiert. Ab dieser Höhe erfolgt die Reduktion des Arbeitsabstands bis zum Steady State-Zustand. Nach Hoffmann [20, S. 91] treffen bei reduziertem Arbeitsabstand große Teile der Pulverpartikel in den Konturspuren nicht in das Schmelzbad, sondern unterhalb des Schmelzbades gegen die Seitenwand der Probe. Dort bleiben die bereits angeschmolzenen und agglomerierten Pulverpartikel haften. Die Anhaftungen werden an den Seitenwänden detektiert, deren Konturspuren senkrecht zu den Hatchspuren verlaufen. Ein möglicher Grund ist eine bei der Justage nicht detektierbare Fehlausrichtung zwischen dem Laserstrahl und der Pulver-Gas-Strahl.

Auf Basis der oben aufgeführten Prozessergebnisse und dem Vergleich mit den dazugehörigen Messergebnissen werden die in der Referenzprobe detektierten Anomalien mit einem Rekonstruktionsfehler MSE > 0,003 diskutiert. Bei genauerer Betrachtung der Rekonstruktionsfehlers in den Tiefenbildern (vgl. Bild 68), in einzelnen Datenschichten (vgl. Bild 69) sowie in der isometrischen Darstellung (vgl. Bild 70) ist auffallend, dass die MSE im Bereich des Steady State-Zustands bzw. der Regelung ab einer Höhe von $z_{TCP} = 9{,}9$ mm niedrigere Werte im Vergleich zu den vorherigen Schichten annehmen. Diese Aufnahmen werden durch den Autoencoder besser rekonstruiert. Während für $z_{TCP} > 9{,}9$ mm Emissionsflächen $A_M \approx 18.000$ px gemessen werden, sind die Schichten $z_{TCP} < 9{,}9$ mm wie oben beschrieben durch entlang der Aufbauhöhe veränderliche kleinere Emissionsflächen charakterisiert.

Dies wird anhand von Bild 71 bekräftigt. In der logarithmischen relativen Dichte der Messpunkte werden die Emissionsflächen der CMOS-Aufnahmen der Testdaten den Rekonstruktionsfehlern MSE gegenübergestellt. Dabei wird die maximale Dichte der Datenpunkte für Emissionsflächen $A_M > 15.000$ px und MSE < 0,0025 festgestellt.

Bild 71
Gegenüberstellung der Rekonstruktionsfehler und der Emissionsflächen für die CMOS-Aufnahmen des Testdatensatzes

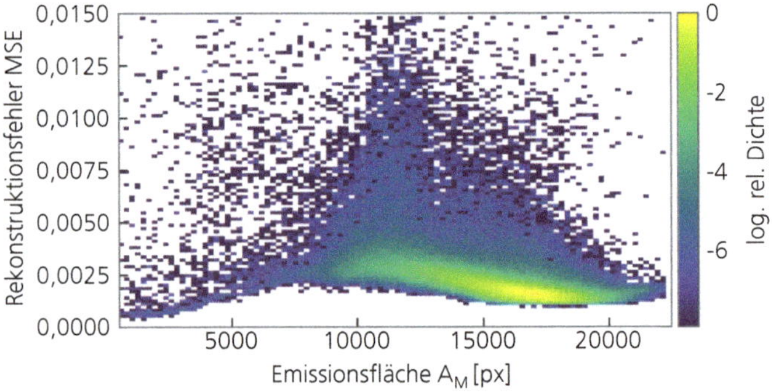

Der Trainings- und Testdatensatz besteht gemäß oben dargestellten Ergebnissen zu ca. einem Drittel aus CMOS-Aufnahmen, die im Steady State-Zustand des Prozesses mit vergleichsweise größeren Emissionsfläche erfasst werden. Das Histogramm und die relative kumulierte Dichte der Emissionsflächen der CMOS-Aufnahmen des Testdatensatzes wird in Bild 72 dargestellt. Durch CMOS-Aufnahmen mit Emissionsflächen $A_M = 15.000 - 18.000$ px wird dabei der mit ca. 50% größte Anteil dargestellt. Hierdurch wird bestätigt, dass der Autoencoder stärker darauf trainiert wird, Charakteristika von CMOS-Aufnahmen mit größeren Emissionsflächen zu rekonstruieren.

Bild 72
Histogramm und relative kumulierte Häufigkeit der Emissionsflächen der CMOS-Aufnahmen des Testdatensatzes

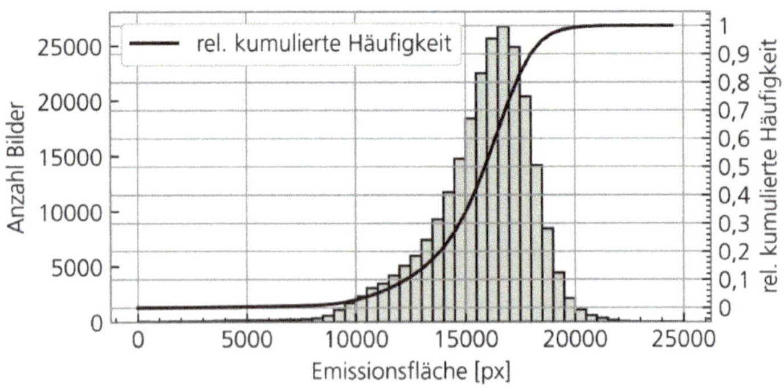

6.2.3 Detektion beabsichtigt induzierter Abweichungen

Im Weiteren werden die Untersuchungen zum Rekonstruktionsfehler des Autoencoders als Indikator für Prozessabweichungen vertieft. Dabei wird der zuvor trainierte Autoencoder weiterverwendet. Vier Referenzproben werden geschweißt, in die per NC-Code lokal Parametervariationen eingebracht werden. Ziel der Untersuchung ist der Vergleich der Sensitivität des Rekonstruktionsfehlers gegenüber der in bisherigen Forschungsarbeiten verwendeten Emissionsfläche hinsichtlich dieser Prozessänderungen.

Als zu variierende Parameter werden die Laserleistung P_L und die Vorschubgeschwindigkeit v_s festgelegt, da sie in der Literatur als zwei der wichtigsten Parameter für die Beeinflussung des DED-Prozesses bestimmt werden. Zudem sind diese technisch bedingt in der Steuerung am dynamischsten im Prozess variierbar. Im Stand der Forschung wird die Sensitivität der erfassten Schmelzbad-Messdaten durch verhältnismäßig größere Abweichung der Parameter von Referenzwerten untersucht. Während hierbei die Änderung der Laserleistung gut quantifiziert wird, können insbesondere Änderungen der Vorschubgeschwindigkeiten nicht hinreichend genau aufgelöst werden. [25, 53]

Da in industriellen Anwendungen bereits die Detektion kleinerer Abweichungen für die Prozessqualifizierung von Interesse sind, werden kleinstufige Parameteränderungen für die Sensitivitätsstudien ausgewählt. Ausgehend vom Referenzparametersatz für Volumenkörper werden daher o.g. Parameter um ±5%, ±10%, ±20% variiert. Die Probennamen und Werte für die Parametervariationen sind in Tabelle 18 aufgeführt.

Tabelle 18 Bezeichnungen und Parametervariationen der Testproben zur Sensitivität des Rekonstruktionsfehler und der Emissionsfläche

Probe	Ausgangswert [W]	5% [W]	10% [W]	20% [W]
P_L+	478	502	526	574
P_L-		454	430	382
Probe	Ausgangswert [mm/s]	5% [mm/s]	10% [mm/s]	20% [mm/s]
v_s+	7,5	7,875	8,25	9
v_s-		7,125	6,75	6

Die Parameter werden in Segmenten der Hatch-Spuren variiert, die auf Basis der Ergebnisse des vorherigen Abschnitts festgelegt werden. Da diese Proben mit identischer Geometrie und Prozessstrategie gefertigt werden, wird die Vergleichbarkeit angenommen. Der Bereich der Parametervariation wird dafür in der Mitte der Probe für die x-Koordinate im Bereich x = 0 - 10 mm und für die y-Koordinate im Bereich y = 63,702 - 74,422 mm gewählt. Dieser Bereich entspricht dem in den Profilometermessungen (vgl. Bild 69) erfassten Absenkungen in den Schichten, sodass keine lokalen Höhenunterschiede in den Segmenten der Parameteränderungen vorliegen. Die Parameteränderungen erfolgen in den Höhen von z = 6,60 - 11,55 mm, da in dieser Höhe überwiegend eine Steady-State Zustand des Prozesses und der ermittelten Rekonstruktionsfehler bestimmt wird.

Um beide Schweißrichtungen zu berücksichtigen, werden die Parametervariationen dabei für benachbarte Spuren wiederholt. Zur reliablen Bewertung der Sensitivität des Rekonstruktionsfehlers und der Emissionsfläche gegenüber den Parametervariationen werden die relativen Abweichungen der Messwerte in Relation zu den identisch allokierten Spuren in der Referenzprobe ausgewertet.

In den nachfolgend präsentierten Diagrammen werden die relativen Abweichungen der Vergleichsgrößen bei Variationen der Laserleistung (vgl. Bild 73) und der Vorschubgeschwindigkeit (Bild 74) für die Abschnitte entlang der Probenhöhe von z = 6,60 mm - 11,55 mm präsentiert, in denen die Schweißungen mit lokalen Parameteränderungen durchgeführt werden. Für Vergleichszwecke wird für die Verläufe der Absolutwerte des Rekonstruktionsfehler und der Emissionsfläche auf den Anhang 12.5 verwiesen.

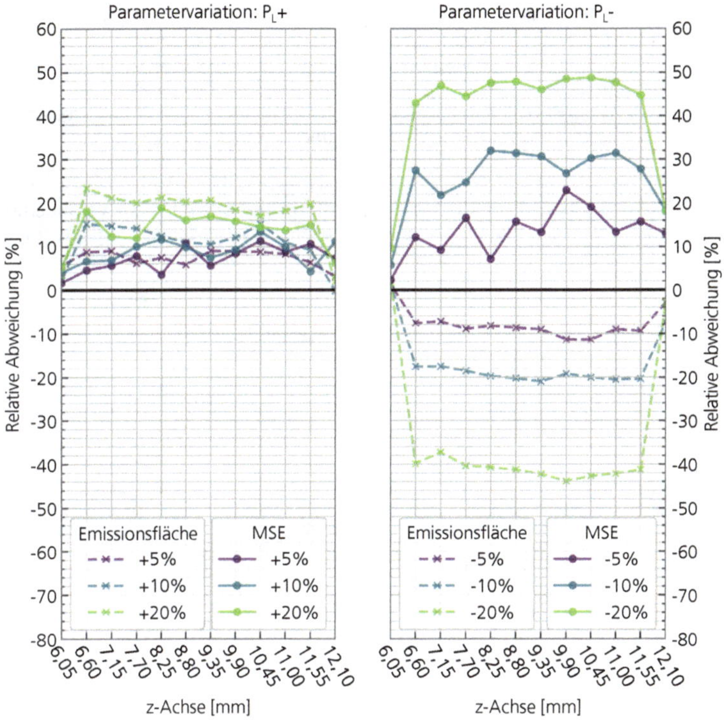

Bild 73 Relative Abweichung der Schmelzbad-Emissionsfläche und des Rekonstruktionsfehlers bei Variation der Laserleistung

Durch die Änderung der Laserleistung wird proportional der Energieeintrag in den Prozess gesteuert. In Bild 73 wird übereinstimmend gezeigt, dass mit der Erhöhung der Laserleistung eine Vergrößerung der Emissionsfläche bzw. mit Reduktion der Laserleistung eine Verkleinerung der Emissionsfläche in den CMOS-Aufnahmen gemessen wird. Während für die Zunahme der Laserleistung für alle Leistungsstufen eine nahezu proportionale Vergrößerung der Emissionsfläche gemessen wird, wird für die Reduktion eine größere Sensitivität der Emissionsfläche gemessen. Für eine Absenkung der Laserleistung um 20 % liegt beispielsweise die relative Abweichung der Emissionsfläche bei -40 %.

Für alle Stufen der Leistungsänderung wird eine relative Vergrößerung des Rekonstruktionsfehlers bestimmt. Dabei ist auffallend, dass die relative Abweichung des Rekonstruktionsfehlers für alle Erhöhungsschritte der Laserleistung betraglich unterhalb der Änderungen der Emissionsfläche liegt. Bei der Reduktion der Laserleistung wird eine größere Sensitivität des Rekonstruktionsfehlers festgestellt. Bei einer Reduktion der Laserleistung wird im Mittel eine relative Abweichung des Rekonstruktionsfehler um 50% gemessen.

In Bild 74 werden die höhenabhängigen Verläufe der relativen Abweichunge der Emissionsfläche und des Rekonstruktionsfehlers für die Veränderung der Vorschubgeschwindigkeit v_S abgebildet. Dabei wird der Energieeintrag umgekehrt proportional mit der Änderung der Vorschubgeschwindigkeit gesteuert.

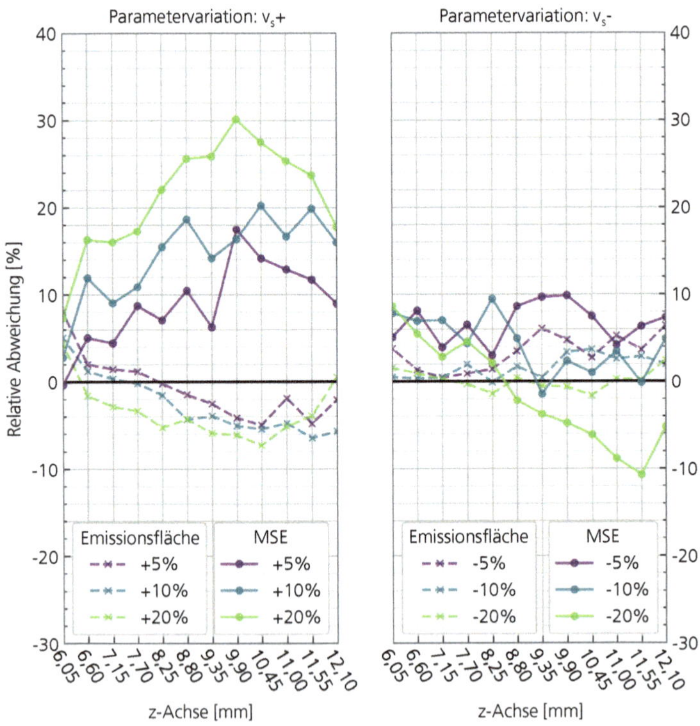

Bild 74 Relative Abweichung der Schmelzbad-Emissionsfläche und des Rekonstruktionsfehlers bei Variation der Vorschubgeschwindigkeit

Bei Reduktion der Vorschubgeschwindigkeit werden im Vergleich zur Emissionsfläche größere relative Abweichungen durch den Rekonstruktionsfehler festgestellt. Die Schritte der positiven Vorschubgeschwindigkeitsänderung werden fast kontinuierlich in allen Schichten voneinander unterschieden. Im Gegensatz dazu wird eine Reduktion der Vorschubgeschwindigkeit von keiner der beiden Vergleichsgrößen eindeutig aufgelöst. So werden für die kleinste Variationsstufe von -5% die im Mittel größten Emissionsflächen und Rekonstruktionsfehler festgestellt. Ferne ist auffällig, dass die relative Abweichung des Rekonstruktionsfehlers für die Variationsstufe -20% entlang der z-Achse stetig von ca. 8% bis -10% sinkt, sodass entlang der Höhe eine bessere Rekonstruktion der Bilder durch den Autoencoder erfolgt.

Anhand der Ergebnisse wird wiederholt bestätigt, dass durch die Laserleistung der größte Einflussfaktor für die überwachte thermische Emission für das DED-Verfahren dargestellt wird. Dabei führen Erhöhungen der Laserleistung im Mittel zu kleineren relativen Abweichungen der Emissionsfläche. Ähnliche Ergebnisse werden in [24, S. 58–59] für Einzelspuren dargestellt. Bei relativen Vergrößerungen der Laserleistung um 12,5% und 37,5% werden nur geringfügige Änderungen in den Durchmessern der in den CCD-Bildern erfassten Emissionsflächen gemessen. Stattdessen werden größere Aufmischungen in metallographischen Analysen festgestellt. Durch Vergrößerung der Laserleistung wird damit eher eine größere Schweißtiefe als eine Vergrößerung der Schmelzbadfläche erreicht.

Übereinstimmend mit [24, S. 66, 25] wird die Variation der Vorschubgeschwindigkeit in geringerem Maße sensitiv aufgelöst. Erst relative Vorschubgeschwindigkeitsabweichungen von mindestens 15% können in Literaturangaben zuverlässig anhand der Emissionsfläche erkannt werden. Verglichen damit kann gezeigt werden, dass bereits Inkremente ab 5% bei der Erhöhung der Vorschubgeschwindigkeit zuverlässig erkannt werden können.

Insbesondere Prozessabweichungen durch reduzierte Energieeinträge durch Reduktion der Laserleistung oder Steigerung der Vorschubgeschwindigkeit werden sensitiver mittels Rekonstruktionsfehlers erfasst. Zur Einordnung werden ergänzend Tabelle 19 und Tabelle 20 für die Proben P_L- und v_S+ für jede Parameteränderungsstufe je eine repräsentative Aufnahme, sowie die zugehörigen Rekonstruktionen des Autoencoders und Differenzbilder herangezogen. Zu diesem Zweck wird für jede Parametervariation die Schicht bestimmt, in der die betragsmäßig größte relative Abweichung des Rekonstruktionsfehlers gegenüber der als Vergleich dienenden Spur der Referenzprobe vorliegt. Zur Vervollständigung und zu Vergleichszwecken wird für die Abbildungen für die Erhöhung des Energieeintrags auf den Abschnitt 12.5.8 im Anhang verwiesen, in dem zusätzlich physikalische Features für die Aufnahmen ergänzt werden.

Tabelle 19
Repräsentative CMOS-Bilder der P_L-Probe inkl. der dazugehörigen Rekonstruktionen und Differenzbilder des Autoencoders

	P_L- Referenz	P_L- 5%	P_L- 10%	P_L- 20%
Original				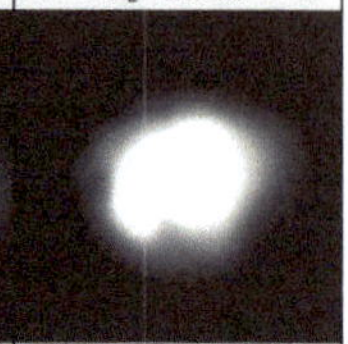
A_M	17.299 px	15.186 px	13.555 px	9.988 px
Rekonstruktion				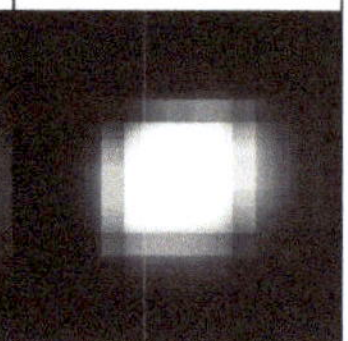
Differenz	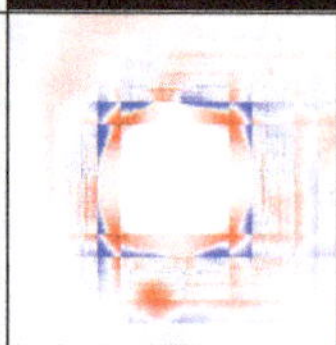	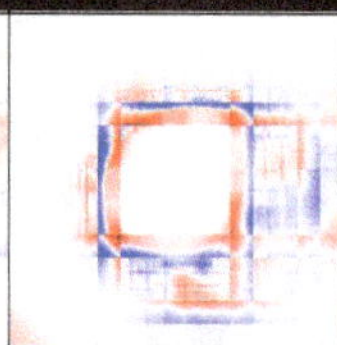	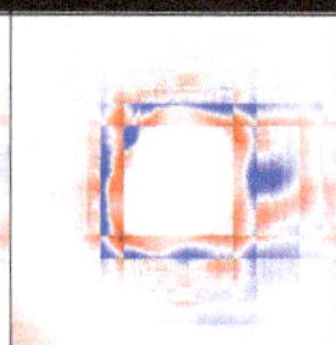	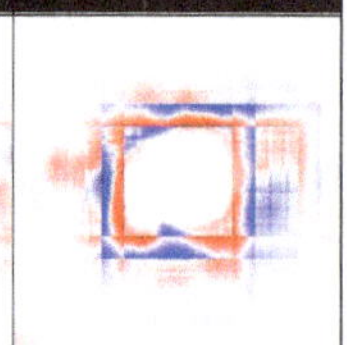
MSE	0,001723	0,002135	0,002401	0,002608
 < -0,5 -0,25 0 0,25 > 0,5 Pixel-Rekonstruktionsfehler				500 µm

Die in Tabelle 19 dargestellten großen Pixel-Rekonstruktionsfehler können überwiegend durch die starken Verkleinerungen der Emissionsfläche mit abnehmender Laserleistung begründet werden. Mit sinkender Laserleistung wird übereinstimmend mit den Ergebnissen aus Abschnitt 6.1.3 vor allem die Breite der Emissionsfläche reduziert. Dadurch steigt mit sinkender Laserleistung die Exzentrizität der Emissionsflächen. Weiterhin werden die Original-Aufnahmen der reduzierten Laserleistungsstufen durch unregelmäßige Konturen charakterisiert. In den physikalischen Features wird dies durch eine sinkende Zirkularität gegenüber dem Referenzbild verdeutlicht (vgl. Tabelle 33). In den Rekonstruktionen und den Differenzbildern wird verdeutlicht, dass der Autoencoder insbesondere die unregelmäßigen Konturen mangelhaft rekonstruieren kann, wodurch größere Änderungen in den Rekonstruktionsfehlern begründet werden können.

Tabelle 20
Repräsentative CMOS-Bilder der v_s+ Probe inkl. der dazugehörigen Rekonstruktionen und Differenzbilder des Autoencoders

	v_s+ Referenz	v_s+ 5%	v_s+ 10%	v_s+ 20%
Original	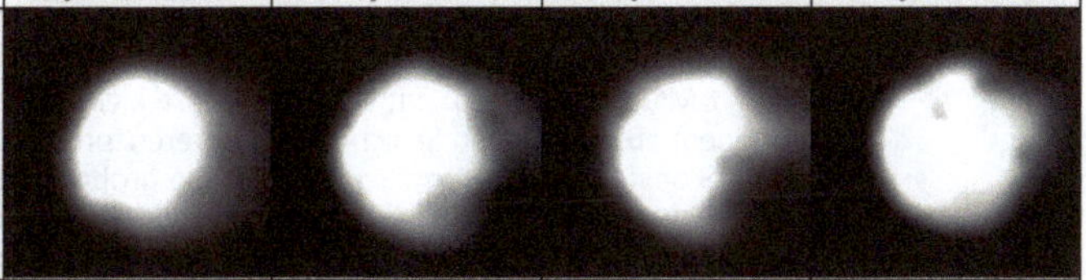			
A_M	17.299 px	16.166 px	16.148 px	15.800 px
Rekonstruktion	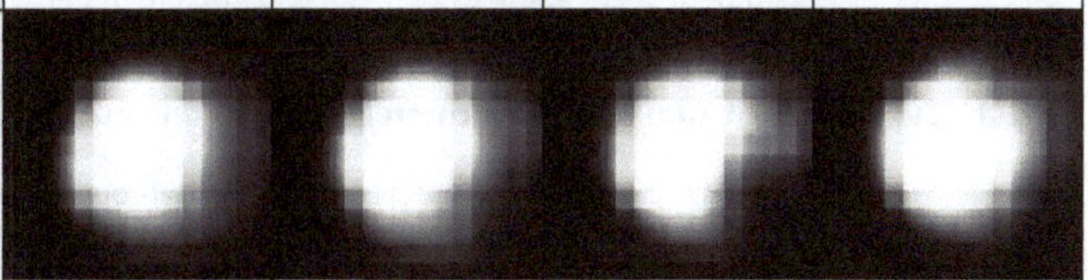			
Differenz	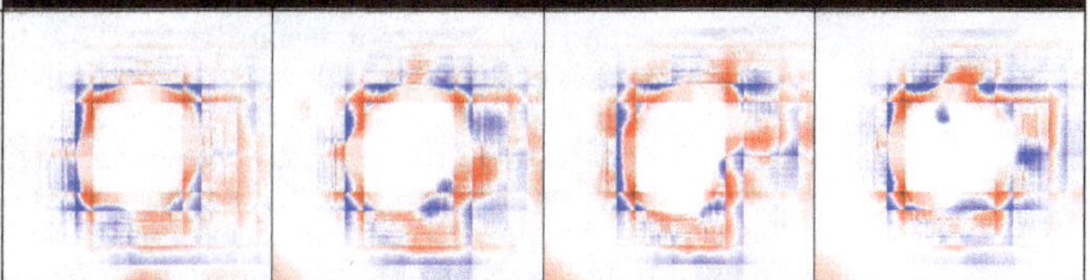			
MSE	0,001739	0,002065	0,002155	0,002301

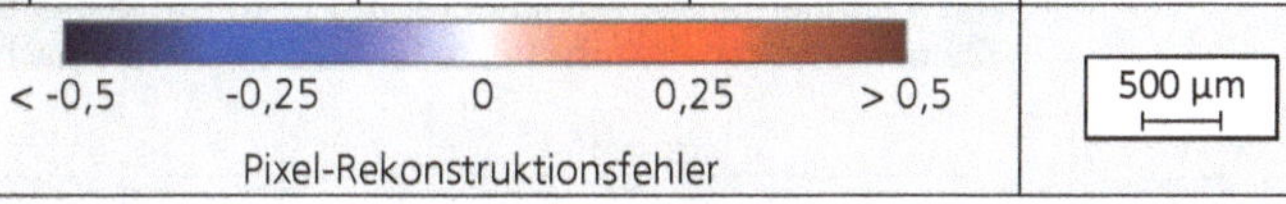

Die in Tabelle 20 dargestellten repräsentativen Abbildungen für die verschiedenen Stufen der Variation der Vorschubgeschwindigkeit sind verstärkt durch unregelmäßige Konturen der Emissionsflächen gekennzeichnet. Diese Art der Unregelmäßigkeiten könnten durch eine unregelmäßigere Umschmelzung und Schmelzbadfluktuationen einhergehend mit einem reduzierten Energieeintrag erklärt werden. Die Emissionsflächen inklusive der Längen und Breiten werden nur geringfügig in den verschiedenen Stufen verändert. Anhand der Differenzbilder ist zu erkennen, dass die größeren Rekonstruktionsfehler auch hier insbesondere durch die unregelmäßigen Konturen und die Asymmetrie der Emissionsflächen begründet werden können.

Wie im vorherigen Abschnitt anhand Bild 71 gezeigt ist der implementierte Autoencoder besser im Stande, CMOS-Aufnahmen aus dem Steady State-Prozessabschnitt aufgrund des größeren Anteils im Trainingsdatensatz zu rekonstruieren. CMOS-Aufnahmen mit vergleichsweise kleinen Emissionsflächen, die insbesondere aus den ersten Schichten der Referenzprobe stammen, werden schlechter rekonstruiert. Analog dazu können die großen relativen Abweichungen der Rekonstruktionsfehler bei der Reduktion der Laserleistung durch die vergleichsweise kleineren Emissionsflächen bei reduziertem Energieeintrag begründet werden. Da die Reduktion der Vorschubgeschwindigkeit nicht zu signifikanten Änderungen der Emissionsflächen führen, wird die verbesserte Detektion mittels Autoencoders auf die unregelmäßigen Formen der Emissionsflächen zurückgeführt.

6.2.4 Zwischenfazit zum unüberwachten Lernen mittels Autoencoders

Durch den dimensionalitätsreduzierenden Autoencoder mit Convolutional Layers werden die den Aufnahmen der thermischen Emission zugrundeliegenden Muster erfolgreich abgebildet. Auf Basis der Dimensionalitätsreduktion erfolgt die Quantifizierung der Repräsentativität der CMOS-Aufnahmen für deren Muster anhand des Rekonstruktionsfehlers. Der Rekonstruktionsfehler der CMOS-Aufnahmen wird dabei als skalares Feature interpretiert, der durch Synchronisation mit TCP-Koordinaten ortsaufgelöst ausgewertet werden kann. Hierdurch wird eine im bisher nicht dokumentierte Methodik zur Detektion von Anomalien im Prozessverlauf vorgestellt. Mithilfe der Differenzbilder kann ergänzend die Arbeitsweise des trainierten Autoencoders nachvollzogen werden. Anhand der Analyse dieser kann die Charakteristik der detektierten Emission des Schmelzbades bei unterschiedlichen Prozesszuständen beschrieben werden. Zusammengefasst können unter Verwendung des Rekonstruktionsfehlers u.a. die in Tabelle 21 dargestellten Prozesseffekte für Volumenkörper nachvollzogen werden.

Tabelle 21 Übersicht der mittels ortsaufgelöster Überwachung untersuchter prozessinhärenter Prozesseffekte

Prozesseffekt	Grund
Vergrößerung der Schmelzbaddimensionen mit steigender Aufbauhöhe bis zu einer Grenzhöhe	Vergrößerung der Probentemperatur mit steigender Prozessdauer und Aufbauhöhe
Schichtdickenzunahme mit steigender Aufbauhöhe und Änderung des Arbeitsabstands	Verbesserter Pulverwirkungsgrad mit steigender Aufbauhöhe aufgrund längerer Erhaltung des Schmelzbades
Temperaturüberhöhungen und Spurüberhöhungen an Umkehrpunkten während des Hatchings	Niedrige lokale Abkühlzeiten durch reduzierte Wiederkehrzeiten; lokal verbesserte Pulverwirkungsgrade aufgrund der Bildung von Wärmestau
Anhaftungen an Seitenwänden von Proben	Lokale Änderung von Pulverzufuhrbedingungen an Konturen aufgrund reduzierter Arbeitsabstände

Durch den Rekonstruktionsfehler werden die Prozesseffekte dabei sensitiver detektiert als mit der in der Literatur vorwiegend verwendeten Emissionsfläche. Insbesondere die Anhaftungen in den Seitenwänden der Probe werden anhand der Emissionsfläche nicht detektiert, sodass ergänzende Features wie die Anzahl der Prozessnebenprodukte zur Detektion mittels der CMOS-Aufnahmen herangezogen werden müssen. Für prozessinhärente Abweichungen wird daher die eingangs formulierte Hypothese Hyp6.2 bestätigt. Ein weiterer Vorteil ist, dass durch den Rekonstruktionsfehler die in Tabelle 21 aufgeführten Effekte trotz unterschiedlicher Wirkprinzipien detektiert werden können. Dadurch kann auf die Sichtung mehrerer verschiedener Features wie der Emissionsfläche und der Anzahl der Prozessnebenprodukte verzichtet werden.

Der Rekonstruktionsfehler kann weiterhin genutzt werden, um lokale Prozessabweichungen durch Änderungen von Prozessparameteränderungen zu detektieren. Durch den implementierten Autoencoder werden besonders sensitiv Prozessänderungen detektiert, die durch Reduktion der induzierten Energie (Senkung der Laserleistung, Erhöhung der Vorschubgeschwindigkeit) hervorgerufen werden. Dadurch wird die Erhöhung der Vorschubgeschwindigkeit um 5%-Inkremente zuverlässig detektiert.

Der implementierte Autoencoder wird aufgrund des großen Anteils der Trainingsdaten aus dem Steady State-Zustand des Prozesses stärker darauf trainiert, Bilder mit verhältnismäßig größeren Emissionsflächen zu rekonstruieren. Dadurch werden nur Prozessänderungen durch Reduktion des Energieeintrags mit damit verbundenen Verkleinerungen der Schmelzbaddimensionen, ungleichmäßigem Schmelzbadverhalten und nicht-kontinuierlichen Schmelzbadkonturen schlechter durch den Autoencoder rekonstruiert. Für die Detektion absichtlich induzierter Prozessparameterabweichungen wird die Hypothese Hyp6.2 daher nur bedingt bestätigt.

7 Ansatz zur ortsaufgelösten Prozessüberwachung für die Qualitätssicherung

Um die Prozessüberwachung in der Produktion, insbesondere in Serienprozessen, anzuwenden, werden Methoden zur Definition von Prozesstoleranzen benötigt, anhand derer die Bewertung und Qualitätssicherung des Fertigungsprozesses ermöglicht wird. Unter den Begriff der Qualitätssicherung in Fertigungsprozessen fallen alle Maßnahmen zur Überwachung der Qualität des Prozesses und des zu fertigenden Bauteils. Im klassischen Konzept werden in-situ aufgezeichnete Daten mit Ergebnissen der nachgeschalteten Bauteilprüfung abgeglichen und somit Wissen für die Prozessverbesserung gewonnen. Der Ansatz der Qualitätssicherung besteht darin, dass Qualität erst durch einen stabilen Prozess gewährleistet werden kann und nicht allein durch die Prüfung des fertigen Produktes.

Zur Bewertung der Prozessqualität werden industriell verschiedene Methoden eingesetzt. Gemäß des Six Sigma-Prozessverständnisses wird die Prozessqualität im industriellen Gebrauch unter anderem mit dem Begriff der Prozessfähigkeit beschrieben. Der Prozess wird mit der Bestimmung prozessspezifischer Mittelwerte MW und deren Standardabweichung STAB bewertet. Die Prozessfähigkeit C_{pk} wird mathematisch beschrieben als

7.1
$$C_{pk}=\min\left[\frac{OGW-MW}{3\cdot STAB};\frac{MW-UGW}{3\cdot STAB}\right]$$

Der Prozess gilt als fähig, wenn durch den C_{pk}-Wert fallabhängig definierte obere und untere Grenzwerte (OGW, UGW) eingehalten wird [119].

Eine weitere wichtige Methode der Qualitätssicherung ist die statistische Prozesskontrolle, die als Grundlage für eine Fehlerfrüherkennung im Prozess und maschinennahe Regelung von Qualitätsmerkmalen mittels statistischer Methoden dient. Basierend auf einem zertifizierten Prozess werden Prozessabweichungen fortlaufend in Qualitätsregelkarten dokumentiert und mit Warn- und Eingriffsgrenzen für das erfasste Merkmal abgeglichen. Notwendige Bedingung für die Umsetzung der statistischen Prozesskontrolle ist, dass die überwachte Messgröße einer Normalverteilung unterliegt. [119]

Zur Demonstration wird eine Anwendung aus der Luftfahrt herangezogen. In Bild 75 ist eine Boss-Geometrie zu erkennen, das in Turbinenzwischengehäusen zur Verstärkung von Gehäuseöffnungen genutzt wird. Die Komponente ist ein Demonstrator des BMBF-geförderten Projekts ProLMD [3].

Bild 75
Foto eines Demonstrators einer Boss-Geometrie

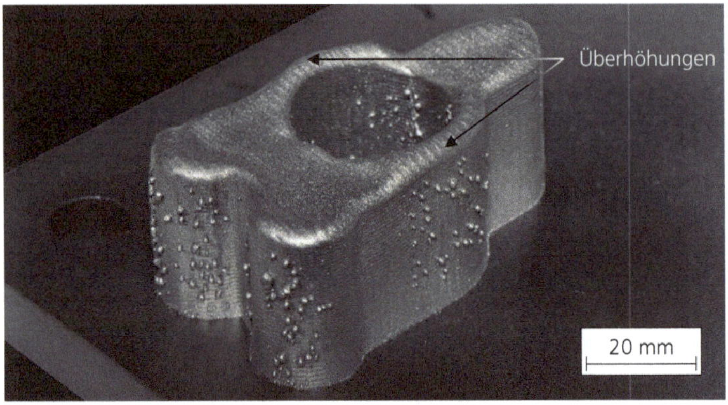

Der Demonstrator wird mit Referenzparametern gemäß Tabelle 2 gefertigt. Das Hatching erfolgt in y-Richtung ohne die Anwendung von Cross-Hatching. In Bild 76 wird die Prozessstrategie anhand der ortsaufgelösten Visualisierung der Zeitstempel einer Schicht dargestellt. Das Hatching erfolgt in Abfolge mehrerer Bereiche, die durch unterschiedliche Spurlängen gekennzeichnet sind.

Bild 76
Ortsaufgelöste Zeitstempel einer exemplarischen Schicht für die Visualisierung der Verfahrstrategie bei der Fertigung des Demonstrators

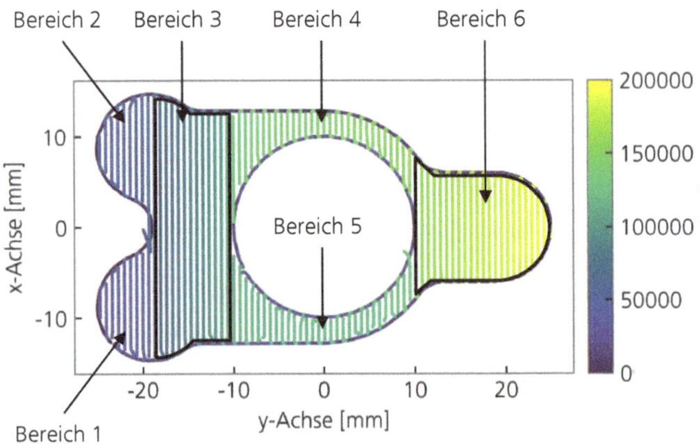

Aus diesen sich unterscheidenden Spurlängen und bereichspezifischen Teilquerschnitten resultieren lokale veränderliche Wärmewiderstände und Wiederkehrzeiten. Durch diese variierende thermischen Randbedingungen werden bei der Prozessüberwachung bereichsabhängige Effekte für die erfassten Messwerte detektiert. Dies werden in Bild 77 und Bild 78 anhand verschiedener Darstellungen der ortsaufgelösten Emissionsflächen und der Rekonstruktionsfehler der CMOS-Aufnahmen des Demonstrators dargestellt. Zur Bestimmung der Rekonstruktionsfehler wird ein neues Modell trainiert. Die Architektur des Autoencoders entspricht den in Abschnitt 6.2.1 Spezifikationen. Zum Training werden die 500.618 CMOS-Aufnahmen verwendet, die analog zum vorherigen Vorgehen im Verhältnis von 3:1 in Trainings- und Validierungsdaten unterteilt werden.

Bild 77
Ortsaufgelöste Darstellung der Emissionsflächen für den Demonstrator

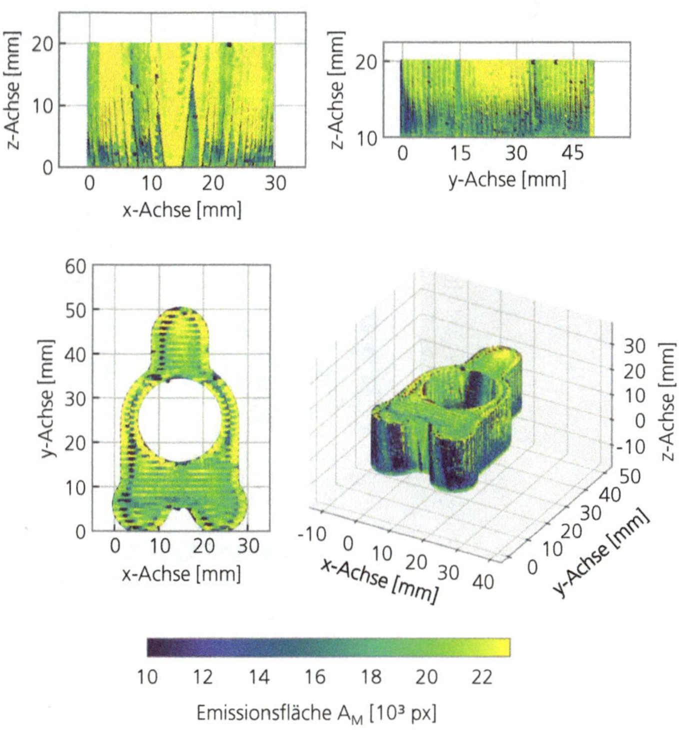

In der Draufsicht der Emissionsflächen A_M werden in den Bereichen 4 und 6 sowie ab y ≈ 45 mm gegenüber den übrigen Bereichen größere Emissionsflächen gemessen. Diese werden auf die kurzen Spurlängen von ca. 5 mm (für Bereiche 3 und 4) und den damit verbundenen kurzen lokalen Abkühl- und Wiederkehrzeiten zurückgeführt. Daraus resultiert ein Wärmestau, durch die lokale Überhöhungen der Schichten aufgrund eines verbesserten Pulverwirkungsgrads festgestellt werden (vgl. Bild 75).

Bild 78
Ortsaufgelöste Darstellung der Rekonstruktionsfehler für den Demonstrator

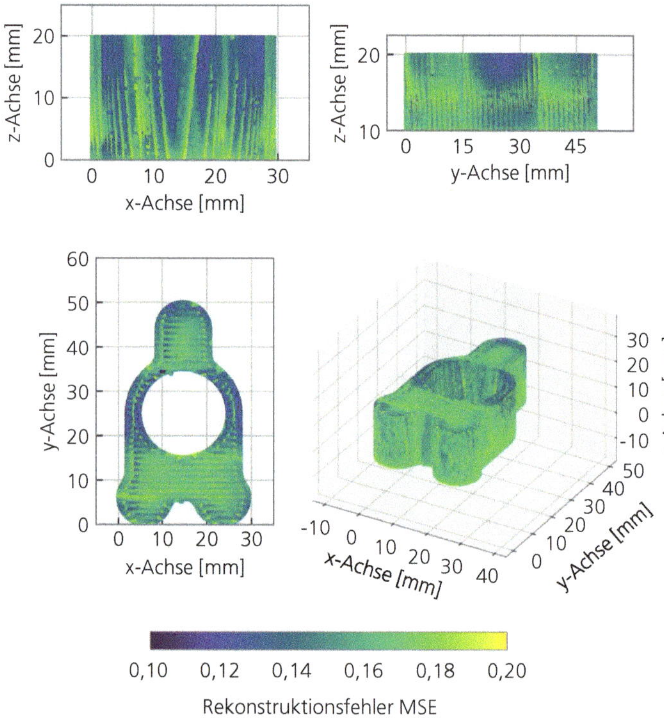

Die Unterscheidung der Messdaten in verschiedene Bereiche in einer Schicht wird bei der Analyse der ortsaufgelösten Rekonstruktionsfehler bestätigt. Die Bereiche werden durch den Rekonstruktionsfehler sensitiver unterschieden als durch die Emissionsfläche.

Wie eingangs beschrieben basieren gängige Methoden der Qualitätssicherung darauf, dass die erfassbaren Daten zur Bewertung des Prozesses einer Normalverteilung unterliegen, bzw. dass aus diesen ein eindeutiger Mittelwert und eine Standardabweichung berechnet werden kann. Durch die ortsaufgelöste Darstellung der Emissionsfläche und des Rekonstruktionsfehlers wird gezeigt, dass bereits in einer Schicht prozessstrategie- und geometrieabhängig signifikante Änderungen der Messwerte vorliegen können, die nicht notwendigerweise als Prozessausreißer identifiziert werden können. Ergänzend werden bei konstanten Querschnitten thermisch bedingt mit der Aufbauhöhe vergrößernde Messwerte vernommen (vgl. Abschnitt 6.2.2). Um die Anwendung der Qualitätssicherungsmethoden zu gewährleisten, wird daher der Bedarf abgeleitet, die Messdaten in verschiedene Teilgruppen zu unterteilen. Für diese können spezifisch Referenzwerte MW, STAB, OGW, UGW definiert werden.

Clustering-Algorithmen sind hierfür häufig eingesetzte Methoden des unüberwachten Lernens. Ziel des Clusterings für den Demonstrator ist, die CMOS-Aufnahmen, die bei der Fertigung des Demonstrators erfasst werden, in ähnliche Gruppen einzuteilen. Das nachfolgende Clustering wird anhand der Bottleneckparameter der CMOS-Aufnahmen des Demonstrators berechnet.

Für das Clustering der CMOS-Aufnahmen wird a-priori eine geeignete Anzahl an Clustern bestimmt. Eine häufig verwendete Vorgehensweise ist die Anwendung der Ellenbogen-Methode für das k-Means-Clustering (vgl. Abschnitt 12.6.1). Ziel des k-Means-Clustering ist, die Datenpunkte auf k Cluster so zu verteilen, dass die Summe der Entfernungen von jedem Datenpunkt zu dem jeweiligen Cluster-Zentrum minimiert wird. Hierbei wird das k-Means-Clustering mehrmals durchlaufen. Dabei wird der Within-Cluster Sum of Squares (WCSS, Summe der quadrierten euklidischen Distanz jedes Punktes zu seinem jeweiligen Cluster-Zentrum) berechnet und in einem Graph abgebildet. Mit steigender Clusteranzahl nimmt die WCSS ab, da der Abstand jedes Punktes zum Zentrum des zugehörigen Clusters gegen null strebt. Ziel des Verfahrens ist die Identifikation der Clusteranzahl, bei der die betragsmäßig größte Änderung in der negativen Steigung des WCSS berechnet wird. Dieser Punkt wird als Ellenbogen bezeichnet. Für die Bottleneckparameter der CMOS-Aufnahmen wird das Ergebnis der Ellenbogen-Methode in Bild 79 dargestellt.

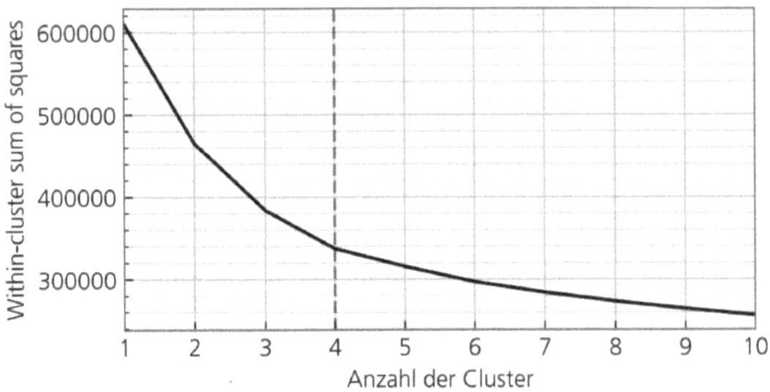

Bild 79
Ergebnis der Ellenbogen-Methode des k-Means-Clusterings auf die Bottleneckparameter des Autoencoders

Anhand des Ergebnisses der Ellenbogen-Methode wird die erste Änderung der Steigung für k = 2 erkannt. Anhand Tabelle 22 wird deutlich, dass bei der Wahl von zwei Clustern die Sortierung nach der Spurrichtung erfolgt. Aus dem Clustering-Ergebnis wird daher bestätigt, dass die Richtung der Schweißspur anhand der Bildbereiche, in denen die bereits verfestigte Spur zu sehen ist (vgl. Bild 29) in den Informationen der BP der CMOS-Aufnahmen encodiert ist. Daher wird mit k = 4 der nächste eindeutig erkennbare Knick bei einem Vielfachen von zwei gewählt.

Das Ergebnis des Clusterings mit k = 4 wird in Bild 80 dargestellt, in dem die CMOS-Aufnahmen als Datenpunkte den Clustern zugeordnet ortsaufgelöst gezeigt werden. Ergänzend werden in Bild 81 die relative Dichteverteilungen der vier Cluster in der Draufsicht dargestellt. Die relative Dichte der Cluster entspricht dem Anteil der einem Cluster zugeordneten Daten in einem Feld gegenüber der Gesamtanzahl der Datenpunkt in dem Feld entlang der z-Achse des Bauteils.

Bild 80
Isometrische Ansicht der ortsaufgelösten Clusterzuordnung für den Demonstrator

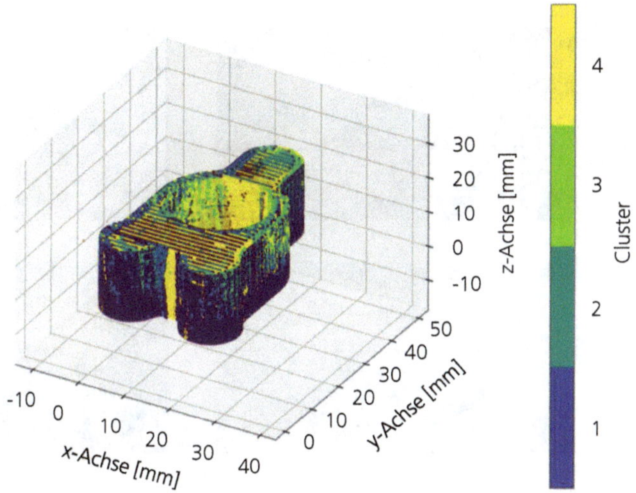

Bereits in der isometrischen Darstellung wird erkennbar, dass Datenpunkte der längeren Spuren (bspw. Bereich 3) richtungsabhängig überwiegend den Clustern 1 und 4 zugeordnet werden. Anhand der Darstellung der relativen Dichten der vier Cluster wird weiterhin deutlich, dass die Cluster 2 und 3 vorwiegend an Umkehrpunkten sowie Datenpunkten kurzer Spurlängen zugewiesen werden.

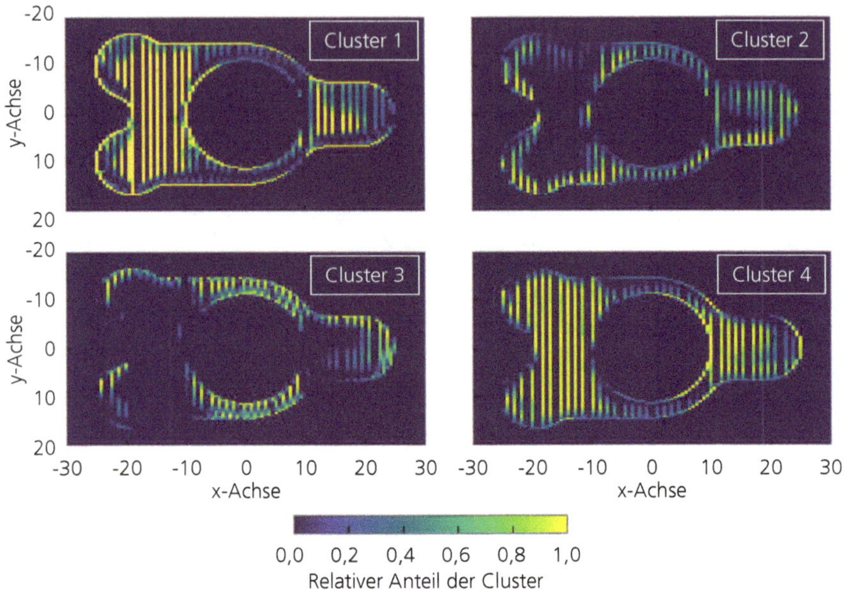

Bild 81 Übersicht der relativen Dichteverteilung der vier Cluster in der Draufsicht für den Demonstrator

In Tabelle 22 erfolgt ergänzend die Gegenüberstellung repräsentativer und für die jeweiligen Cluster gemittelten CMOS-Aufnahmen sowie die dazugehörigen Mittelwerte und Standardabweichungen der Emissionsflächen und der Rekonstruktionsfehler.

Die Mittelwerte der Emissionsflächen der Cluster 1 und 4 sind dabei kleiner als die der Cluster 2 und 3. Dies wird auf die mit den längeren Spuren verbundenen längeren lokalen Wiederkehrzeiten zurückgeführt. Durch die längeren Abkühlzeiten werden kleinere Schmelzbäder gebildet.

Tabelle 22
Charakterisierung der Cluster für $n_C = 4$ anhand der Emissionsfläche und Rekonstruktionsfehler der CMOS-Aufnahmen

1 mm		Cluster 1	Cluster 2	Cluster 3	Cluster 4
Repräsentatives Bild		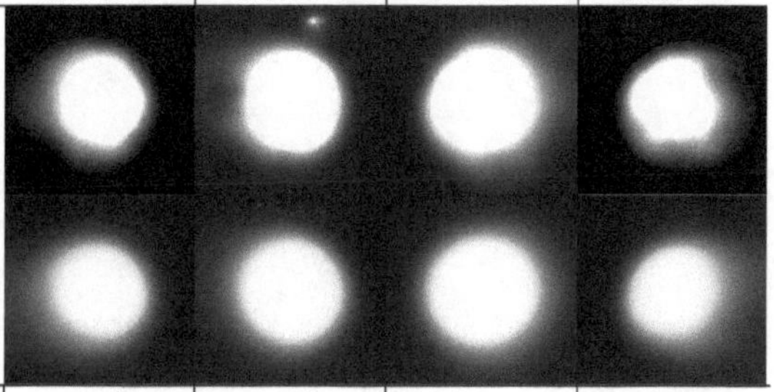			
Gemitteltes Bild					
Spurrichtung		→	→	←	←
A_M [px]	MW	18677,985	20666,097	20107,037	18239,537
	STAB	4199,79	3100,255	4469,779	3708,867
MSE	MW	0,16225	0,15710	0,15662	0,16509
	STAB	0,01436	0,01336	0,01559	0,01112

Umgekehrt sind die Rekonstruktionsfehler für die Cluster 1 und 4 im Mittel größer als bei den Clustern 2 und 3. Prozessseitig kann dies ein Indiz dafür sein, dass bei der Schweißung mit langen Spuren ruhigere Prozesse mit homogenen Schmelzbadaufnahmen durchgeführt werden als bei Abschnitten mit kurzen Spuren mit schnell wiederkehrenden Umkehrpunkten. Alternativ kann dies mit den Cluster-Anteilen in den CMOS-Aufnahmen des Demonstrators begründet werden. In den 506.618 CMOS-Aufnahmen werden mit insgesamt 338.606 Aufnahmen ein Anteil von 67,64% den für längere Spuren charakteristischen Clustern 1 und 4 zugeordnet (vgl. Bild 112 in Anhang). Damit werden die Eigenschaften dieser Cluster in höherem Maß in der Trainingsphase des Autoencoders berücksichtigt.

Zur Anwendung von Qualitätsregelkarten und der Prozessfähigkeit C_{pk} können mit dem Ergebnis der Datenanalyse Cluster-abhängig individualisierte Prozessgrenzen anhand der jeweiligen Mittelwerte und Standardabweichungen der Rekonstruktionsfehler definiert werden. Ein alternativer Ansatz könnte darin bestehen, für jedes Cluster einen neuen Autoencoder zu modellieren und trainieren. So können von jedem Cluster-bezogenen Autoencoder vorwiegend die jeweils charakteristischen Eigenschaften trainiert werden, sodass gegenüber Prozessabweichungen noch sensiblere Modelle verwendet werden können.

8 Zusammenfassung und Ausblick

Damit sich AM-Verfahren wie das DED als disruptive Technologien durchsetzen können, muss das Prozessverständnis verbessert und die Prozesstransparenz gesteigert werden. Insbesondere in stark regulierten Branchen wie der Luft- und Raumfahrt ist die Erkennung und Reduktion von Prozessschwankungen für die Qualitätssicherung unerlässlich. AM ist vor allem durch den lagenweisen Aufbau charakterisiert. Durch in-situ Prozessüberwachung besteht daher das Potential, für jede entstandene Schicht des gefertigten Bauteils Prozessunregelmäßigkeiten, anhand derer bspw. Materialfehler indiziert werden könnten, zu lokalisieren. Die meistuntersuchte Prozessüberwachungsgröße für AM mittels DED ist die vom Schmelzbad emittierte Strahlung unter Verwendung von Photodioden- und Kamera-basierten Sensoren. Dabei können in bisherigen Arbeiten systematische Variationen von Laserleistungen unter Verwendung dieser Art von Sensoren nachvollzogen werden. Änderungen von anderen Prozessparametern wie der Vorschubgeschwindigkeit und dem Pulvermassenstrom werden bis dato nur bedingt oder gar nicht anhand Prozessüberwachungsdaten nachgewiesen. Einflüsse auf den thermischen Haushalt additiv hergestellter Bauteile aufgrund der gewählten Prozessstrategie und der Bauteilgeometrie werden mittels Prozessüberwachungssensoren noch nicht systematisch untersucht. Darüber hinaus wird bis zu dieser Arbeit kein direkter Performancevergleich zwischen den o.g. beiden Sensortypen hinsichtlich der Sensitivität gegenüber im Prozess auftretender sowie absichtlich hervorgerufener Prozessabweichungen durch Parametervariationen durchgeführt. Ein darüber hinaus ergänzendes Forschungsfeld ist die Entwicklung neuer Datenanalysemethoden zur Erfüllung o.g. Ziele. Insbesondere die Auswertung von Kamera-basierten Schmelzbadaufnahmen basiert auf der Extraktion geometrischer Features mittels Pixel-Schwellwertvergleichen. Dadurch werden jedoch Bildinformationen verworfen, anhand derer Prozesszustandsänderungen sensitiver detektiert werden könnten. Zusammengefasst erfolgt die Ableitung des Forschungs- und Handlungsbedarfs in

- der heuristischen Untersuchung der Einflussgrößen des DED-Prozesses mittels Prozessüberwachung
- dem Vergleich und Wahl geeigneter Sensoren zur sensitiven Auflösung von Prozesszustandsänderungen
- der Entwicklung neuer Analysemethoden zur größeren Ausnutzung der im Prozess erfassten Prozessüberwachungsdaten

Um einen Absatz gegenüber dem bisherigen Stand der Technik zu erreichen, werden die Prozessüberwachungsdaten vor allem örtlich aufgelöst für einzelne Bauteilquerschnitte benötigt. In bisherigen Forschungsarbeiten zur Prozessüberwachung des DED können hingegen überwiegend Arbeiten zur zeitaufgelösten Erfassung von Messdaten identifiziert werden. Aufgrund fehlender zeitlicher Synchronisation mit Ortsinformationen können in den Messdaten detektierbare Effekte nur ungenügend lokal in Bauteilen zugeordnet werden. Dadurch werden die forschungsseitigen Anwendungen der DED-Prozessüberwachung auf vereinfachte und für AM beschränkt repräsentative Geometrien wie Einzelspuren und Stege beschränkt. Einflüsse der Prozessstrategie und der Bauteilgeometrie können damit nicht in die Datenanalyse einbezogen werden.

Die in dieser Arbeit verfolgte grundlegende Fragestellung ist daher die Entwicklung eines Konzepts für die Erfassung zeit- und ortsaufgelöster Prozessüberwachungsüberwachungsdaten während des schichtweisen Aufbaus. Hierfür wird eine Softwarelösung entwickelt, mit der die Aufzeichnung der Daten von Prozessüberwachungssensoren zur Schmelzbadüberwachung (Pyrometer, CMOS-Kamera) sowie der verwendeten Steuerung der Werkzeugmaschine ermöglicht wird. Die Lokalisierung der Daten erfolgt durch Synchronisation der zeitaufgelösten Messsignale der Prozessüberwachungssensoren und der Zeitstempel der TCP-Koordinaten. Als Schnittstelle zur Steuerung wird die OPC UA Schnittstelle genutzt, dessen Spezifikationen von verschiedenen Werkzeugmaschinen und Steuerungsherstellern entwickelt wird. Die Bereitstellung der Datenstruktur und der Knoten erfolgt in standardisierter Form, sodass die Funktionalität der Software unabhängig vom Typ und Hersteller der Werkzeugmaschine und NC-Steuerung genutzt werden kann. Durch die implementierte Polling-Strategie wird die Abtastrate des OPC UA Servers zu $t_{A,POL,TCP}$ = 8 ms bestimmt. Für die Analyse der CMOS-Aufnahmen wird eine Bildverarbeitungspipeline implementiert, mit der in der Literatur dokumentierte Ansätze zur Extraktion schmelzbadspezifischer Features aus den CMOS-Aufnahmen adaptiert und erweitert werden. So wird bspw. anhand der detektierten Prozessnebenprodukte in den CMOS-Aufnahmen neuartige Indikatoren zur Charakterisierung des Prozessverlaufs vorgestellt. Die aus den Bildern extrahierten skalaren Features werden wie die mittels Pyrometer gemessene Schmelzbadtemperatur mit den TCP-Daten synchronisiert. Mit der entwickelten Synchronisationsmethodik wird für eine Vorschubgeschwindigkeit von v_S = 1 m/min eine maximale zeitliche Streuung von $t_{sync,max} \approx$ 6 ms und eine maximale räumliche Streuung von $s_{sync,max} \approx$ 0,1 mm erzielt.

Die entwickelte Methodik zur ortsaufgelösten Datenerfassung bildet die Grundlage für alle weiteren Untersuchungen dieser Arbeit. Die Foki der Analysen sind im Besonderen unter Hinzunahme der weiteren auf der Verfügbarkeit ortsaufgelöster Daten aufbauenden Forschungsfragen

- der Vergleich der Sensitivität der beiden verwendeten Überwachungssensoren Pyrometer und CMOS-Kamera gegenüber Veränderungen der DED-Prozessparameter.

- die Untersuchung neuartiger Methoden der Datenanalyse des maschinellen Lernens, um DED-Prozessparameteränderungen sensitiver erkennen zu können.

Mittels eines statistischen D-optimalen Versuchsplans wird eine Sensitivitätsstudie der beiden Sensoren gegenüber systematischen Variationen der Prozessparameter durchgeführt. In der Literatur werden in Parameterstudien für Einzelspuren und dünnwandige Stege die Laserleistung, die Vorschubgeschwindigkeit und der Pulvermassenstrom als wichtige Einflussgrößen auf den DED-Prozess identifiziert. Die Einflüsse dieser Prozessparameter auf die Pyrometersignale und die aus CMOS-Kamerabildern berechnete Fläche der detektierten Schmelzbademission (Emissionsfläche) werden für quaderförmige Proben untersucht. Neben den Prozessparametern wird auch die Prozessstrategie variiert. Zur Quantifizierung der Einflüsse der Prozessstrategie werden verschiedene Prozesseinflussgrößen definiert. Hierzu gehören u.a. der geometrieabhängige Wärmewiderstand und horizontale und vertikale Wiederkehrzeiten zur Beschreibung lokaler Abkühlzeiten. Zur Auswertung werden multiple lineare Regressionsmodelle eingesetzt. Diese werden auf den gesamten Datensatz, sowie auf aus diesem gebildeten Teildatensätzen aus 1 mm hohen Schichten angepasst. Durch das Modell des Gesamtdatensatzes kann für die Emissionsfläche mit einem Bestimmtheitsmaß von 0,829 im Gegensatz zum Modell für die Pyrometertemperatur mit einem Bestimmtheitsmaß von 0,478 ein größerer Anteil der auftretenden Varianz erklärt werden. Dadurch wird geschlussfolgert, dass mittels CMOS-Kamera systematische Abweichungen besser abgebildet werden können als mit einem Pyrometer. Die Laserleistung wird als Prozessparameter mit der größten Effektstärke im Einklang zu den Ergebnissen aus der Literatur bestätigt. Anhand der schichtweisen Regressionsmodelle wird ergänzend berechnet, dass mit steigender Probenhöhe die Effektstärke des Wärmewiderstands stark zunimmt. Obwohl die Effektstärke der Laserleistung mit der Höhe nahezu halbiert wird, bleibt sie für alle Proben der dominierende Prozessparameter.

Auf Basis der vorigen Ergebnisse werden die Untersuchungen unter Verwendung des CMOS-Sensors vertieft. Dabei werden die Potentiale der Anwendung von maschinellem Lernen für die Mustererkennung in CMOS-Aufnahmen der thermischen Schmelzbademission evaluiert. In einem ersten Schritt wird der durch die Laserleistung gesteuerte Energieeintrag in den DED-Prozess überwacht modelliert. Hierfür werden Random Forests und Convolutional Neural Networks gegenübergestellt. Während mittels Random Forests die Prädiktionsgenauigkeit der Laserleistung bei 67% liegt, wird mittels Convolutional Neural Networks eine Genauigkeit von 86% erreicht. Durch die Random Forrests wird für den Großteil der falsch klassifizierten Bilder eine direkt benachbarte Laserleistungsstufe vorhergesagt. Da die Klassifikation mittels Random Forests auf den extrahierten Features der CMOS-Aufnahmen aus der o.g. Bildverarbeitungspipeline basiert, wird die Validität der Features zur Ableitung von Aussagen über den Energieeintrag verifiziert. Aufgrund der größeren Modellkomplexität sowie der Verarbeitung der vollständigen Aufnahmen wird durch das implementierte Convolutional Neural Network jedoch die größere Klassifikationsgenauigkeit erreicht.

Hierauf aufbauend werden mithilfe eines dimensionalitätsreduzierenden Autoencoders mit Convolutional Layers erstmals die den Aufnahmen der thermischen Emission zugrundeliegenden Muster abgebildet und für eine quaderförmige Referenzprobe demonstriert. Auf Basis der Dimensionalitätsreduktion erfolgt die Quantifizierung der Repräsentativität der Bilder für diese Muster mithilfe des Rekonstruktionsfehlers. Der Rekonstruktionsfehler der Bilder kann dabei als skalares Feature interpretiert werden. Die Eignung des Rekonstruktionsfehlers zur Detektion von Prozessunregelmäßigkeiten wird geprüft. Durch Vergleich von ortsaufgelösten Rekonstruktionsfehler, Emissionsflächen und Oberflächenmessungen einzelner Schichten der Referenzprobe wird gezeigt, dass in einer Referenzprobe erkennbare Unregelmäßigkeiten mittels Rekonstruktionsfehlers am sensitivsten detektiert werden können. Weiterhin wird die Eignung des Rekonstruktionsfehlers zur Detektion absichtlich eingebrachter Parameteränderungen der Laserleistung und der Vorschubgeschwindigkeit geprüft und gegen die Emissionsfläche des Schmelzbads als in der Literatur am häufigsten verwendete Größe gegenübergestellt. Dabei werden insbesondere Parameteränderungen, die zu einer Reduktion des Energieeintrags durch Reduktion der Laserleistung und Erhöhung der Vorschubgeschwindigkeit im relativen Vergleich erkannt. Die größten Differenzen werden für die Untersuchungen zur Erhöhung der Vorschubgeschwindigkeit festgestellt. Während Vorschubgeschwindigkeitsänderungen von 5 bis 20% nicht eindeutig anhand der Emissionsfläche differenziert werden können, werden diese durch relative Abweichungen des Rekonstruktionsfehlers um bis zu 30% erkannt. Demzufolge wird die prinzipielle Eignung der Anwendung von Autoencodern zur Detektion von Anomalien in Schmelzbadaufnahmen des DED-Verfahrens geschlussfolgert. Hierdurch wird ein neuartiges Forschungsergebnis erreicht, da diese Methodik im Stand der Technik nicht in vergleichbarerer Form dokumentiert wird.

Abschließend wird ein Demonstrator aus der Luft- und Raumfahrt herangezogen, um die ortsaufgelöste Datenerfassung für beliebige Geometrien zu demonstrieren und einen Vorschlag zur Anwendung von Methoden der Qualitätssicherung anhand der Messdaten herzuleiten. Für die CMOS-Aufnahmen, die bei der additiven Fertigung einer Boss-Geometrie mit lokal variierenden Querschnitten erfasst werden, wird ein Autoencoder-Modell trainiert. Durch Clustering der Bottleneckparameter der CMOS-Aufnahmen mithilfe des Autoencoders kann das Bauteil in thermisch nachvollziehbare Bereiche unterteilt werden, deren Daten sich signifikant von einer unterscheiden.

Um langfristig während des schichtweisen Aufbaus von Volumenkörpern die Lokalisierbarkeit von Prozessanomalien zu ermöglichen und ex-situ detektierte Bauteileigenschaften zu in-situ erfassten Sensorsignalen bei komplexen Bauteilgeometrien zuzuordnen und vorherzusagen, wird eine breitere Datenbasis benötigt. Zur Quantifizierung der Prozesseinfluss-Wirk-Zusammenhänge hinsichtlich Bauteileigenschaften wie der geometrischen Genauigkeit, Materialdefekten (Risse und Poren), mechanischer Eigenschaften und der Mikrostruktur können verschiedene Datenquellen genutzt werden, die in einem Koordinatensystem im Bauteil lokalisierbar zusammengeführt werden könnten. So können nach beendigter Fertigung der Bauteile computertomographische Volumendaten zur lokalen Auflösung von Poren und Rissen und Korrelation aufgenommen. Weiterhin können die für AM charakteristischen Pausen zwischen aufeinanderfolgenden Schichten genutzt werden, um die bestehenden ortsaufgelösten Schmelzbadüberwachungsdaten und Rekonstruktionsfehler zu komplementieren, indem lagenweise intermittierend und anlagenintegriert

- mit Laserlinienscannern die Formgenauigkeiten der generierten Schichten vermessen und in eine Punktewolke überführt werden
- mittels geeigneter Kameratechnologien (bspw. Zeilenkameras) Aufnahmen farbliche Unregelmäßigkeiten wie oxidationsbedingte Anlauffarben in den Schichten erfasst werden

So können die lagenweisen Pausen insbesondere auch genutzt werden, um mittels geeigneter schneller Analysemethoden und -Hardware (bspw. Edge Computern) ortsaufgelöste Korrelationen zwischen den Überwachungsdaten und den intermittierend erfassten Schweißergebnissen zu berechnen und korrektive Maßnahmen für nachfolgende Schichten durch lokale Anpassungen von Prozessparametern oder Prozessstrategie umzusetzen. Die entwickelte Softwarelösung zur Datenerfassung und -synchronisation kann um die Funktionalität der Modifizierbarkeit von Werten der Knoten des OPC UA Servers erweitert werden, wobei der Write-Service des OPC UA Standards genutzt werden kann. Hierdurch kann die Anpassung sowie Regelung von Bearbeitungsparametern während des Prozesses erfolgen.

9 Literaturverzeichnis

[1] STATISTA: *Dossier Additive Fertigung*. 2020

[2] ÜNAL-SAEWE, Talu ; GAHN, Lukas ; KITTEL, Jochen ; GASSER, Andres ; SCHLEIFENBAUM, Johannes Henrich: *Process Development for Tip Repair of Complex Shaped Turbine Blades with IN718*. In: *Procedia Manufacturing* 47 (2020), S. 1050–1057

[3] NEUMANN, Günter ; BREMER, Jan ; BELITZ, Stefan ; HANNESEN, Florian ; KUCHLER, Alexander ; MAYER, Carmen ; MENTZEL, Frank ; OCYLOK, Sörn ; OTT, Lars-Soeren ; SCHULTEN, Christian ; SILVANUS, Jürgen ; SPREITZER, Gerhard: *ProLMD - Prozess- und Systemtechnik zur Hybrid-Fertigung großer Bauteile mit dem Laser Metal Deposition (LMD) Verfahren*. 2021

[4] WITZEL, Johannes: *Qualifizierung des Laserstrahl-Auftragschweißens zur generativen Fertigung von Luftfahrtkomponenten*. Dissertation. 2014

[5] LAKOMIEC, Marius: *Wirtschaftliche und technische Bewertung additiv hergestellter Triebwerkskomponenten für die Serienfertigung*. Universität Duisburg-Essen, Fakultät für Ingenieurwissenschaften. Dissertation, 2015

[6] BLAKEY-MILNER, Byron ; GRADL, Paul ; SNEDDEN, Glen ; BROOKS, Michael ; PITOT, Jean ; LOPEZ, Elena ; LEARY, Martin ; BERTO, Filippo ; DU PLESSIS, Anton: *Metal additive manufacturing in aerospace: A review*. In: *Materials & Design* 209 (2021), S. 110008

[7] RASCHKA, Sebastian ; MIRJALILI, Vahid: *Machine Learning mit Python und Scikit-Learn und TensorFlow : Das umfassende Praxis-Handbuch für Data Science, Deep Learning und Predictive Analytics*. 2., aktualisierte und erweiterte Auflage. Frechen : mitp, 2018

[8] MENG, Lingbin ; MCWILLIAMS, Brandon ; JAROSINSKI, William ; PARK, Hye-Yeong ; JUNG, Yeon-Gil ; LEE, Jehyun ; ZHANG, Jing: *Machine Learning in Additive Manufacturing: A Review*. In: *JOM* 72 (2020), Nr. 6, S. 2363–2377

[9] QI, Xinbo ; CHEN, Guofeng ; LI, Yong ; CHENG, Xuan ; LI, Changpeng: *Applying Neural-Network-Based Machine Learning to Additive Manufacturing: Current Applications, Challenges, and Future Perspectives*. In: *Engineering* 5 (2019), Nr. 4, S. 721–729

[10] ISO/ASTM 52900. 2017. *Additive manufacturing — General principles — Terminology*

[11] AHN, Dong-Gyu: *Directed Energy Deposition (DED) Process: State of the Art*. In: *International Journal of Precision Engineering and Manufacturing-Green Technology* (2021)

[12] ZHANG, Yang ; JING, Hongyang ; XU, Lianyong ; HAN, Yongdian ; ZHAO, Lei: *Effects of different scanning patterns on nickel alloy-directed energy deposition based on thermal analysis*. In: *Virtual and Physical Prototyping* (2021), S. 1–18

[13] JIANG, Jingchao ; MA, Yongsheng: *Path Planning Strategies to Optimize Accuracy, Quality, Build Time and Material Use in Additive Manufacturing: A Review*. In: *Micromachines* 11 (2020), Nr. 7

[14] TERRASSA, Katherine L. ; SMITH, Thale R. ; JIANG, Sen ; SUGAR, Joshua D. ; SCHOENUNG, Julie M.: *Improving build quality in Directed Energy Deposition by cross-hatching*. In: *Materials Science and Engineering: A* 765 (2019), S. 138269

[15] FOROOZMEHR, Ehsan ; KOVACEVIC, Radovan: *Effect of path planning on the laser powder deposition process: thermal and structural evaluation*. In: *The International Journal of Advanced Manufacturing Technology* 51 (2010), 5-8, S. 659–669

[16] LIU, F. Q. ; WEI, L. ; SHI, S. Q. ; WEI, H. L.: *On the varieties of build features during multi-layer laser directed energy deposition*. In: *Additive Manufacturing* 36 (2020), S. 101491

[17] PETRAT, Torsten ; BRUNNER-SCHWER, Christian ; GRAF, Benjamin ; RETHMEIER, Michael: *Microstructure of Inconel 718 parts with constant mass energy input manufactured with direct energy deposition*. In: *Procedia Manufacturing* 36 (2019), S. 256–266

[18] TAN ZHI'EN, Eddie ; PANG, John Hock Lye ; KAMINSKI, Jacek: *Directed energy deposition build process control effects on microstructure and tensile failure behaviour*. In: *Journal of Materials Processing Technology* 294 (2021), S. 117139

[19] RIBEIRO, Kandice S.B. ; MARIANI, Fábio E. ; COELHO, Reginaldo T.: *A Study of Different Deposition Strategies in Direct Energy Deposition (DED) Processes*. In: *Procedia Manufacturing* 48 (2020), S. 663–670

[20] HOFFMANN, Eckhard: *Herstellung metallischer Bauteile durch Laserstrahlgenerieren*. Zugl.: Aachen, Techn. Hochsch., Diss., 1998. Als Ms. gedr. Aachen : Shaker, 1998 (Berichte aus der Lasertechnik)

[21] YAN, Zhaorui ; LIU, Weiwei ; TANG, Zijue ; LIU, Xuyang ; ZHANG, Nan ; LI, Mingzheng ; ZHANG, Hongchao: *Review on thermal analysis in laser-based additive manufacturing*. In: *Optics & Laser Technology* 106 (2018), S. 427–441

[22] LEE, Jaemin ; CHUNG, Hyun: *Experimental Investigation of Deposition Pattern on the Temperature and Distortion of Direct Energy Deposition-Based Additive Manufactured Part*. In: *Applied Sciences* 10 (2020), Nr. 21, S. 7653

[23] BI, G. ; SUN, C. N. ; GASSER, A.: *Study on influential factors for process monitoring and control in laser aided additive manufacturing*. In: *Journal of Materials Processing Technology* 213 (2013), Nr. 3, S. 463–468

[24] BI, Guijun: *Identifizierung und Qualifizierung von prozessrelevanten Kenngrößen zur Überwachung und Regelung beim Laserstrahlauftragschweißen*. Zugl.: Aachen, Techn. Hochsch., Diss., 2004. Aachen : Shaker, 2004 (Berichte aus der Lasertechnik)

[25] OCYLOK, Sörn ; ALEXEEV, Eugen ; MANN, Stefan ; WEISHEIT, Andreas ; WISSENBACH, Konrad ; KELBASSA, Ingomar: *Correlations of Melt Pool Geometry and Process Parameters During Laser Metal Deposition by Coaxial Process Monitoring*. In: *Physics Procedia* 56 (2014), S. 228–238

[26] STUTZMAN, Christopher B. ; NASSAR, Abdalla R. ; REUTZEL, Edward W.: *Multi-sensor investigations of optical emissions and their relations to directed energy deposition processes and quality*. In: *Additive Manufacturing* 21 (2018), S. 333–339

[27] SONG, Lijun ; WANG, Fanghua ; LI, Simeng ; HAN, Xu: *Phase congruency melt pool edge extraction for laser additive manufacturing*. In: *Journal of Materials Processing Technology* 250 (2017), S. 261–269

[28] MONTAZERI, Mohammad ; NASSAR, Abdalla R. ; STUTZMAN, Christopher B. ; RAO, Prahalada: *Heterogeneous sensor-based condition monitoring in directed energy deposition*. In: *Additive Manufacturing* 30 (2019), S. 100916

[29] STUTZMAN, Christopher B. ; MITCHELL, Wesley F. ; NASSAR, Abdalla R.: *Optical emission sensing for laser-based additive manufacturing—What are we actually measuring?* In: *Journal of Laser Applications* 33 (2021), Nr. 1, S. 12010

[30] SONG, Lijun ; BAGAVATH-SINGH, Vijayavel ; DUTTA, Bhaskar ; MAZUMDER, Jyoti: *Control of melt pool temperature and deposition height during direct metal deposition process*. In: *The International Journal of Advanced Manufacturing Technology* 58 (2012), 1-4, S. 247–256

[31] SMUROV, I. ; DOUBENSKAIA, M. ; ZAITSEV, A.: *Comprehensive analysis of laser cladding by means of optical diagnostics and numerical simulation*. In: *Surface and Coatings Technology* 220 (2013), S. 112–121

[32] LIU, Shuang ; FARAHMAND, Parisa ; KOVACEVIC, Radovan: *Optical monitoring of high power direct diode laser cladding*. In: *Optics & Laser Technology* 64 (2014), S. 363–376

[33] BI, Guijun ; SCHÜRMANN, Bert ; GASSER, Andres ; WISSENBACH, Konrad ; POPRAWE, Reinhart: *Development and qualification of a novel laser-cladding head with integrated sensors*. In: *International Journal of Machine Tools and Manufacture* 47 (2007), 3-4, S. 555–561

[34] BI, Guijun ; GASSER, Andres ; WISSENBACH, Konrad ; DRENKER, Alexander ; POPRAWE, Reinhart: *Identification and qualification of temperature signal for monitoring and control in laser cladding*. In: *Optics and Lasers in Engineering* 44 (2006), Nr. 12, S. 1348–1359

[35] MOTZFELDT, Keith: *High temperature experiments in chemistry and materials science* : John Wiley & Sons, 2012

[36] PLANCK, Max: *The theory of heat radiation*. Los Angeles : Tomash, 1988 (The history of modern physics, 1800 - 1950 11)

[37] BAEHR, Hans Dieter ; STEPHAN, Karl: *Wärme- und Stoffübertragung*. 10. Auflage, 2019

[38] LIU, Jia-Ming: *Photonic devices*. Cambridge : Cambridge University Press, 2005

[39] SINHA, Pradip K.: *Image acquisition and preprocessing for machine vision systems*. Bellingham, Wash. (1000 20th St. Bellingham WA 98225-6705 USA) : SPIE, 2012 (Press monograph 197)

[40] THORLABS: *DSD2 - Dual Band Si/InGaAs Detector*. URL https://www.thorlabs.de/_sd.cfm?fileName=12408-S01.pdf&partNumber=DSD2 – Überprüfungsdatum 2020-08-03

[41] THORLABS: *FDG05 - Ge Photodiode*. URL https://www.thorlabs.de/_sd.cfm?fileName=2823-S01.pdf&partNumber=FDG05 – Überprüfungsdatum 2020-08-03

[42] BERNHARD, Frank (Hrsg.): *Handbuch der Technischen Temperaturmessung*. 2. Aufl. 2014. Berlin, Heidelberg : Springer Berlin Heidelberg, 2014 (VDI-Buch)

[43] GRIFFITH, M. L. ; SCHLIENGER, M. E. ; HARWELL, L. D. ; OLIVER, M. S. ; BALDWIN, M. D. ; ENSZ, M. T. ; ESSIEN, M. ; BROOKS, J. ; ROBINO, C. V. ; SMUGERESKY, etal J. E.: *Understanding thermal behavior in the LENS process*. In: *Materials & Design* 20 (1999), 2-3, S. 107–113

[44] SHAMSAEI, Nima ; YADOLLAHI, Aref ; BIAN, Linkan ; THOMPSON, Scott M.: *An overview of Direct Laser Deposition for additive manufacturing; Part II: Mechanical behavior, process parameter optimization and control*. In: *Additive Manufacturing* 8 (2015), S. 12–35

[45] THOMPSON, Scott M. ; BIAN, Linkan ; SHAMSAEI, Nima ; YADOLLAHI, Aref: *An overview of Direct Laser Deposition for additive manufacturing; Part I: Transport phenomena, modeling and diagnostics*. In: *Additive Manufacturing* 8 (2015), S. 36–62

[46] TAPIA, Gustavo ; ELWANY, Alaa: *A Review on Process Monitoring and Control in Metal-Based Additive Manufacturing*. In: *Journal of Manufacturing Science and Engineering* 136 (2014), Nr. 6

[47] REUTZEL, Edward W. ; NASSAR, Abdalla R.: *A survey of sensing and control systems for machine and process monitoring of directed-energy, metal-based additive manufacturing*. In: *Rapid Prototyping Journal* 21 (2015), Nr. 2, S. 159–167

[48] EVERTON, Sarah K. ; HIRSCH, Matthias ; STRAVROULAKIS, Petros ; LEACH, Richard K. ; CLARE, Adam T.: *Review of in-situ process monitoring and in-situ metrology for metal additive manufacturing*. In: *Materials & Design* 95 (2016), S. 431–445

[49] TANG, Zi-Jue ; LIU, Wei-Wei ; WANG, Yi-wen ; SALEHEEN, Kaze Mojtaba ; LIU, Zhi-chao ; PENG, Shi-tong ; ZHANG, Zhao ; ZHANG, Hong-Chao: *A review on in situ monitoring technology for directed energy deposition of metals*. In: *The International Journal of Advanced Manufacturing Technology* 108 (2020), 11-12, S. 3437–3463

[50] COLODRON, Pablo ; FARINA, Jose ; RODRIGUEZ-ANDINA, Juan J. ; VIDAL, Felix ; MATO, Jose L. ; MONTEALEGRE, Ma Angeles: FPGA-based measurement of melt pool size in laser cladding systems. In: *2011 IEEE International Symposium on Industrial Electronics* : IEEE, 2011 - 2011, S. 1503–1508

[51] SAMPSON, Robert ; LANCASTER, Robert ; SUTCLIFFE, Mark ; CARSWELL, David ; HAUSER, Carl ; BARRAS, Josh: *An improved methodology of melt pool monitoring of direct energy deposition processes*. In: *Optics & Laser Technology* 127 (2020), S. 106194

[52] ARAÚJO, J. R., RODRÍGUEZ-ANDINA, J. J., FARINA, J., VIDAL, F., MATO, J. L., & MONTEALEGRE, M. Á.: *FPGA-based laser cladding system with increased robustness to optical defects*. In: *IECON 2012-38th Annual Conference on IEEE Industrial Electronics Society* (2012)

[53] HOFMAN, J. T. ; PATHIRAJ, B. ; VAN DIJK, J. ; LANGE, D. F. de ; MEIJER, J.: *A camera based feedback control strategy for the laser cladding process*. In: *Journal of Materials Processing Technology* 212 (2012), Nr. 11, S. 2455–2462

[54] HU, Dongming ; KOVACEVIC, Radovan: *Sensing, modeling and control for laser-based additive manufacturing*. In: *International Journal of Machine Tools and Manufacture* 43 (2003), Nr. 1, S. 51–60

[55] LIU, Wei-Wei ; TANG, Zi-Jue ; LIU, Xu-Yang ; WANG, Hai-Jiang ; ZHANG, Hong-Chao: *A Review on In-situ Monitoring and Adaptive Control Technology for Laser Cladding Remanufacturing*. In: *Procedia CIRP* 61 (2017), S. 235–240

[56] SONG, Lijun ; MAZUMDER, Jyoti: *Feedback Control of Melt Pool Temperature During Laser Cladding Process*. In: *IEEE Transactions on Control Systems Technology* 19 (2011), Nr. 6, S. 1349–1356

[57] ARIAS, J. L. ; MONTEALEGRE, M. A. ; VIDAL, F. ; RODRÍGUEZ, J. ; MANN, S. ; ABELS, P. ; MOTMANS, F.: Real-time laser cladding control with variable spot size. In: HELVAJIAN, Henry; PIQUÉ, Alberto; WEGENER, Martin; GU, Bo (Hrsg.): *Laser 3D Manufacturing* : SPIE, 2014 (SPIE Proceedings), 89700Q

[58] GONÇALVES, Denise Albertazzi ; STEMMER, Marcelo Ricardo ; PEREIRA, Milton: *A convolutional neural network approach on bead geometry estimation for a laser cladding system*. In: *The International Journal of Advanced Manufacturing Technology* 106 (2020), 5-6, S. 1811–1821

[59] GONZALEZ, Rafael C. ; WOODS, Richard E.: *Digital image processing*. Fourth edition, global edition. New York, NY : Pearson, 2018

[60] GUO, Weihong "Grace" ; TIAN, Qi ; GUO, Shenghan ; GUO, Yuebin: *A physics-driven deep learning model for process-porosity causal relationship and porosity prediction with interpretability in laser metal deposition*. In: *CIRP Annals* 69 (2020), Nr. 1, S. 205–208

[61] GAJA, Haythem ; LIOU, Frank: *Defects monitoring of laser metal deposition using acoustic emission sensor*. In: *The International Journal of Advanced Manufacturing Technology* 90 (2017), 1-4, S. 561–574

[62] KHANZADEH, Mojtaba ; CHOWDHURY, Sudipta ; TSCHOPP, Mark A. ; DOUDE, Haley R. ; MARUFUZZAMAN, Mohammad ; BIAN, Linkan: *In-situ monitoring of melt pool images for porosity prediction in directed energy deposition processes*. In: *IISE Transactions* 51 (2019), Nr. 5, S. 437–455

[63] KHANZADEH, Mojtaba ; TIAN, Wenmeng ; YADOLLAHI, Aref ; DOUDE, Haley R. ; TSCHOPP, Mark A. ; BIAN, Linkan: *Dual process monitoring of metal-based additive manufacturing using tensor decomposition of thermal image streams*. In: *Additive Manufacturing* 23 (2018), S. 443–456

[64] KHANZADEH, Mojtaba ; BIAN, Linkan ; SHAMSAEI, Nima ; THOMPSON, Scott: *Porosity detection of laser based additive manufacturing using melt pool morphology clustering*. In: *Annual International Solid Freeform Fabrication Symposium (SFF)* (2016), S. 8–10

[65] HASTIE, Trevor ; TIBSHIRANI, Robert ; FRIEDMAN, Jerome H.: *The elements of statistical learning : Data mining, inference, and prediction*. Second edition, corrected at 12th printing 2017. New York, NY : Springer, 2017 (Springer series in statistics)

[66] GONZALEZ-VAL, Carlos ; PALLAS, Adrian ; PANADEIRO, Veronica ; RODRIGUEZ, Alvaro: *A convolutional approach to quality monitoring for laser manufacturing*. In: *Journal of Intelligent Manufacturing* 31 (2020), Nr. 3, S. 789–795

[67] HE, Kaiming ; ZHANG, Xiangyu ; REN, Shaoqing ; SUN, Jian: *Deep Residual Learning for Image Recognition*. 10.12.2015

[68] SIMONYAN, Karen ; ZISSERMAN, Andrew: *Very Deep Convolutional Networks for Large-Scale Image Recognition*. 04.09.2014

[69] RUSSELL, Richard ; WELLS, Douglas ; WALLER, Jess ; POORGANJI, Behrang ; OTT, Eric ; NAKAGAWA, Tsuyoshi ; SANDOVAL, Hector ; SHAMSAEI, Nima ; SEIFI, Mohsen: Qualification and certification of metal additive manufactured hardware for aerospace applications. In: *Additive Manufacturing for the Aerospace Industry* : Elsevier, 2019, S. 33–66

[70] KRAUSS, Harald: *Qualitätssicherung beim Laserstrahlschmelzen durch schichtweise thermografische In-Process-Überwachung*. Herbert Utz Verlag GmbH. Dissertation. 2017

[71] LADEWIG, Alexander: *Optische Tomographie : Online Prozessüberwachung für das selektive Laserschmelzen*. 1. Auflage. Düren : Shaker, 2019 (Berichte aus der Fertigungstechnik)

[72] BERNHARD, R. ; NEEF, P. ; WICHE, H. ; HOFF, C. ; HERMSDORF, J. ; KAIERLE, S. ; WESLING, V.: *Defect detection in additive manufacturing via a toolpath overlaid melt-pool-temperature tomography*. In: *Journal of Laser Applications* 32 (2020), Nr. 2, S. 22055

[73] WARGULSKI, D. ; NOWAK, T. ; THIELE, M. ; DOBBELSTEIN, H. ; SCHACHT, R. ; ABO RAS, M.: Quality Management of Laser Cladding Processes for Additive Manufacturing by New Methods of Visualization and Evaluation of Thermographic Data. In: *Proceedings of the 2018 International Conference on Quantitative InfraRed Thermography* : QIRT Council.

[74] IRAVANI-TABRIZIPOUR, Mehrdad ; TOYSERKANI, Ehsan: *An image-based feature tracking algorithm for real-time measurement of clad height*. In: *Machine Vision and Applications* 18 (2007), Nr. 6, S. 343–354

[75] VANDONE, Ambra ; BARALDO, Stefano ; VALENTE, Anna ; MAZZUCATO, Federico: *Vision-based melt pool monitoring system setup for additive manufacturing*. In: *Procedia CIRP* 81 (2019), S. 747–752

[76] GOODFELLOW, Ian ; BENGIO, Yoshua ; COURVILLE, Aaron: *Deep learning*. Cambridge, Massachusetts, London, England : MIT Press, 2016

[77] SENSORTHERM GMBH: *Metis H311 / H322: Highly Advanced, Full Featured 2-Color High-Speed Pyrometers,*. URL https://www.sensortherm.de/userfiles/file/datenblaetter/en/Sensortherm-Datasheet_Metis_H311_H322.pdf – Überprüfungsdatum 2020-09-15

[78] NATIONAL INSTRUMENTS: *Datasheet NI 9218*. URL https://www.ni.com/pdf/manuals/376918a_02.pdf – Überprüfungsdatum 2020-09-15

[79] NATIONAL INSTRUMENTS: *Datasheet cDAQ-9185*. URL http://www.ni.com/pdf/manuals/376606a.pdf – Überprüfungsdatum 2020-09-15

[80] BASLER AG: *a2A1920-51gmPRO*. URL https://docs.baslerweb.com/a2a1920-51gmpro – Überprüfungsdatum 2020-09-15

[81] WIRTH, Florian ; ARPAGAUS, Samuel ; WEGENER, Konrad: *Analysis of melt pool dynamics in laser cladding and direct metal deposition by automated high-speed camera image evaluation*. In: *Additive Manufacturing* 21 (2018), S. 369–382

[82] ADVANCED POWDERS & COATINGS: *Safety Data Sheet: Spherical Inconel 718 powder: Safety Data Sheet: Spherical Inconel 718 powder*. 2020

[83] CZITROM, Veronica: *One-Factor-at-a-Time versus Designed Experiments*. In: *The American Statistician* 53 (1999), Nr. 2, S. 126

[84] FEDOROV, Valerij V. (Hrsg.): *Theory of optimal experiments*. New York : Acad. Press, 1972 (Probability and mathematical statistics 12)

[85] FAHRMEIR, Ludwig ; KNEIB, Thomas ; LANG, Stefan ; MARX, Brian: *Regression : Models, Methods and Applications*. Dordrecht : Springer, 2013

[86] COHEN, Jacob: *Statistical Power Analysis for the Behavioral Sciences*. 2nd ed. Hoboken : Taylor and Francis, 2013

[87] MÜLLER, Andreas Christian ; GUIDO, Sarah: *Einführung in Machine Learning mit Python : Praxiswissen Data Science*. 1. Auflage. Heidelberg : O'Reilly, 2017

[88] BISHOP, Christopher M.: *Pattern recognition and machine learning*. Corrected at 8th printing 2009. New York, NY : Springer, 2009 (Information science and statistics)

[89] SCIKIT-LEARN: *Underfitting vs. Overfitting*. URL https://scikit-learn.org/stable/auto_examples/model_selection/plot_underfitting_overfitting.html – Überprüfungsdatum 2021-05-09

[90] RASCHKA, Sebastian ; MIRJALILI, Vahid: *Machine Learning mit Python und Scikit-Learn und TensorFlow : Das umfassende Praxis-Handbuch für Data Science, Deep Learning und Predictive Analytics*. 2., aktualisierte und erweiterte Auflage. Frechen : mitp, 2018

[91] STANFORD UNIVERSITY: *CS231n: Convolutional Neural Networks for Visual Recognition : Module 2: Convolutional Neural Networks: Architectures, Convolution / Pooling Layers*. URL https://cs231n.github.io/convolutional-networks/ – Überprüfungsdatum 2021-05-09

[92] PATEL, Ankur A.: *Hands-on unsupervised learning using Python : How to build applied machine learning solutions from unlabeled data*. First edition. Beijing, Boston, Farnham, Sebastopol, Tokyo : O'Reilly, 2019

[93] LUDEWIG, Jochen ; LICHTER, Horst: *Software Engineering : Grundlagen, Menschen, Prozesse, Techniken*. 3., korrigierte Aufl. Heidelberg : dpunkt.verl., 2013

[94] GOOGLE: *MaterialDesignInXamlToolkit*. URL https://github.com/MaterialDesignInXAML/MaterialDesignInXamlToolkit. – Aktualisierungsdatum: 2020-09-08

[95] JOHN SMITH: *Patterns - WPF Apps With The Model-View-ViewModel Design Pattern*. URL https://docs.microsoft.com/en-us/archive/msdn-magazine/2009/february/patterns-wpf-apps-with-the-model-view-viewmodel-design-pattern – Überprüfungsdatum 2020-09-08

[96] SCHLEIPEN, Miriam ; MERSCH, Henning ; ARO, Jouni: *Praxishandbuch OPC UA : Grundlagen, Implementierung, Nachrüstung, Praxisbeispiele*. 2., aktualisierte und überarbeitete Auflage, 2020

[97] *OPC 10000-1: OPC Unified Architecture: Part 1: Overview and Concepts*

[98] OPC FOUNDATION: *OPC Unified Architecture.NET Standard*. URL https://github.com/OPCFoundation/UA-.NETStandard

[99] SIEMENS AG: *SINUMERIK Access MyMachine / OPC UA Manual*. URL https://cache.industry.siemens.com/dl/dl-media/877/109762877/att_970463/v1/119397042187/de-DE/index.html#treeId=2238c0438b28563fd160dae0a34f2a76 – Überprüfungsdatum 2020-12-03

[100] Industry Standard Specification OPC 10000-4. 2017-11-22. *OPC Unified Architecture Part 4 :Services*

[101] NATIONAL INSTRUMENTS: *NI DAQmx*. URL https://www.ni.com/de-de/support/downloads/drivers/download.ni-daqmx.html#348669 – Überprüfungsdatum 2020-09-09

[102] NATIONAL INSTRUMENTS: *Accuracy of the Waveform Timestamp Returned by NI-DAQmx*. URL https://knowledge.ni.com/KnowledgeArticleDetails?id=kA00Z000000P9Q9SAK&l=de-DE – Überprüfungsdatum 2020-09-09

[103] BASLER AG: *Basler pylon Camera Software Suite*. URL https://www.baslerweb.com/en/products/software/basler-pylon-camera-software-suite/ – Überprüfungsdatum 2020-09-09

[104] WELCH, Terry A.: *High speed data compression and decompression apparatus and method: High speed data compression and decompression apparatus and method*. Google Patents, 1985

[105] ROLINK, Gesa: *Entwicklung der laserbasierten additiven Fertigung für intermetallische Fe-Al-Legierungen*. RWTH Aachen. Dissertation

[106] Industry Standard Specification OPC 40502. 2017-07-05. *OPC UA for Computerized Numerical Control (CNC) Systems*

[107] MICROSOFT: *Precision and accuracy of DateTime*. URL https://docs.microsoft.com/de-de/archive/blogs/ericlippert/precision-and-accuracy-of-datetime – Überprüfungsdatum 2020-10-29

[108] ZHANG, Peiyu ; ZHOU, Xin ; MA, Haiqiang ; HU, Jiawei ; HE, Yixuan ; WANG, Xuede ; DUAN, Yucong: *Anomaly detection in laser metal deposition with photodiode-based melt pool monitoring system*. In: *Optics & Laser Technology* 144 (2021), S. 107454

[109] MIYAGI, Masanori ; TSUKAMOTO, Takeshi ; KAWANAKA, Hirotsugu: *Adaptive shape control of laser-deposited metal structures by adjusting weld pool size*. In: *Journal of Laser Applications* 26 (2014), Nr. 3, S. 32003

[110] LIU, Zhichao ; LI, Tao ; NING, Fuda ; CONG, Weilong ; KIM, Hoyeol ; JIANG, Qiuhong ; ZHANG, Hongchao: *Effects of deposition variables on molten pool temperature during laser engineered net shaping of Inconel 718 superalloy*. In: *The International Journal of Advanced Manufacturing Technology* 102 (2019), 1-4, S. 969–976

[111] DENG, Qilin ; FU, Wei ; CHEN, Dianbing ; CAO, Peng: Measurement of the Molten Pool Image during Laser Cladding Process. In: *Proceedings of the 2014 International Conference on Mechatronics, Electronic, Industrial and Control Engineering*. Paris, France : Atlantis Press, 2014 - 2014

[112] TYRALLA, Dieter ; SEEFELD, Thomas: *Advanced Process Monitoring in Additive Manufacturing*. In: *PhotonicsViews* 17 (2020), Nr. 3, S. 60–63

[113] KINGMA, Diederik P. ; BA, Jimmy: *Adam: A Method for Stochastic Optimization*. 22.12.2014

[114] DONADELLO, Simone ; FURLAN, Valentina ; DEMIR, Ali Gökhan ; PREVITALI, Barbara: *Interplay between powder catchment efficiency and layer height in self-stabilized laser metal deposition*. In: *Optics and Lasers in Engineering* 149 (2022), S. 106817

[115] VOLPP, J. ; PRASAD, H. S. ; RIEDE, M. ; BRUECKNER, F. ; KAPLAN, A.F.H.: *Powder particle attachment mechanisms onto liquid material*. In: *Procedia CIRP* 74 (2018), S. 140–143

[116] KOGEL-HOLLACHER, Markus ; STREBEL, Matthias ; STAUDENMAIER, Christian ; SCHNEIDER, Heinz-Ingo ; REGULIN, Daniel: OCT sensor for layer height control in DED using SINUMERIK® controller. In: HELVAJIAN, Henry; GU, Bo; CHEN, Hongqiang (Hrsg.): *Laser 3D Manufacturing VII* : SPIE, 2020 - 2020, S. 23

[117] BREMER, Jan ; FLEISCHHAUER, Tim ; GASSER, Andres ; SCHLEIFENBAUM, Johannes Henrich: *Development of Intermittent Layer Height Control Using Line Scanning for Successive Toolpath Adaption in Laser Material Deposition*. In: *SAMPE Conference Proceedings* (2020)

[118] BREMER, Jan ; LINDEN, Sven ; FLEISCHHAUER, Tim ; GASSER, Andres ; SCHLEIFENBAUM, Johannes Henrich: *Adaptive Manufacturing with Laser Material Deposition Using Intermittent Machine* (2020)

[119] PFEIFER, Tilo (Hrsg.): *Masing Handbuch Qualitätsmanagement*. 6., überarb. Aufl. München, Wien : Hanser, 2014

[120] PRIMES GMBH: *LaserDiagnosticsSoftware LDS : Originalbetriebsanleitung*: *LaserDiagnosticsSoftware LDS : Originalbetriebsanleitung*. Pfungstadt : Revision 01.2018

10 Formelzeichen und Abkürzungen

10.1 Formelverzeichnis

Symbol	Einheit	Wert	Bedeutung
A	m^2		Flächeninhalt
A_M	px		Emissionsfläche
B	-	-	Anzahl Entscheidungsbäume
b_{SBE}	m		Breite der detektierten Schmelzbademission
b_S	m		Spurbreite
c	m/s		Lichtgeschwindigkeit im Vakuum
Cov	-		Kovarianzmatrix
$d_{L,TCP}$	m		Laserstrahldurchmesser in der Arbeitsebene
d_T	m		Spurabstand
d_Z	m		Lagenhöhe
$d_{R,\perp}$	m		Seitlicher Randabstand
$d_{R,\parallel}$	m		Zentraler Randabstand
E	-		Erwartungswert
E_{ph}	J		Energie eines Photons
f^2	-		Cohens Effektstärke
H_0	-		Nullhypothese
H_1	-		Alternativhypothese
h	Js		Plancksches Wirkungsquantum
I_H	-		Entropie
I_{ph}	A		Photostrom
K	-		Max. Tiefe der Entscheidungsbäume
k	-		Anzahl unabhängiger Variablen

Symbol	Einheit	Wert	Bedeutung
k_B	$J\ K^{-1}$	$\approx 1{,}381 \times 10^{-23}$	Boltzmann-Konstante
l_x	m		Kantenlänge in x-Richtung
l_y	m		Kantenlänge in y-Richtung
l_S	m		Spurlänge
M	-		Anzahl Features pro Knotensplit
M_λ^0	$W\ m^{-3}$		Spektrale spezifische Ausstrahlung
$\dot{m}_P$	$g\ s^{-1}$		Pulvermassenstrom
n	-		Anzahl an Parametern
N_L	-		Anzahl an Schichten
$n_{PV,R}$	%		Drehzahl des Rührers des Pulverförderers
$n_{PV,T}$	%		Tellerdrehzahl des Pulverförderers
p	-		Anzahl an Parameterkombinationen
P_L	W		Laserleistung
$\hat{P}_L$	W		Vorhergesagte Laserleistung
$P_{opt,\lambda}$	W		Eingestrahlte optische Leistung
P_{th}	W		Thermisch abgestrahlte Leistung
$P_{th,Sensor}$	W		In Richtung eines Sensors abgestrahlte thermische Leistung
q_A	W/m^2		Pro Flächeneinheit eingebrachte Wärmeenergie
$\dot{Q}_A$	W		Wärmestrom durch eine Querschnittsfläche
R	A/W		Spektrale Empfindlichkeit
R^2	-		Bestimmtheitsmaß
$\bar{R}_{th}$	(kg K)/ (J m)		Eindimensionaler Wärmewiderstand
r_H	-		Hatch-Richtung
r_S	-		Spurrichtung

Symbol	Einheit	Wert	Bedeutung
$s_{sync, max}$	m		Maximale räumliche Streuung der Synchronisation
T	K		Temperatur
$\dot{T}$	K/s		Erstarrungsgeschwindigkeit
T_P	°C		Pyrometertemperatur
$t_{A,CAM}$	s		Abtastintervall der Kamera
$t_{A,DAQ}$	s		Abtastintervall des DAQ Geräts
$t_{A,MON}$	s		Abtastintervall des OPC UA Servers bei Monitoring
$t_{A,POL,TCP}$	s		Abtastintervall des OPC UA Servers bei Polling der TCP-Koordinaten
t_{BZ}	s		Belichtungszeit
$t_{sync,max}$	s		maximale zeitliche Streuung des Ergebnisses der Synchronisation
U_{MOKO}	V		Kollimationsspannung
Var	-		Varianz
VIF	-		Varianzinflationsfaktor
$\dot{V}_{FG}$	l/min		Fördergasvolumenstrom
$\dot{V}_{SG}$	l/min		Schutzgasvolumenstrom
v_v	m/s		Vorschubgeschwindigkeit
X	-		Koeffizientenschätzwert
Y_i	-		Regressionsfunktion
z_{Soll}	m		z-Koordinate der Sollhöhe
z_{TCP}	m		z-Koordinate des TCP
$\alpha_{rel,rot}$	°		
Δa_K	mm		Konturabstand
Δt	s		Zeitstempeldifferenz
Δt_{peak}	s		Zeitstempeldifferenz aufeinander folgender lokaler Maxima
$\Delta t_{WZ,hor}$			Horizontale Wiederkehrzeit
$\Delta t_{WZ,ver}$			Vertikale Wiederkehrzeit

Symbol	Einheit	Wert	Bedeutung
$\hat{\beta}_0$	-		Regressionskonstante
$\hat{\beta}_l$	-		Regressionskoeffizient
ε	-		Emissionsgrad
ε_i	-		Störgrößen
$\hat{\varepsilon}_i$	-		Residuum
λ	m		Wellenlänge
κ	J/(kg K)		Wärmekapazität
π	-		Kreiszahl (≈ 3,141593)
σ	$W/(m^2K^4)$	$5{,}670 \cdot 10^{-8}$	Stefan-Boltzmann-Konstante
Σ_{reg}	-		Kovarianzmatrix einer segmentierten Region

10.2 Abkürzungsverzeichnis

Abkürzung	Bedeutung
CCD	Charged-Coupled Device
CMOS	Complementary Metal-Oxide Semiconductor
CNN	Convolutional Neural Network
Co	Kobalt
CONV	Convolutional Layer
CUDA	Compute Unified Device Architecture
Cr	Chrom
DAQ	Data Acquisition Device
DED	Directed Energy Deposition
FA	Funktionale Anforderung
FC	Fully Connected Layer
Fe	Eisen
Ge	Germanium
GUI	Graphical User Interface
Hyp	Hypothese
InGaAs	Indiumgalliumarsenid
IR	Infraroter Wellenlängenbereich
JSON	JavaScript Object Notation
KNN	Künstliche neuronale Netze
LPBF	Laser Powder Bed Fusion
LENS	Laser Engineered Net Shaping
LMD	Laser Material Deposition
MSE	Mean Squared Error
MOKO	Motorische Kollimation
Mo	Molybdän
MRO	Maximaler relativer Offset
MVVM	Model View ViewModel

Abkürzung	Bedeutung
MW	Mittelwert
NC	Numerical Control
NFA	Nicht-funktionale Anforderung
Nb	Niob
Ni	Nickel
NI	National Instruments
OFAT	One Factor at a Time
OGW	Oberer Grenzwert
OPC UA	Open Platform Communications Unified Automation
PCA	Principal Component Analysis
PNP	Prozessnebenprodukte
POOL	Pooling Layer
SDK	Software Development Kit
Si	Silizium
SM	Softmax
SPS	Speicherprogrammierbare Steuerung
STAB	Standardabweichung
Ta	Tantal
Ti	Titan
TIFF	Tagged Image File Format
TCP	Tool Center Point
TCP_{S-1}	TCP des am nächsten liegenden Punktes der vorherigen Spur
TCP_{Sch-1}	TCP des am nächsten liegenden Punktes der vorherigen Schicht
TCP/IP	Transmission Control Protocol/Internet Protocol
UGW	Unterer Grenzwert
UML	Unified Modeling Language
VIS	Sichtbarer Wellenlängenbereich
WPF	Windows Presentation Foundation
XAML	Extensible Application Markup Language
YAG	Yttrium-Aluminium-Granat

11 Abbildungen und Tabellen

11.1 Abbildungsverzeichnis

Bild 1 Schematische Darstellung des laser- und pulverbasierten DED-Prozesses 3
Bild 2 Slicing eines CAD-Modells; ① CAD-Modell ② in Schichten unterteiltes Modell 4
Bild 3 Schematische Darstellung der Prozessführung für das DED-Verfahren; ① Hatching, ② Kontur 5
Bild 4 Elektromagnetische Emission während des DED-Prozesses 6
Bild 5 Spektrale spezifische Ausstrahlung für ausgewählte Temperaturen im Abhängigkeit der Wellenlänge 8
Bild 6 Schematische Darstellung der spektralen Empfindlichkeit von Photodioden auf Basis verschiedener Halbleiterwerkstoffe nach [40, 41] 10
Bild 7 Schmelzbadaufnahmen aus verschiedenen Publikationen, wobei in [53, 57] kein Maßstab angegeben wird 16
Bild 8 Datenverarbeitungsschritte bei konventionellen sowie auf KNN basierenden Ansätzen am Beispiel der Klassifikation eines Bildes 18
Bild 9 Schematische Darstellung der Vorgehensweise und Ergebniskapitel zur Beantwortung der Forschungsfragen 20
Bild 10 Bearbeitungskopf der Versuchsanlage inklusive angebrachter Sensorik ① Pulverdüse ② Substratplatte ③ Bearbeitungskopf ④ Kollimation ⑤ CMOS-Kamera ⑥ Lichtleitfaser zu Pyrometer 23
Bild 11 Strahlengang der verwendeten Bearbeitungsoptik 24
Bild 12 Detektierte Wellenlängenbereiche der verwendeten Sensoren im Vergleich mit der spektralen spezifischen Ausstrahlung M0λ 26
Bild 13 Schematische Darstellung des Überlappungsbereichs der CMOS-Aufnahmen 27
Bild 14 Verkabelung der Mess- und Anlagentechnik 27
Bild 15 Visualisierung des Verfahrweges des TCP für die Fertigung von Referenzproben anhand ortsaufgelöster Zeitstempel einer repräsentativen Schicht 29
Bild 16 Querschliffe von mit Referenzparametern gefertigten Proben 29
Bild 17 Over- und Underfitting bei Approximation einer Kosinusfunktion mittels Linearer Regression mit polynomiellen Merkmalen (nach [89]) 34
Bild 18 Komponenten eines Convolutional Neural Networks 36
Bild 19 Schematische Darstellung eines Convolutional Layers 37
Bild 20 Feature-Map vor und nach Anwendung von Max-Pooling (nach [91]) 38
Bild 21 Komponenten eines Autoencoders 39
Bild 22 Blockdiagramm der Architektur der entwickelten Software 43
Bild 23 Histogramm der Differenzen aufeinanderfolgender Zeitstempel Δt beim Polling der TCP-Koordinaten 45

Bild 24 Histogramm der Differenzen aufeinanderfolgender Zeitstempel Δt beim Polling der TCP-Koordinaten für Zeitstempeldifferenzen $\Delta t \geq 20$ ms 45
Bild 25 Histogramm der Differenzen aufeinanderfolgender Zeitstempel lokaler Maxima Δt_{peak} beim Polling der TCP-Koordinaten für Zeitstempeldifferenzen 46
Bild 26 Bildschirmaufnahme der Baumstruktur des Servers sowie der Attribute des Knotens der TCP-Koordinaten 47
Bild 27 Sequenz von Aufnahmen der thermischen Emission des Schmelzbades sowie von Prozessnebenprodukten 49
Bild 28 Sequenzdiagramm bei simultaner Datenerfassung mittels Softwaretrigger 50
Bild 29 Originalaufnahme (links) sowie kreisförmige Filterung der Emission der Pulverdüse (rechts) 53
Bild 30 Binarisierung des Bildes (links), Segmentierung (Mitte), Segmentierung nach Anwendung von morphologischem Öffnen (rechts) 53
Bild 31 Elliptische Approximation der Schmelzbademission inklusive der Haupt- und Nebenachse sowie des Schwerpunktes der Ellipse 55
Bild 32 Extraktion ausgewählter Features anhand verschiedener Aufnahmen der thermischen Emission 55
Bild 33 Beispielhafte Aufnahmen der Schmelzbademission bei der Belichtungszeit $t_{BZ} = 1$ µs 56
Bild 34 Beispielhafte Aufnahmen der Schmelzbademission bei Variation der Belichtungszeit t_{bz} 57
Bild 35 Länge in Spurrichtung sowie Breite senkrecht zur Spurrichtung der Schmelzbademission in Abhängigkeit der Belichtungszeit t_{BZ} 58
Bild 36 Visualisierung der Verteilung der Werte extrahierter Features für alle 2400 Bilder der Versuchsreihe 59
Bild 37 Zum Sensor abgestrahlte thermische Leistung $P_{th,Sensor}$ sowie der Breite der Spur b_{Spur} und Schmelzbademission b_{SBE} (nach [24]) 61
Bild 38 Schematische Darstellung der Bahnplanung der ersten Versuchsreihe 63
Bild 39 Signalverläufe des Pyrometers sowie des mittleren Grauwerts der Kamerabilder bei der 30. Spur 63
Bild 40 Position der mittels Pyrometrie detektierten positiven Emissionsflanke für die 30 Einzelspuren 65
Bild 41 Schematische Darstellung der Wiederkehrzeiten ① horizontale Wiederkehrzeit ΔtWZ,hor ② vertikale Wiederkehrzeit ΔtWZ,ver 68
Bild 42 Schematische Dartstellung des Wärmestroms QA bei eindimensionaler Temperatur- verteilung 70
Bild 43 Randabstände dR,⊥ und dR,∥ 71
Bild 44 Beispielhafte Darstellung von 10.000 Residuen der Emissionsfläche als Streudiagramm (links) und als Heatmap (rechts) 77
Bild 45 Residuen des reduzierten Gesamt-Regressionsmodells der Pyrometertemperatur TP in Heatmap-Darstellung 77
Bild 46 Residuen des reduzierten Gesamt-Regressionsmodells der Emissionsfläche AM in Heatmap-Darstellung 79

Bild 47 Durchschnittliche Emissionsfläche AM und Pyrometertemperaturen T_P abhängig von der Laserleistung PL 80
Bild 48 Tiefenbilder der Pyrometertemperatur TP und Emissionsfläche AM der Proben 4 (oben, PL = 336 W, vS = 382,5 mm/min), 2 (mittig, PL 408 W, vS 360 mm/min) und 6 (unten, PL = 504 W, vS = 382,5 mm/min). Alle Proben sind mit einer Grundfläche von 20 x 10 mm in y-Richtung ohne Cross-Hatching geschweißt 85
Bild 49 Tiefenbilder der Emissionsfläche AM entlang der x-Achse für die 10 x 20 mm Proben: 5 (oben): x-Richtung, PL = 432 W, vS = 517,5 mm/min: 6 (mittig): y-Richtung, PL = 504 W, vS = 382,5 mm/min; 7 (unten): Cross-Hatching, PL = 624 W, vS = 585 mm/min 86
Bild 50 Tiefenbilder der Emissionsfläche AM entlang der z-Achse für die Proben: 15 (links): x-Richtung, PL= 528 W, vS= 337,5 mm/min; 16 (mittig): y-Richtung, PL = 504 W, vS = 562,5 mm/min; 19 (unten): Cross-Hatching, PL = 456 W, vS = 562,5 = mm/min 87
Bild 51 Durchschnittliche Emissionsfläche AM in den Schichtdaten-sätzen abhängig von den durchschnitt-lichen Schichthöhen 88
Bild 52 Bestimmtheitsmaße der einzelnen Schichtmodelle der Emissionsfläche AM abhängig von der durchschnittlichen Schichthöhe 89
Bild 53 Effektstärken der verschiedenen unabhängigen Variablen in den einzelnen Schichtmodellen der Emissionsfläche AM abhängig von der durchschnittlichen Schichthöhe. Gestrichelt: Grenzwerte der Effektstärken nach Cohen (klein (lila) > 0,02, mittel (blau) > 0,15, stark (grün) > 0,35) 89
Bild 54 Architektur des identifizierten CNNS 97
Bild 55 Verlauf der mittleren Breite sowie der mittleren Länge der Emissionsfläche in Abhängigkeit der Laserleistung P_L 98
Bild 56 Prozessnebenprodukte pro Bild in Abhängigkeit der Laserleistung P_L 99
Bild 57 Korrelationsmatrix zwischen den extrahierten Features und der Laserleistung P_L 100
Bild 58 Konfusionsmatrix der Klassifikation mittels Random Forest 101
Bild 59 Gewichtung der Features nach der durch diese bedingte durchschnittliche Verkleinerung der Unreinheit der Knoten der Entscheidungsbäume 102
Bild 60 Verlauf der kategorischen Kreuzentropie sowie der Klassifikationsgenauigkeit für die Trainingsphase des CNNs 103
Bild 61 Konfusionsmatrix der Klassifikation mittels CNN 103
Bild 62 Kumulative erklärte Varianz über Hauptkomponenten der PCA 106
Bild 63 Architektur des implementierten Autoencoders sowie die Nummerierung der Schichten 107
Bild 64 Trainings- und Validierungsfehler für den Rekonstruktionsfehler des Autoencoder 108
Bild 65 Histogramm und relative kumulierte Verteilung der MSE der Aufnahmen des Testdatensatzes 109
Bild 66 Exemplarische Bilder des Testdatensatzes mit kleinem und großem Rekonstruktionfehler 110

Bild 67 Korrelationsmatrix der Effektstärken ausgewählter Features der CMOS-Aufnahmen auf die Bottleneckparameter des Autoencoders 112
Bild 68 Tiefenbilder der Rekonstruktionsfehler des Testdatensatzes der Referenzprobe 113
Bild 69 Gegenüberstellung anhand 3D-Profilometermessungen erfasster Sollhöhenabweichungen, ortsaufgelöster Emissionsflächen und Rekonstruktionsfehler für repräsentative Schichten mit Referenzparametern geschweißter Proben unterschiedlicher Höhen 115
Bild 70 Darstellung der Referenzprobe und isometrische Ansicht ausgewählter geometrischer Features und des Rekonstruktionsfehlers ① Referenzprobe ② Rekonstruktionsfehler MSE ③ Emissionsfläche ④ Anzahl Prozessnebenprodukte 117
Bild 71 Gegenüberstellung der Rekonstruktions-fehler und der Emissionsflächen für die CMOS-Aufnahmen des Testdatensatzes 122
Bild 72 Histogramm und relative kumulierte Häufigkeit der Emissionsflächen der CMOS-Aufnahmen des Testdatensatzes 122
Bild 73 Relative Abweichung der Schmelzbad-Emissionsfläche und des Rekonstruktionsfehlers bei Variation der Laserleistung 125
Bild 74 Relative Abweichung der Schmelzbad-Emissionsfläche und des Rekonstruktionsfehlers bei Variation der Vorschubgeschwindigkeit 126
Bild 75 Foto eines Boroskopflansch-Demonstrators 134
Bild 76 Ortsaufgelöste Zeitstempel einer exemplarischen Schicht für die Visualisierung der Verfahrstrategie bei der Fertigung des Demonstrators 134
Bild 77 Ortsaufgelöste Darstellung der Emissionsflächen für den Demonstrator 135
Bild 78 Ortsaufgelöste Darstellung der Rekonstruktionsfehler für den Demonstrator 136
Bild 79 Ergebnis der Ellenbogen-Methode des k-Means-Clusterings auf die Bottleneckparameter des Autoencoders 138
Bild 80 Isometrische Ansicht der ortsaufgelösten Clusterzuordnung für den Demonstrator 139
Bild 81 Übersicht der relativen Dichteverteilung der vier Cluster in der Draufsicht für den Demonstrator 140
Bild 82 Strahlkaustik sowie Leistungsdichteverteilung in der Arbeitsebene bei P_L = 1000 W und U_{MOKO} = 0 mV 173
Bild 83 Laserstrahldurchmesser in der Arbeitsebene $d_{L,TCP}$ in Abhängigkeit der Steuerspannung der motorischen Kollimation U_{MOKO} bei der Laserleistung P_L = 1000 W 174
Bild 84 Position des Pulverfokus nach der Justierung der Pulverdüse 175
Bild 85 Transmissionskurve des ersten Strahlteilers der verwendeten Bearbeitungsoptik 175
Bild 86 Transmissionskurve des zweiten Strahlteilers einer Bearbeitungsoptik der gleichen Produktreihe 176
Bild 87 Schritte der allgemeinen Kalibration 177
Bild 88 Temperatursignale der drei Kanäle 179

Bild 89 Spektrale Empfindlichkeit der verwendeten Kamera [80] 179
Bild 90 Mittels der Kamera erzeugte Aufnahme des R1DS1P - Positive 1951 USAF Test Target sowie die engsten gerade nicht mehr unterscheidbaren Linienpaare 180
Bild 91 Erster Tab der GUI: Komponenten des OPC UA Clients 185
Bild 92 Zweiter Tab der GUI: Konfiguration der Aufzeichnung der skalaren Daten 186
Bild 93 Dritter Tab der GUI: Konfiguration der Kamera, Aufzeichnung der Bilder und Live-View 187
Bild 94 Heatmap der standardisierten Korrelationskoeffizienten für ausgewählte Features der CMOS-Aufnahmen 194
Bild 95 Heatmap der Effektestärken für ausgewählte Features der CMOS-Aufnahmen 194
Bild 96: Residuenplots der einzelnen Schichtmodelle der Emissionsfläche AM sortiert nach zunehmender Höhe in Heatmapdarstellung 196
Bild 97: Residuenplots der einzelnen Schichtmodelle der Pyrometertemperatur TP sortiert nach zunehmender Höhe in Heatmapdarstellung 198
Bild 98 Durchschnittliche Pyrometer-temperatur TP in den Schichtdatensätzen abhängig von der durchschnittlichen Schichthöhe 199
Bild 99 Bestimmtheitsmaße der einzelnen Schichtmodelle der Pyromtertemperatur TP abhängig von der durchschnittlichen Schichthöhe 200
Bild 100: Effektstärken der verschiedenen unabhängigen Variablen in den einzelnen Schichtmodellen der Pyrometertemperatur TP abhängig von der durchschnittlichen Schichthöhe. Gestrichelt: Grenzwerte der Effektstärken nach Cohen (klein > 0,02, mittel > 0,15, stark > 0,35) 201
Bild 101 Anwendung der Hauptkomponentenanalyse auf einen zweidimensionalen Datensatz (nach [87]) 205
Bild 102 Kumulative erklärte Varianz der größten 150 Principal Components 206
Bild 103 Korrelationsmatrix der Regressionskoeffizienten ausgewählter Features der CMOS-Aufnahmen 208
Bild 104 Korrelationsmatrix der Korrelationskoeffizienten zwischen ausgewählten Features der CMOS-Aufnahmen und den Bottleneckparametern 209
Bild 105: Verläufe der Absolutwerte der P_L+ und P_L- Proben der Emissionsfläche (links) und den Rekonstruktionsfehler (rechts) 210
Bild 106: Verläufe der Absolutwerte der v_s+ und v_s- Probe der Emissionsfläche (links) und den Rekonstruktionsfehler (rechts) 211
Bild 107: Ergebnis des k-Means Clusterings mit markierten Cluster-Zentren 214
Bild 108 Histogramm für Cluster 1 215
Bild 109 Histogramm für Cluster 2 215
Bild 110 Histogramm für Cluster 3 216
Bild 111 Histogramm für Cluster 4 216
Bild 112 Höhenabhängige Verteilung der Cluster in den CMOS-Aufnahmen des Demonstrators 217

11.2 Tabellenverzeichnis

Tabelle 1 Chem. Zusammensetzung von Inconel 718 [82] 28
Tabelle 2 Referenzparametersatz für Volumenkörper 28
Tabelle 3 Referenzparametersatz für Einzelspurversuche 29
Tabelle 4 Ermittelte Features zur Beschreibung der Aufnahmen der thermischen Emission 52
Tabelle 5 Korrelationskoeffizienten zwischen der Belichtungszeit t_{BZ} und den Features des primären Featuresatzes 60
Tabelle 6 Variierte Prozessparameter mit Wertebereichen und ggf. Inkrementen 72
Tabelle 7 Mit Fedorov-Austauschalgorithmus festgelegte Parameter-kombinationen 73
Tabelle 8 Ergebnisse der Einzelspur- und Lagenversuchen mit daraus berechnetem Spurabstand und Lagenanzahl 74
Tabelle 9 Unabhängige und abgängige Variablen der Regressionsmodelle 75
Tabelle 10 Ergebnisse des reduzierten Gesamt-Regressionsmodells der Pyrometertemperatur TP; Kodierung Effektstärken nach Cohen: * schwach (>0,02), ** mittel (>0,15), *** stark (>0,35) 78
Tabelle 11 Ergebnisse des reduzierten Gesamt-Regressionsmodells der Emissionsfläche AE; Kodierung Effektstärken nach Cohen: * schwach (>0,02), ** mittel (>0,15), *** stark (>0,35) 79
Tabelle 12 Werte der Laserleistung P_L bei der Erstellung des Trainingsdatensatzes für das überwachte Lernen 95
Tabelle 13 Größe der Daten-sätze für das überwachte CNN-Modell 95
Tabelle 14 Hyperparameter der Gittersuche für Random Forest 96
Tabelle 15 Details der Schichten der identifizierten Architektur des CNNs 97
Tabelle 16 Größe der Datensätze für die Implementierung des Autoencoders 105
Tabelle 17 Details der Schichten des implementierten Autoencoders 107
Tabelle 18 Bezeichnungen und Parametervariationen der Testproben zur Sensitivität des Rekonstruktionsfehler und der Emissionsfläche 123
Tabelle 19 Repräsentative CMOS-Bilder der P_L- Probe inkl. der dazugehörigen Rekonstruktionen und Differenzbilder des Autoencoders 128
Tabelle 20 Repräsentative CMOS-Bilder der v_s+ Probe inkl. der dazugehörigen Rekonstruktionen und Differenzbilder des Autoencoders 129
Tabelle 21 Übersicht der mittels ortsaufgelöster Überwachung untersuchter prozessinhärenter Prozesseffekte 130
Tabelle 22 Charakterisierung der Cluster für $n_C = 4$ anhand der Emissionsfläche und Rekonstruktionsfehler der CMOS-Aufnahmen 141
Tabelle 23 Qualitätseigenschaften des Laserstrahls bei $P_L = 1000$ W und $U_{MOKO} = 0$ mV 174
Tabelle 24 Spezifikationen der verwendeten Kamera [80, 103] 180
Tabelle 25 Auflistung der implementierten Services des OPC UA Standards 184
Tabelle 26 Verwendete Software Development Kits für die Datenerfassung 188

Tabelle 27 Verwendete Bibliotheken für die Datenanalyse 188
Tabelle 28 Varianzinflations-faktoren der 15 Schichtmodelle der Emissionsfläche AM sortiert nach zunehmender Schichthöhe 195
Tabelle 29 Varianzinflations-faktoren der 15 Schichtmodelle der Pyrometertemperatur TP sortiert nach zunehmender Schichthöhe 197
Tabelle 30 Ergebnis der Gittersuche für den Random Forest Klassifikator 203
Tabelle 31: Layer des Clustering Autoencoders 207
Tabelle 32: Repräsentative CMOS-Bilder der P_L+ Probe mit zusätzlichen physikalischen Features 212
Tabelle 33: Repräsentative CMOS-Bilder der P_L- Probe mit zusätzlichen physikalischen Features 212
Tabelle 34: Repräsentative CMOS-Bilder der v_s+ Probe mit zusätzlichen physikalischen Features 213
Tabelle 35: Repräsentative CMOS-Bilder der v_s- Probe mit zusätzlichen physikalischen Features 213

12 Anhang

12.1 Ergänzungen zu Kapitel 3

12.1.1 Vermessung der Komponenten der Versuchsanlage

Strahlkaustik

Die Messung der Strahlkaustik erfolgt mit dem FocusMonitor FM+ der Firma Primes GmbH, 64319 Pfungstadt. Die Auswertung wird mithilfe der zugehörigen Software LaserDiagnosticsSoftware in der Version 1.0.1.0 durchgeführt. Der Laserstrahlradius wird mittels jener Fläche bestimmt, durch die 86% der Gesamtlaserleistung in dieser Ebene eingeschlossen werden. [120]

Die Strahlkaustik sowie die Leistungsdichteverteilung in der Arbeitsebene werden in Bild 82 gezeigt. Hierbei wird U_{MOKO} = 0 mV über die Maschinensteuerung sowie P_L = 1000 W über das Steuergerät des Lasers vorgegeben. Die bei diesen Prozessparametern ermittelten Qualitätseigenschaften des Laserstrahls werden in Tabelle 23 angegeben.

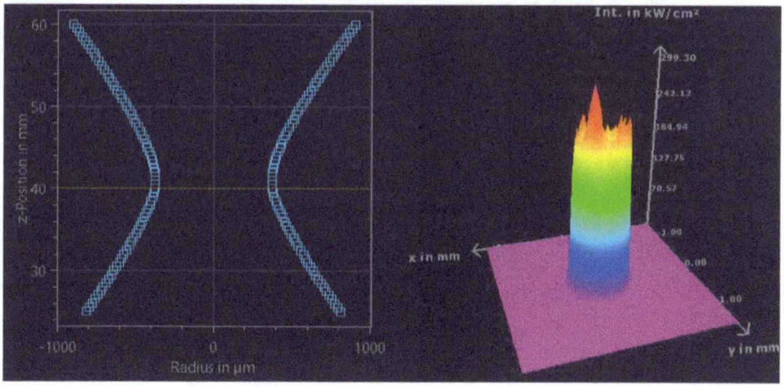

Bild 82
Strahlkaustik sowie Leistungsdichteverteilung in der Arbeitsebene bei P_L = 1000 W und U_{MOKO} = 0 mV

Tabelle 23
Qualitätseigenschaften des Laserstrahls bei P_L = 1000 W und U_{MOKO} = 0 mV

Größe	Wert
Divergenzwinkel [mrad]	88,57
Fokusradius [µm]	384,71
Strahlqualität M²	53,41
Rayleighlänge [mm]	8,69
Strahlparameterprodukt [mm*mrad]	17,037

In Bild 83 wird der Zusammenhang zwischen der durch die NC der Werkzeugmaschine vorgegebenen Steuerspannung der motorischen Kollimation U_{MOKO} und des Laserstrahldurchmessers in der Bearbeitungsebene $d_{L,TCP}$ dargestellt. Die Solllaserleistung P_L = 1000 W wird direkt am Steuergerät des Lasers eingestellt.

Bild 83
Laserstrahldurchmesser in der Arbeitsebene $d_{L,TCP}$ in Abhängigkeit der Steuerspannung der motorischen Kollimation U_{MOKO} bei der Laserleistung P_L = 1000 W

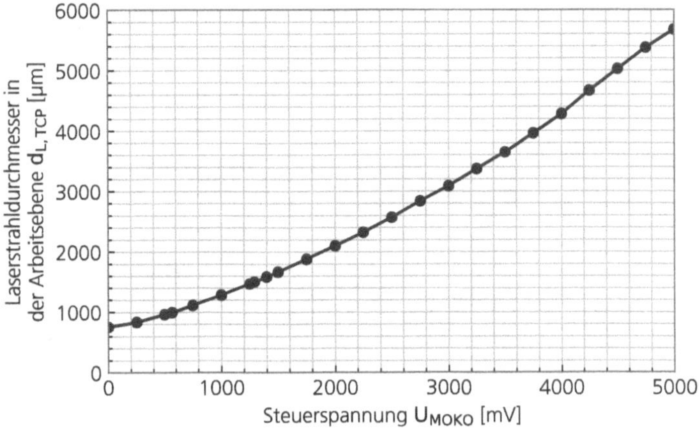

Einstellung des Pulverfokus

In Bild 84 wird die Position des Pulverfokus in Relation zum Laserspot für zwei verschiedene Belichtungseinstellung dargestellt.

Bild 84
Position des Pulverfokus nach der Justierung der Pulverdüse

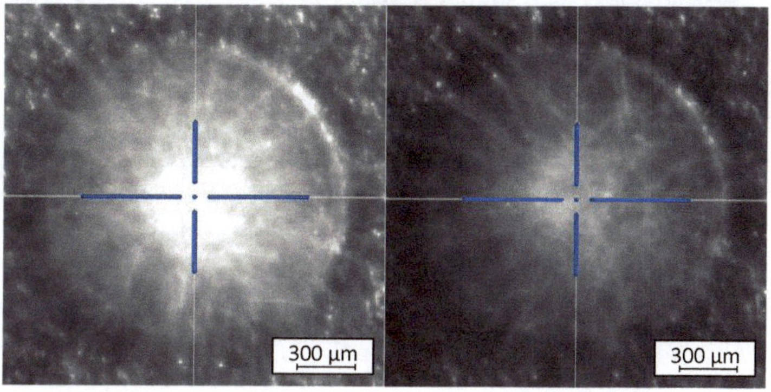

Transmissionskurven der Strahlteiler

Die in Bild 85 und Bild 86 gezeigten Transmissionskurven werden durch den Hersteller der Bearbeitungsoptik bereitgestellt. Dabei entspricht die Transmissionskurve des ersten Strahlteilers jener der verwendeten Bearbeitungsoptik. Die Transmissionskurve des zweiten Strahlteilers wird anhand einer Bearbeitungsoptik der gleichen Produktreihe bestimmt.

Bild 85
Transmissionskurve des ersten Strahlteilers der verwendeten Bearbeitungsoptik

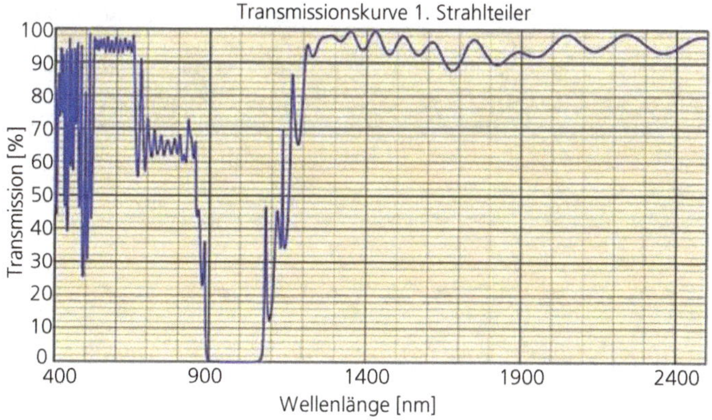

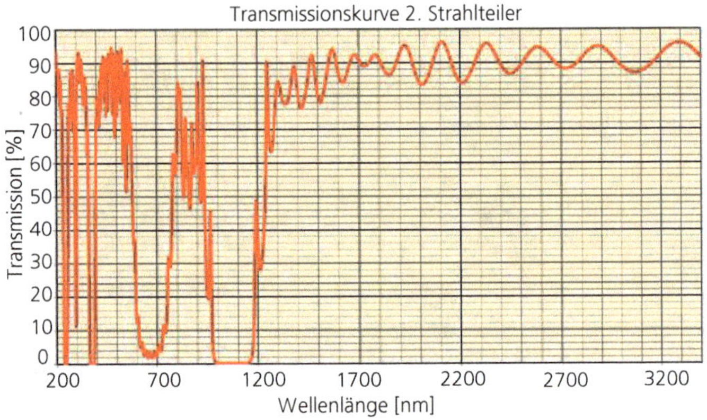

Bild 86
Transmissionskurve des zweiten Strahlteilers einer Bearbeitungsoptik der gleichen Produktreihe

12.1.2 Kalibrierung des Pyrometers

Durch die Kalibrierung des Quotientenpyrometers werden optische Verluste durch die im Pyrometer verbauten Linsen bei der Messung detektiert und korrigiert. Zudem werden geeignete Werte für die Emissionsgrade in beiden Wellenlängen sowie das Emissionsgradverhältnis und der Messfleckdurchmesser des Pyrometers bestimmt. Die Kalibrierung erfolgt in drei Schritten.

Im ersten Schritt werden die genannten optischen Verluste detektiert und korrigiert. Hierfür wird mittels des portablen Temperaturstrahlers HE1200 des Unternehmens Sensortherm GmbH eine allgemeine Kalibration nach Herstellerangaben durchgeführt, wodurch zusätzlich die Angabe der gemessenen thermischen Emission in Einheiten der Temperatur ermöglicht wird.

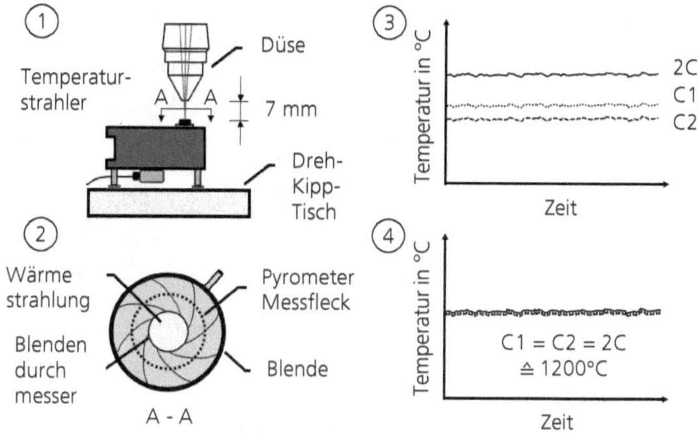

Bild 87 Schritte der allgemeinen Kalibration

① Position der Düse
② Relevante Größen an der Blende
③ Temperatursignale vor der Kalibrierung
④ Temperatursignale nach der Kalibration

Die Düse wird zentrisch über die Blende des Temperaturstrahlers platziert. Der Abstand zwischen Düse und Blende in der z-Achse wird auf den Nennabstand der Düse von 7 mm festgesetzt. Am Temperaturstrahler wird die maximale Arbeitstemperatur eingestellt. Anschließend werden die Werte der Emissionsgrade sowie des Emissionsgradverhältnisses in den drei Kanälen des Quotientenpyrometers mithilfe der Software SensorTools des Pyrometerherstellers manuell variiert, bis in allen Kanälen die maximale Arbeitstemperatur von 1200 °C angezeigt wird. Durch die drei Kanäle werden die Messwerte der zwei Sensoren benachbarter Messwellenlänge C1 und C2 sowie der Messwert durch Bilden des Strahlungsverhältnisses (des Quotienten) 2C repräsentiert.

Im nächsten Schritt wird der Messfleckdurchmesser des Pyrometers bestimmt. Hierfür wird die Blende des Temperaturstrahlers auf einen spezifischen Durchmesser festgesetzt. Gleichzeitig wird die Kollimationslinse des Pyrometers verschoben, sodass eine Messsignalstärke von 100% in der Software SensorTools detektiert wird. In diesem Fall ist der Messfleckdurchmesser des Pyrometers kleiner als der Durchmesser der Blende, was durch das Fehlen von Energieverlusten sowie anderer Wärmestrahlungsquellen ausgenommen des Temperaturstrahlers begründet wird. Im Anschluss wird die Kollimationslinse des Pyrometers erneut verschoben, bis ein Abfall der Signalstärke beobachtet wird. Dieser Rückgang ist gleichzusetzen mit der Annäherung des Messfleckdurchmessers an den festgesetzten Durchmesser der Blende. Dieses Vorgehen muss für alle benötigten diskreten Messfleckdurchmesser wiederholt werden.

Der dritte Schritt besteht aus der Bestimmung des Emissionsgradverhältnisses. Unter Annahme des gleichen Emissionsgrades bei beiden Messwellenlängen ist der Quotient und damit die Temperaturmessung unabhängig vom Emissionsgrad. Diese Annahme wird allerdings nur bei Schwarzen Strahlern erfüllt. Bei realen Körpern wird eine Abweichung der Messung von der realen Temperatur festgestellt.

Zur Überprüfung der Emissionsgrade bei den beiden Messwellenlängen wird eine Temperaturmessung durchgeführt. Hierbei werden beide Emissionsgrade zu $\varepsilon_1=\varepsilon_2=1$ festgelegt. Durch ε_1 und ε_2 werden die Emissionsgrade der Kanäle C1 und C2 charakterisiert. Aus dem ermittelten Unterschied der gemessenen Temperatur in den Kanälen C1 und C2 wird ein Unterschied der Emissionsgrade geschlussfolgert. Hieraus resultiert die Notwendigkeit der Bestimmung des Emissionsgradverhältnisses $\varepsilon_{V,}$ das nach

12.1
$$\varepsilon_V = \frac{\varepsilon_1}{\varepsilon_2}$$

berechnet wird. Die Messung im Kanal 2C erfolgt unabhängig von den eingestellten Einzelemissivitäten ε_1 und ε_2 und wird nur vom Emissionsgradverhältnis ε_V beeinflusst. Dieses kann zwischen den Werten 0,8 und 1,2 variiert werden. Zur Bestimmung eines geeigneten Emissionsgradverhältnisses bei der Verwendung von IN718 wird nachfolgende Versuchsreihe durchgeführt.

Zunächst wird ein Parametersatz für einen DED-Prozess entwickelt, bei dem das verwendete Inconel718-Pulver innerhalb einer Einzelspur der Länge 10 mm gerade umgeschmolzen wird. Hierbei wird zu Beginn der Einzelspur noch keine Umschmelzung beobachtet. Im Anschluss wird die Strecke bis zum Beginn des Umschmelzvorgangs innerhalb der Einzelspur vermessen und durch

12.2
$$t_m\,[s] = \frac{\text{Strecke bis zum Beginn des Umschmelzvorgangs [mm]}}{\text{Verwendete Vorschubgeschwindigkeit } [\frac{mm}{s}]}$$

in die Zeit bis zum Umschmelzen t_M umgerechnet. Die Schmelztemperatur des verwendeten IN718 zu ca. 1330 °C bestimmt. Nachfolgend wird das Emissionsgradverhältnis ε_V variiert, bis in der berechneten Zeit zum Umschmelzen t_M die Schmelztemperatur des Pulvermaterials T_M in der Software detektiert wird. Zusätzlich werden die Einzelemissionsgrade ε_1 und ε_2 bis zur Einstellung der gleichen Messtemperatur in beiden Kanälen C1 und C2 variiert. Die Temperatursignale während des beschriebenen Vorgehens werden in Bild 88 veranschaulicht. Die Emissionsgrade werden zu $\varepsilon_1 = 0{,}246$ und $\varepsilon_2 = 0{,}250$, das Emissionsgradverhältnis zu $\varepsilon_V = 1{,}001$ bestimmt.

Bild 88
Temperatursignale der drei Kanäle

① $\varepsilon_v = \varepsilon_1 = \varepsilon_2$, vor der Bestimmung von ε_v

② $\varepsilon_v \neq \varepsilon_1 \neq \varepsilon_2$, nach der Bestimmung von ε_v

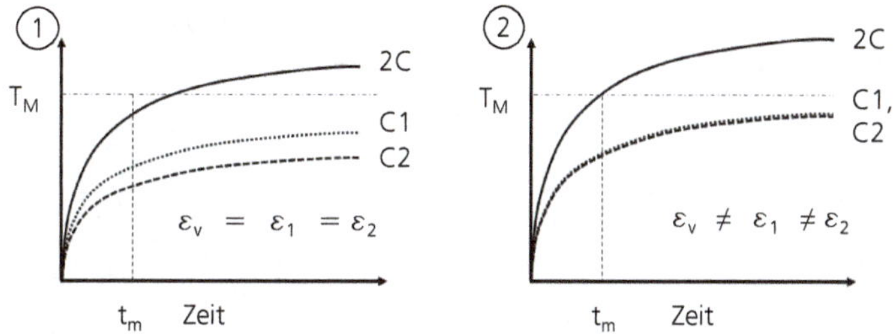

12.1.3 Spezifikationen der CMOS-Kamera

In Bild 89 wird die Kurve der spektralen Empfindlichkeit der verwendeten Kamera dargestellt. In Tabelle 24 werden Spezifikationen der Kamera aufgeführt. Diese Informationen werden der Herstellerwebsite entnommen.

Bild 89
Spektrale Empfindlichkeit der verwendeten Kamera [80]

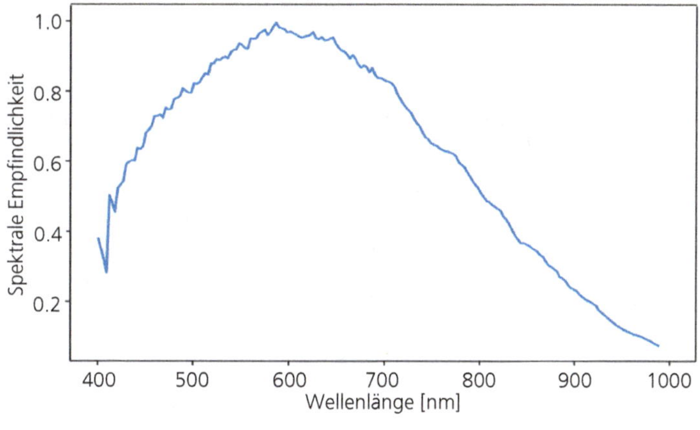

Tabelle 24
Spezifikationen der verwendeten Kamera [80, 103]

Parameter	Wert
Verbauter Sensor	Sony IMX392LQR-C
Auflösung	1920 px x 1200 px (2,3 MP)
Sensorgröße	6,6 mm x 4,1 mm
Pixelgröße	3,45 µm x 3,45 µm
Framerate bei Standardeinstellung	51 fps
Verschluss	Global
Bildformat	Mono, 8 – 12 bit
Quanteneffizient (typisch)	62,2%
Dark Noise (typisch)	2,6 e^-
Saturation Capacity (typisch)	10,5 ke^-
Dynamikbereich (typisch)	71,7 dB
Signal-Rausch-Verhältnis (typisch)	40,2 dB

Die Auflösung der Kamera in Verbindung mit dem Strahlengang der Bearbeitungsoptik wird anhand des R1DS1P - Positive 1951 USAF Test Target der Firma Thorlabs bestimmt. Die im Fokus des Abbildungssystems erfasste Aufnahme des Normals wird in Bild 90 gezeigt. Dabei werden die engsten gerade nicht mehr unterscheidbaren horizontalen sowie vertikalen Linienpaare hervorgehoben.

Bild 90
Mittels der Kamera erzeugte Aufnahme des R1DS1P - Positive 1951 USAF Test Target sowie die engsten gerade nicht mehr unterscheidbaren Linienpaare

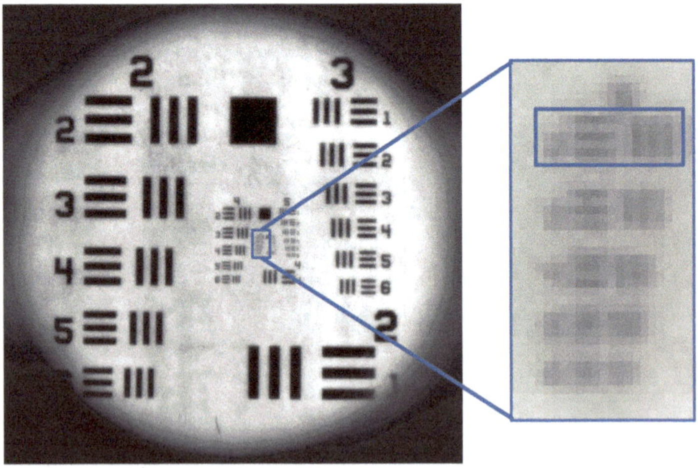

12.2 Ergänzungen zu Kapitel 4

12.2.1 Code zum Polling der TCP-Koordinaten

Polling erfolgt anhand des wiederholten Aufrufs des Read Services des OPC UA Standards. Die implementierte asynchrone Programmlogik wird in Quellcode 1 aufgeführt, wobei lediglich die essenziellen Schritte gezeigt werden.

Quellcode 1 Essenzielle Programmlogik der Polling Funktionalität

```
/// <summary>
/// Reads nodes from Server and initiates <see cref="DataLog-
ger.WritePolledRow(List{DateTime}, List{object})"/>.
/// </summary>
/// <param name="NodesToPollCollection">Nodes to periodi-
cally read from server.</param>
private void PollNodes(ReadValueIdCollection NodesToPollCollection)
{
    DateTime timestamp = new DateTime();
    object value;
    ResponseHeader responseHeader = ActiveSession.Read(
            null,
            Int32.MaxValue,
            TimestampsToReturn.Source,
            NodesToPollCollection,
            out DataValueCollection results,
            out DiagnosticInfoCollection diagnosticInfos);

    List<object> values = new List<object>();
    List<DateTime> timestamps = new List<DateTime>();

    for (int ii = 0; ii < NodesToPollCollection.Count; ii++)
    {
        values.Add(null);
        timestamps.Add(new DateTime());
        value = results[ii].Value;
        timestamp = results[ii].SourceTimestamp;
        values[ii] = value;
        timestamps[ii] = timestamp;
    }
     dataLogger.WritePolledRow(timestamps, values);
}
```

Fortsetzung Quell-
code 1

```
/// <summary>
/// Starts logging by polling and executes until <see cref="PausePoll-
ing(string)"/> is called.
/// </summary>
/// <param name="NodesToPollCollection">Nodes to periodi-
cally read from server.</param>
public void StartPolling(ReadValueIdCollection NodesToPollCollection)
{
    IsPolling = true;
    var cancellationTokenSource = new CancellationTokenSource();
    var token = cancellationTokenSource.Token;
    var listener = Task.Run(() =>
    {
        while (true)
        {
            if (IsPolling)
            {
                PollNodes(NodesToPollCollection);
            }
            else
            {
                cancellationTokenSource.Cancel();
                break;
            }
        }
    }, token);
}

/// <summary>
/// Pauses polling and calls <see cref="DataLogger.SaveLoggedData-
ToFile(string)"/>
/// </summary>
/// <param name="path">Path of file to safe logged data to.</param>
public async Task PausePolling(string path)
{
    IsPolling = false;

    // save buffererd data in DataLogger instance into file
    DataTable opcuaDataBlock = await Task.Run(()
        => dataLogger.SaveLoggedDataToFile(path)).ConfigureAwait(false);
}
```

12.2.2 Ermittlung der Genauigkeit der DateTime-Struktur für den Anwendungsrechner

Die Genauigkeit der Zeitstempel der Systemzeit eines Rechners wird durch Abhängigkeit von dem zugrundeliegenden Betriebssystem sowie der Prozessorarchitektur charakterisiert. Die Genauigkeit der Zeitstempel der Systemzeit des Anwendungsrechners wird nach [107] anhand des in Quellcode 2 aufgeführten C#-Codes zu 2 ms bestimmt. Der Zeitstempel wird dabei mittels der DateTime Struktur erfasst, die im .Net-Framework integriert ist.

Quellcode 2 Programm zur Bestimmung der Genauigkeit von Zeitstempeln

```
using System;

namespace ClockTest
{
    class Program
    {
        static void Main(string[] args)
        {
            long ticks = DateTime.Now.Ticks;
            int i = 0;
            while (i < 100000)
            {
                if (ticks != DateTime.Now.Ticks)
                {
                    ticks = DateTime.Now.Ticks;
                    Console.WriteLine(ticks/10000);
                    i++;
                }
                else
                {
                    Console.WriteLine("same");
                }
            }
            Console.ReadLine();
        }
    }
}
```

12.2.3 Auflistung der verwendeten Services des OPC UA Standards

Die in Tabelle 25 aufgelisteten Services nach Kapitel 5 des OPC UA Standards in [100] werden durch die im Rahmen der Arbeit entwickelten Softwarelösung implementiert. Die Bezeichnungen entsprechen hierbei jenen im verwendeten .Net Standard Software Development Kit der OPC Foundation [98].

Tabelle 25
Auflistung der implementierten Services des OPC UA Standards

Service	Ziel
Browse	Anforderung der Informationen eines Knotens Verwendet für die Erstellung der Serverbaums
BrowseNext	Sukzessive Anforderung von Informationen aufeinanderfolgender Knoten Verwendet für die Erstellung der Serverbaums
CloseSession	Terminieren der Verbindung zum OPC UA Server
CreateMonitoredItem	Initialisierung des Monitorings für einen Knoten
CreateSession	Initialisierung der Verbindung zum OPC UA Server
CreateSubscription	Erstellen einer Subscription für das Monitoring von Knoten
DeleteMonitoredItem	Entfernen des Monitorings für einen Knoten
GetEndpoints	Durchsuchen eines Netzwerks nach verfügbaren Endpunkten von OPC UA Servern
ModifyMonitoredItem	Modifizierung der Parameter des Monitorings für einen Knoten
Read	Lesen des Wertes eines Knotens Polling erfolgt durch wiederholte Lesezugriffe
RegisterNodes	Registrierung von Serverknoten für optimierten wiederholten Lesezugriff
UnregisterNodes	Entfernen der Registrierung von Serverknoten

12.2.4 Bildschirmaufnahmen der Tabs

Die GUI der implementierten Software wird in drei Tabs gegliedert. Hierbei wird anhand des ersten Tabs die Funktion OPC UA Client dargestellt, während die Konfiguration der Aufzeichnung der skalaren Daten im zweiten Tab erfolgt. Die Einstellung der Datenerfassung sowie Live-View des Kamerabildes erfolgt im dritten Tab. Bildschirmaufnahmen aller drei Tabs werden im Folgenden dargestellt.

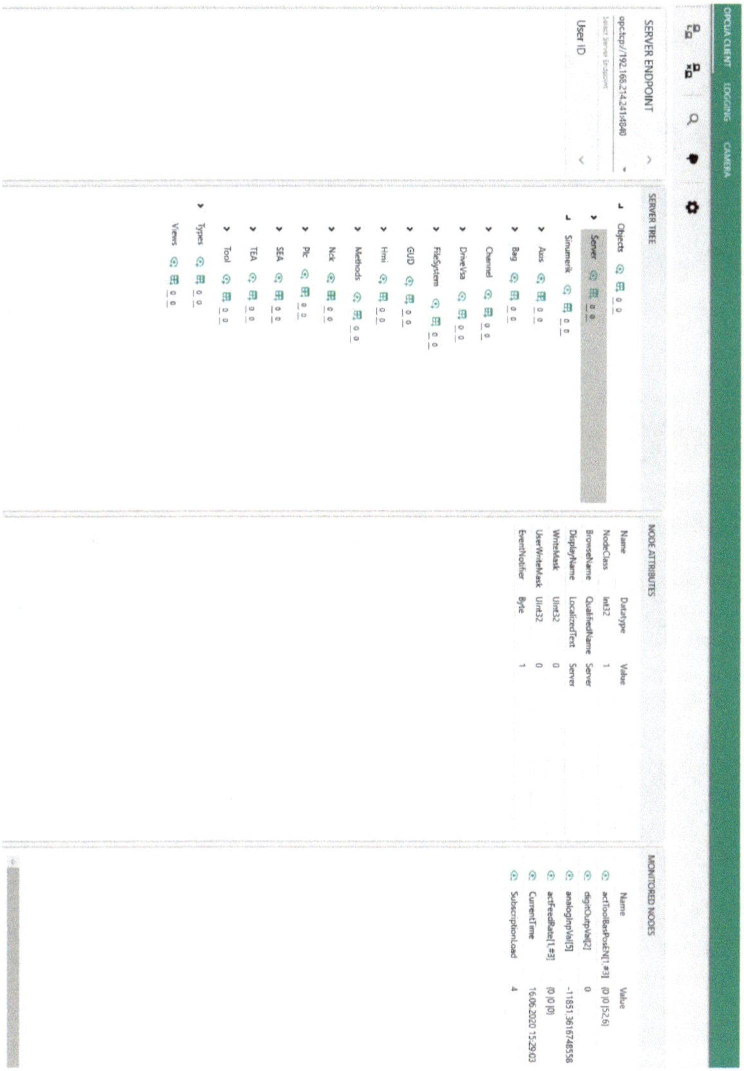

Bild 91
Erster Tab der GUI: Komponenten des OPC UA Clients

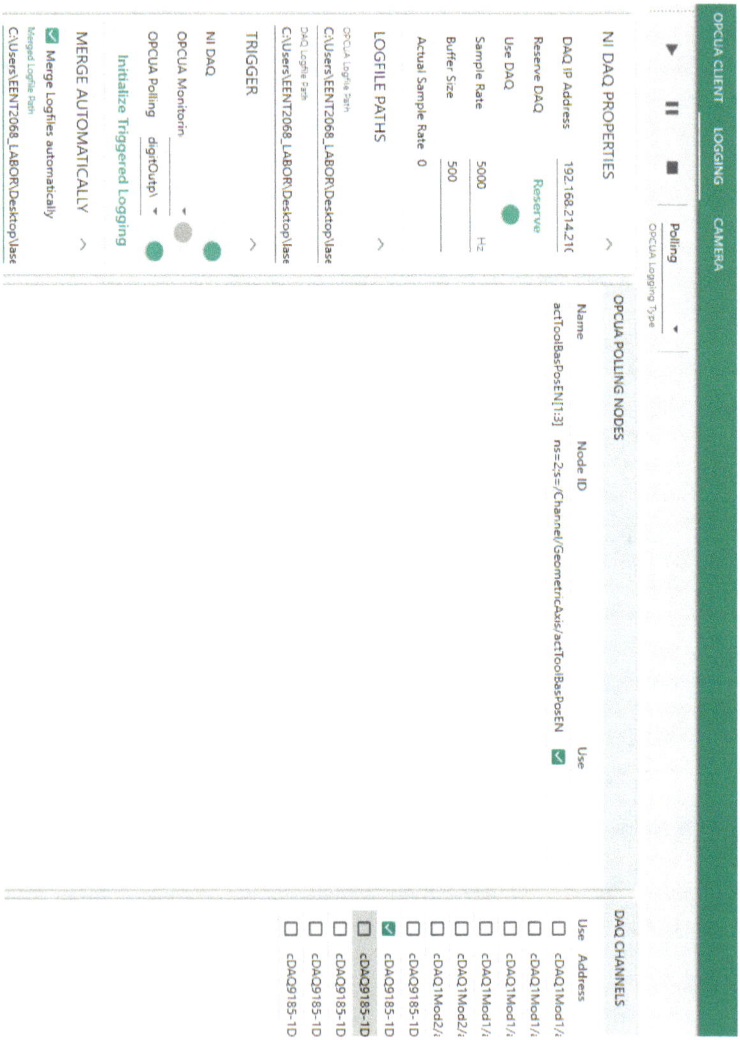

Bild 92
Zweiter Tab der GUI: Konfiguration der Aufzeichnung der skalaren Daten

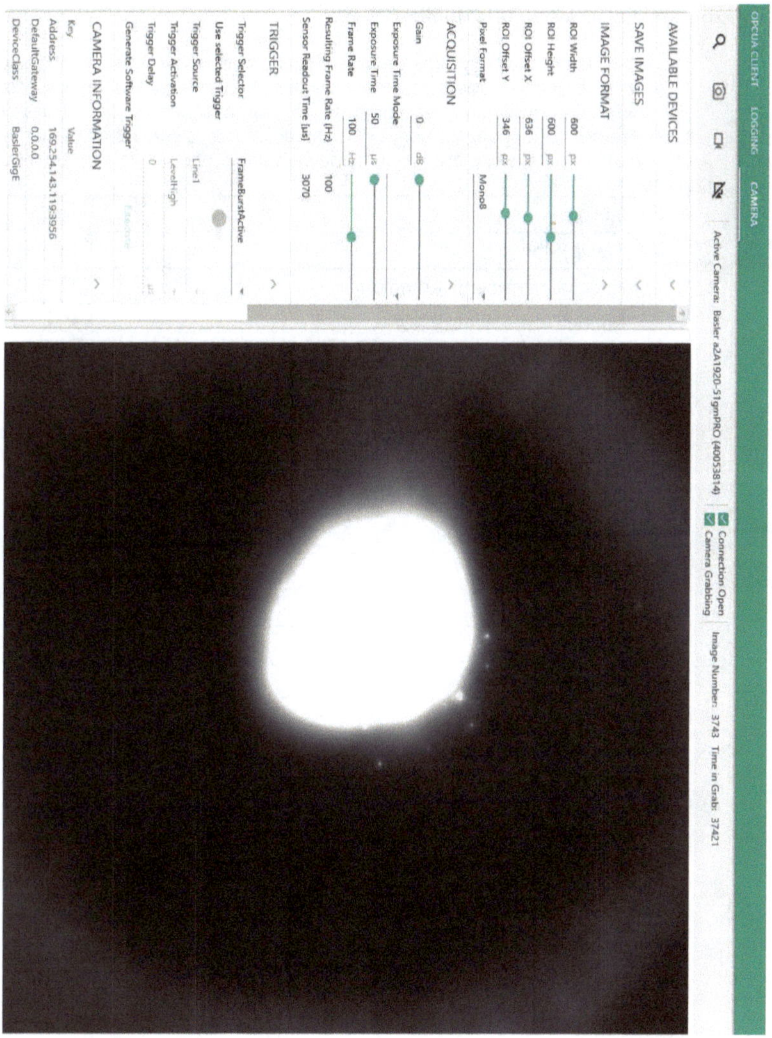

Bild 93
Dritter Tab der GUI: Konfiguration der Kamera, Aufzeichnung der Bilder und Live-View

12.2.5 Programmiersprachen und -bibliotheken

Die Datenerfassung erfolgt mittels der im Rahmen der Arbeit entwickelten Softwarelösung ProcessAccess in der Version 2.4.0, die in Abschnitt 4 beschrieben wird. Die Entwicklung erfolgt in der Programmiersprache C# auf Basis des .Net Frameworks in der Version 4.6.1. Dabei werden die in Tabelle 26 angeführten Software Development Kits in der jeweils angegebenen Version eingebunden.

Tabelle 26 Verwendete Software Development Kits für die Datenerfassung

Bibliothek	Version
Basler.Pylon	1.1.0.0
NationalInstruments.Common	17.5.40.49153
NationalInstruments.DAQmx	19.6.45.1
OPCFoundation.NetStandard.Opc.Ua	1.4.360.33

Die Datenauswertung sowie die Erstellung der Bildauswertungspipeline erfolgen mithilfe der Programmiersprache Python in der Version 3.8 sowie den in Tabelle 27 aufgeführten Bibliotheken in der jeweils angegebenen Version.

Tabelle 27 Verwendete Bibliotheken für die Datenanalyse

Bibliothek	Version
matplotlib	3.3.2
mlxtend	0.17.3
numpy	1.19.2
pandas	1.1.2
pillow	7.2.0
scikit-image	0.17.2
scikit-learn	0.23.2
scipy	1.5.2
seaborn	0.11.1
tensorflow	2.1.0
tensorflow-gpu	2.1.0
tifffile	2020.9.28

12.3 Ergänzungen zu Kapitel 5

12.3.1 Codes zur Berechnung von unabhängigen Größen

Quellcode 3 Essenzielle Programmlogik zur Berechnung der Wiederkehrzeiten

```
def calculate_cooling_times_hatch(self, selector: tuple = None,
                                  show_progress=True,
                                  progress_msg: str = "cooling_times"):

    def layer_closest(point: pd.Series, df: pd.DataFrame, radius=1.0):
        between_x = df[self.x_str].between(point[self.x_str] - radius,
                                           point[self.x_str] + radius)
        between_y = df[self.y_str].between(point[self.y_str] - radius,
                                           point[self.y_str] + radius)
        df_subset = df[between_x & between_y]
        if df_subset.shape[0] == 0:
            df_subset = df
        deltas = (df_subset[[self.x_str, self.y_str]] -
                  point[[self.x_str, self.y_str]])
        idx_closest = np.linalg.norm(deltas.astype(float),
axis=1).argmin()
        return df_subset.iloc[idx_closest, :]

    def track_closest(point: pd.Series, df: pd.DataFrame):
        deltas = (df[[self.x_str, self.y_str]] -
                  point[[self.x_str, self.y_str]])
        idx_closest = np.linalg.norm(deltas.astype(float),
axis=1).argmin()
        return df.iloc[idx_closest, :]

    if selector is None:
        selector = (True,) * 4
    if len(selector) != 4:
        raise ValueError("Cooling times selector has invalid length")

    for layer_idx, layer in enumerate(tqdm(self.layers, desc=pro-
gress_msg,
                                           disable=not show_progress)):
        if selector[0] and layer_idx != 0:  # vert_bw
            layer_below = self.layers[layer_idx - 1].df
            for track in layer.tracks:
                track_df = track.df.copy()
                track_df["cooling_time_vert_bw"] = np.nan
                track_df.iloc[:, -1] = track_df.apply(
                    lambda point:
                    (point[self.time_str] -
                     layer_closest(point, layer_below)[self.time_str]),
                    axis=1)
                track.df = track_df

        if selector[1] and layer_idx != len(self.layers) - 1:  #
```

```
vert_aw
            layer_above = self.layers[layer_idx + 1].df
            for track in layer.tracks:
                track_df = track.df.copy()
                track_df["cooling_time_vert_aw"] = np.nan
                track_df.iloc[:, -1] = track_df.apply(
                    lambda point:
                    (layer_closest(point, layer_above)[self.time_str] -
                     point[self.time_str]),
                    axis=1)
                track.df = track_df

        if selector[2]:  # hori_bw
            for track_idx, track in enumerate(layer.tracks):
                if track_idx == 0:
                    continue
                track_df = track.df.copy()
                track_prev = layer.tracks[track_idx - 1].df
                track_df["cooling_time_hori_bw"] = np.nan
                track_df.iloc[:, -1] = track_df.apply(
                    lambda point:
                    (point[self.time_str] -
                     track_closest(point, track_prev)[self.time_str]),
                    axis=1)
                track.df = track_df

        if selector[3]:  # hori_aw
            for track_idx, track in enumerate(layer.tracks):
                if track_idx == len(layer.tracks) - 1:
                    continue
                track_df = track.df.copy()
                track_next = layer.tracks[track_idx + 1].df
                track_df["cooling_time_hori_aw"] = np.nan
                track_df.iloc[:, -1] = track_df.apply(
                    lambda point:
                    (track_closest(point, track_next)[self.time_str] -
                     point[self.time_str]),
                    axis=1)
                track.df = track_df

    self.update_dataframes(level="tracks")
```

Quellcode 4 Essenzielle Programmlogik zur Berechnung der Randabstände

```
def calculate_edge_distances(self, selector: tuple = None,
                             show_progress=True,
                             progress_msg: str = "edge_distances"):

    if selector is None:
        selector = (True,) * 5

    if len(selector) != 5:
        raise ValueError("Edge distance selector has invalid length")

    if selector == (False, False, False, False, True):
        raise Exception("""Min edge distance can't be calculated if no
                        other edge distance is selected""")

    for layer in tqdm(self.layers, disable=not show_progress,
                      desc=progress_msg):
        df_first_track = layer.tracks[0].df
        first_track_start = df_first_track.iloc[
            0, [df_first_track.columns.get_loc(self.x_str),
                df_first_track.columns.get_loc(self.y_str)]].to_numpy()
        first_track_end = df_first_track.iloc[
            -1, [df_first_track.columns.get_loc(self.x_str),
                 df_first_track.col-
umns.get_loc(self.y_str)]].to_numpy()

        df_last_track = layer.tracks[-1].df
        last_track_start = df_last_track.iloc[
            0, [df_first_track.columns.get_loc(self.x_str),
                df_first_track.columns.get_loc(self.y_str)]].to_numpy()
        last_track_start_rel = last_track_start - first_track_start

        layer_direction = first_track_end - first_track_start
        layer_direction = layer_direction / np.linalg.norm(layer_direc-
tion)

        orthogonal_direction = np.array([layer_direction[1],
                                         -layer_direction[0]])

        if np.dot(orthogonal_direction, last_track_start_rel) > 0:
            layer_is_right_handed = True
        else:
            layer_is_right_handed = False
            orthogonal_direction = -orthogonal_direction

        layer_width = np.dot(orthogonal_direction,
last_track_start_rel)
```

```
for track in layer.tracks:
            track_df = track.df.copy()

            track_start = track.df.iloc[
                0, [track.df.columns.get_loc(self.x_str),
                    track.df.columns.get_loc(self.y_str)]].to_numpy()
            track_start_rel = track_start - first_track_start

            track_end = track.df.iloc[
                -1, [track.df.columns.get_loc(self.x_str),
                     track.df.columns.get_loc(self.y_str)]].to_numpy()

            if np.dot(layer_direction, track_end - track_start) > 0:
                track_is_reversed = False
            else:
                track_is_reversed = True

            edge_distance_left = np.nan
            edge_distance_right = np.nan
            if selector[0] or selector[1]:
                edge_distance_left = np.dot(orthogonal_direction,
                                            track_start_rel)
                edge_distance_right = layer_width - edge_distance_left

                if not layer_is_right_handed:
                    edge_distance_left, edge_distance_right = \
                        edge_distance_right, edge_distance_left

                if selector[0]:
                    track_df["edge_distance_left"] = edge_distance_left
                if selector[1]:
                    track_df["edge_distance_right"] = edge_dis-
tance_right

            edge_distances_front = [np.nan] * len(track_df)
            edge_distances_back = [np.nan] * len(track_df)
            if selector[2] or selector[3]:
                diff_front = track_end -
track_df[[self.x_str,self.y_str]]
                edge_distances_front = np.linalg.norm(
                    diff_front.astype(float), axis=1)

                diff_back = track_start -
track_df[[self.x_str,self.y_str]]
                edge_distances_back = np.linalg.norm(
                    diff_back.astype(float), axis=1)

                if track_is_reversed:
                    edge_distances_front, edge_distances_back = \
                        edge_distances_back, edge_distances_front

                if selector[2]:
```

```
                    track_df["edge_distance_front"] = edge_dis-
tances_front
                if selector[3]:
                    track_df["edge_distance_back"] = edge_dis-
tances_back



            if selector[4]:
                edge_distances = \
                    pd.DataFrame(
                        {"left": [edge_distance_left] *
track_df.shape[0],
                         "right": [edge_distance_right] *
track_df.shape[0],
                         "front": edge_distances_front,
                         "back": edge_distances_back})
                edge_distances.index = track_df.index
                track_df["edge_distance_min"] = edge_dis-
tances.min(axis=1)

            track.df = track_df
```

12.3.2 Übersicht der Effektstärken auf weitere CMOS-Features

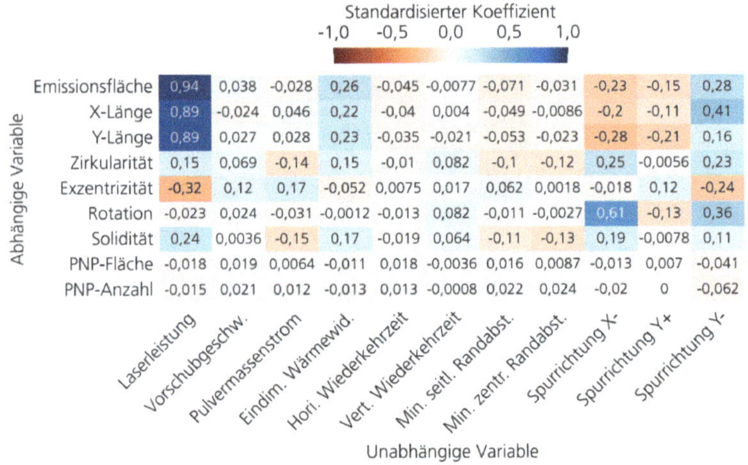

Bild 94 Heatmap der standardisierten Korrelationskoeffizienten für ausgewählte Features der CMOS-Aufnahmen

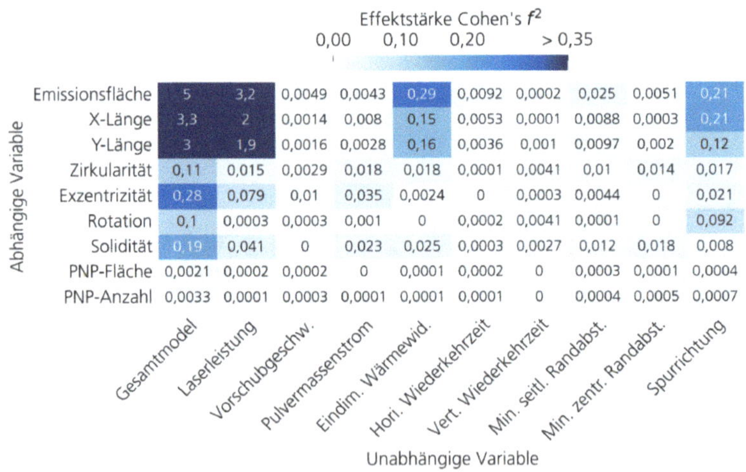

Bild 95 Heatmap der Effektestärken für ausgewählte Features der CMOS-Aufnahmen

12.3.3 Prüfung der Modellannahmen für die Schichtmodelle der Emissionsflächen

Wie für das Modell des Gesamtdatensatzes für die Emissionsfläche A_M, müssen die Annahmen der Regressionsanalyse für die einzelnen Schichtmodelle geprüft werden. Der kleinste Schichtdatensatz beinhaltet 80.888 Datenpunkte. Diese Stichprobengröße wird als hinreichend groß erachtet, um eine Prüfung der Normalverteilung der Residuen hinfällig zu machen. Die Varianzinflationsfaktoren der Schichtmodelle sind in Tabelle 28 aufgeführt. Mit dem größten auftretenden VIF von 2,74 kann kein signifikantes Multikollinearitätsproblem festgestellt werden.

Tabelle 28
Varianzinflationsfaktoren der 15 Schichtmodelle der Emissionsfläche A_M sortiert nach zunehmender Schichthöhe

Nr	Laser-leistung P_L	Eindimensionaler Wärmewiderstand $\bar{R}_{th}$	Seitlicher Randabstand $d_\perp$	Spurrichtung x-	y+	y-
1	1,24	1,14	1,22	1,39	1,50	1,49
2	1,15	1,15	1,24	1,64	2,05	2,03
3	1,32	1,20	1,23	1,43	1,62	1,60
4	1,34	1,25	1,29	1,53	1,94	1,91
5	1,18	1,16	1,23	1,59	1,83	1,82
6	1,38	1,19	1,24	1,58	1,97	1,97
7	1,21	1,19	1,20	1,53	1,68	1,67
8	1,35	1,21	1,25	1,76	2,73	2,74
9	1,25	1,18	1,25	1,52	1,75	1,75
10	1,39	1,18	1,26	1,64	2,22	2,21
11	1,26	1,19	1,19	1,58	1,87	1,87
12	1,43	1,18	1,24	1,47	1,77	1,76
13	1,10	1,22	1,28	1,52	1,68	1,66
14	1,60	1,19	1,24	1,60	2,21	2,20
15	1,02	1,18	1,24	1,42	1,46	1,46

In Bild 96 sind die Residuenplots der einzelnen Schichtmodelle als Heatmaps abgebildet. Bis auf Schichtmodell Nummer 15 kann für alle Modelle für Vorhersagewerte im Bereich um 15.000 px eine moderate Erhöhung der Residuen von etwa 1.000 bis 2.000 px festgestellt werden. Insgesamt kann allerdings für kein Schichtmodell eine systematische Verteilung der Residuen identifiziert werden. Die Modellannahmen werden somit für alle Schichtmodelle als hinreichend erfüllt betrachtet.

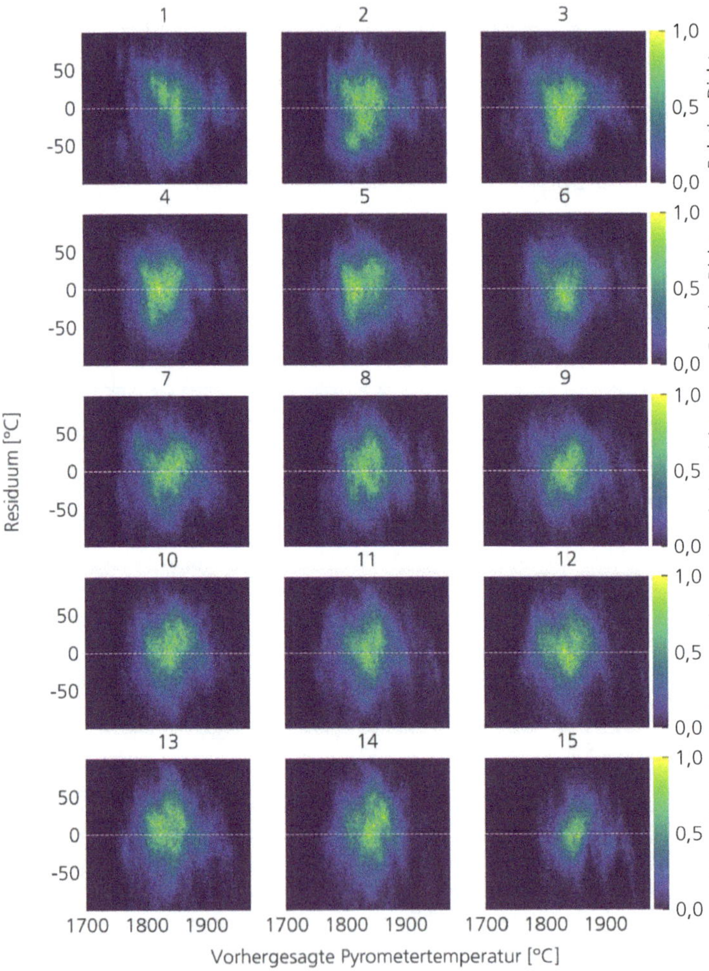

Bild 96: Residuenplots der einzelnen Schichtmodelle der Emissionsfläche A_M sortiert nach zunehmender Höhe in Heatmapdarstellung

12.3.4 Schichtmodelle zu den Pyrometermessungen

12.4 Schichtmodelle der Pyrometertemperatur

Im Folgenden erfolgt eine Darstellung der Schichtmodelle für die Pyrometertemperatur T_P, wobei zunächst die Einhaltung der Modellannahmen überprüft wird. In Tabelle 29 sind die Varianzinflationsfaktoren in den einzelnen Schichtmodellen aufgeführt. Mit dem größten auftretenden VIF = 2,79 wird kein relevantes Multikollinearitätsproblem festgestellt.

Tabelle 29 Varianzinflationsfaktoren der 15 Schichtmodelle der Pyrometer-temperatur T_P sortiert nach zunehmender Schichthöhe

Nr	Laserleistung P_L	Vorschubgeschwindigkeit v_S	Vertikale Wiederkehrzeit $\Delta t_{C,V}$	Randabstände		Spurrichtung		
				$d_{R,\perp}$	$d_{R,\parallel}$	x-	y+	y-
1	2,02	1,57	1,41	1,22	1,20	1,41	1,87	1,86
2	1,50	1,42	1,38	1,24	1,18	1,60	2,16	2,18
3	2,50	1,84	1,38	1,23	1,17	1,52	2,18	2,19
4	1,82	1,55	1,38	1,29	1,13	1,53	2,14	2,13
5	2,27	1,85	1,39	1,23	1,21	1,65	2,65	2,55
6	1,56	1,39	1,41	1,24	1,18	1,62	1,94	1,91
7	1,71	1,39	1,34	1,20	1,21	1,55	1,97	1,93
8	1,72	1,52	1,46	1,25	1,14	1,82	2,78	2,79
9	1,98	1,71	1,45	1,25	1,15	1,51	2,17	2,16
10	1,75	1,34	1,31	1,26	1,15	1,66	2,40	2,38
11	1,84	1,50	1,45	1,19	1,19	1,59	2,02	1,99
12	1,79	1,35	1,41	1,24	1,18	1,47	1,91	1,89
13	1,85	2,07	1,38	1,28	1,14	1,54	2,30	2,22
14	2,33	1,47	1,39	1,24	1,17	1,59	2,41	2,41
15	1,46	2,23	1,22	1,24	1,13	1,44	2,07	2,01

In Bild 97 sind die Residuenplots der einzelnen Schichtmodelle in Heatmap-Darstellung abgebildet. Für kein Schichtmodell wird eine relevante Abweichung vom Erwartungswert 0 oder Heteroskedastizität festgestellt. Die Modellannahmen werden somit als hinreichend erfüllt betrachtet.

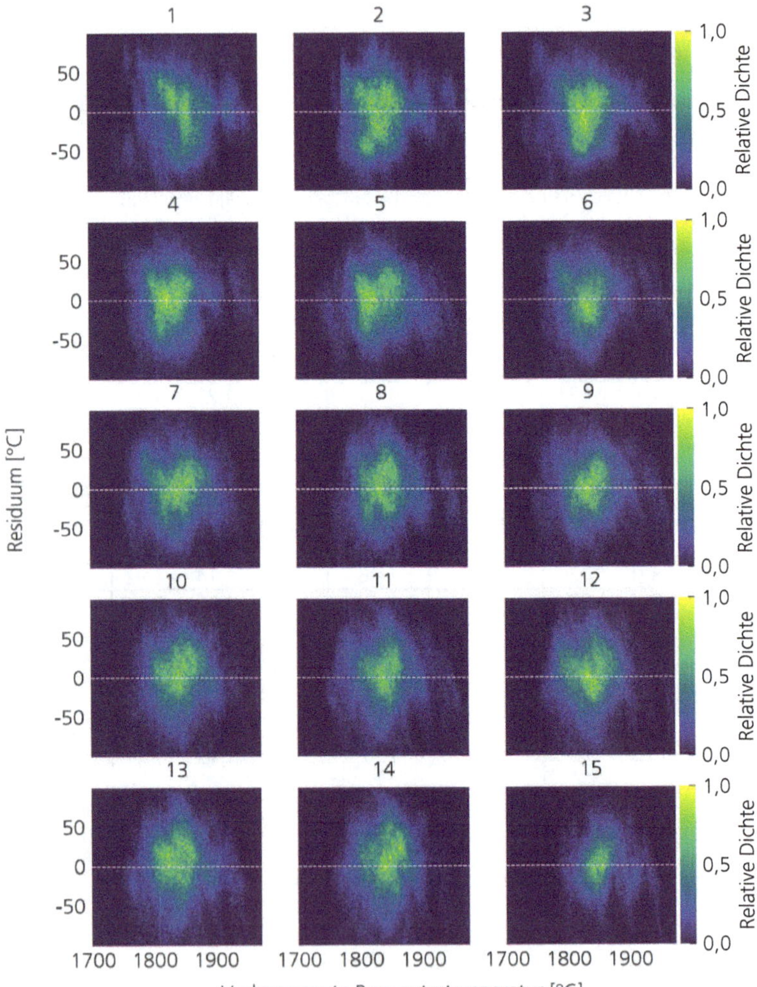

Bild 97: Residuenplots der einzelnen Schichtmodelle der Pyrometertemperatur T_P sortiert nach zunehmender Höhe in Heatmapdarstellung

Wie in Bild 98 dargestellt, kann für die durchschnittliche Pyrometertemperatur kein eindeutige Abhängigkeit von der Schichthöhe festgestellt werden.

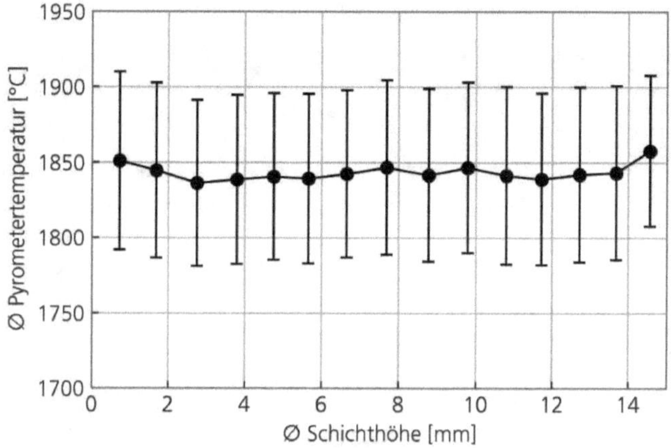

Bild 98 Durchschnittliche Pyrometertemperatur T_P in den Schichtdatensätzen abhängig von der durchschnittlichen Schichthöhe

Wie in Bild 99 dargestellt wird mit zunehmender Schichthöhe eine Abnahme der Bestimmtheitsmaße der Schichtmodelle beobachtet. Ein ähnlicher Rückgang der Anpassungsgüte wird wie in Bild 52 dargestellt für die Schichtmodelle der Emissionsfläche festgestellt.

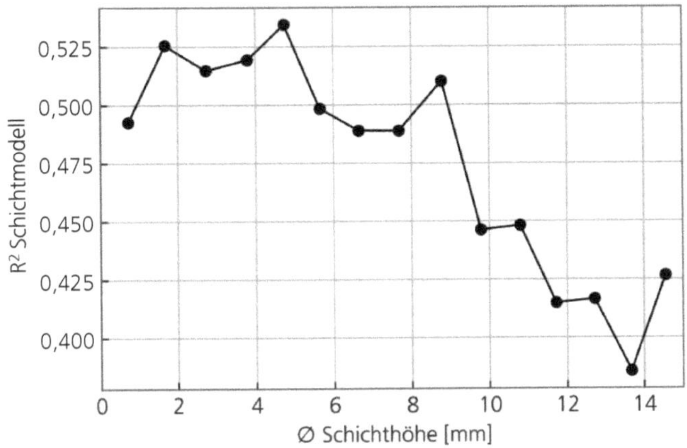

Bild 99 Bestimmtheitsmaße der einzelnen Schichtmodelle der Pyromtertemperatur T_P abhängig von der durchschnittlichen Schichthöhe

In Bild 100 sind die Effektstärken der einzelnen unabhängigen Variablen in den Schichtmodellen der Pyrometertemperatur abgebildet. Bei der Laserleistung, der Spurrichtung, dem minimalen zentralen Randabstand sowie der vertikalen Wiederkehrzeit kann eine Abnahme der Effektstärke mit steigender Schichthöhe festgestellt werden. Für den minimalen seitlichen Randabstand und die Vorschubgeschwindigkeit können keine eindeutige Abhängigkeit von der Schichthöhe identifiziert werden.

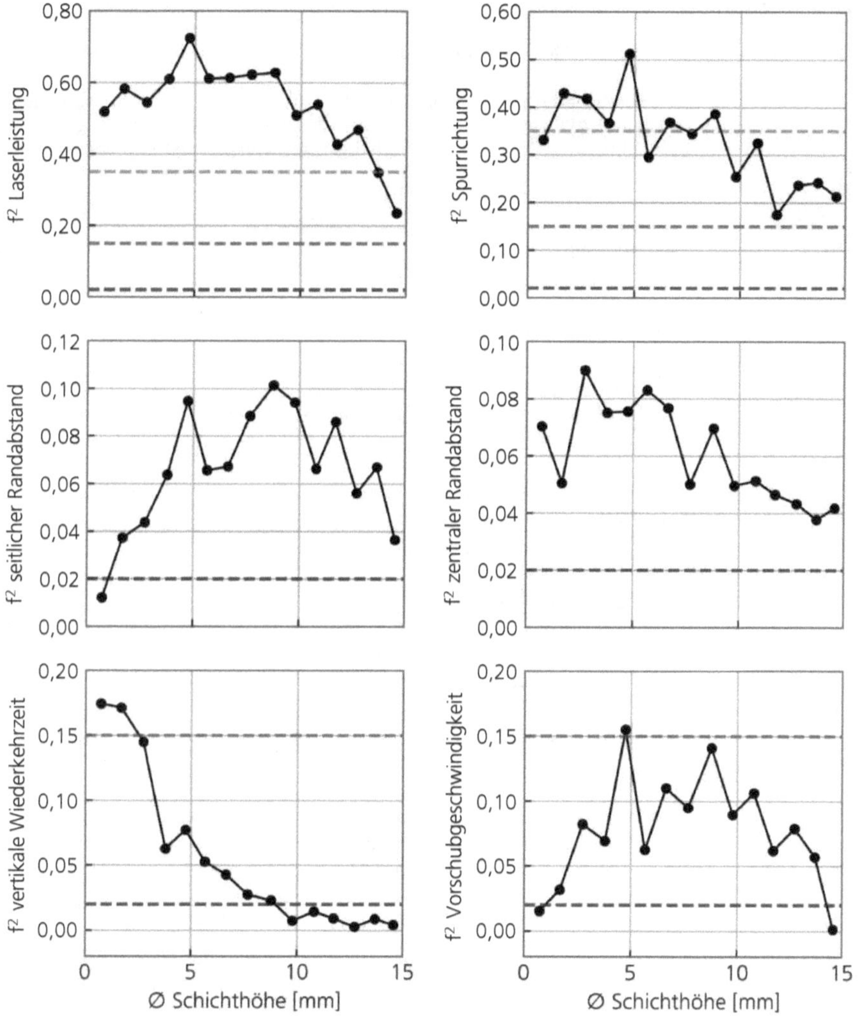

Bild 100: Effektstärken der verschiedenen unabhängigen Variablen in den einzelnen Schichtmodellen der Pyrometertemperatur T_P abhängig von der durchschnittlichen Schichthöhe.
Gestrichelt: Grenzwerte der Effektstärken nach Cohen (klein > 0,02, mittel > 0,15, stark > 0,35)

12.5 Ergänzungen zu Kapitel 6

12.5.1 Implementierung des CNNs für die Prädiktion der Laserleistung

Die mittels der Python-Bibliotheken Tensorflow sowie der darauf aufbauenden High-Level API Keras erstellte Implementierung des CNNs wird in Quellcode 5 aufgeführt. Aus Darstellungsgründen werden lediglich die essenziellen Schritte aufgelistet.

Quellcode 5
Essenzielle Schritte der Implementierung des CNNs

```
import tensorflow as tf
from tensorflow import keras
from tensorflow.keras import layers

model = keras.Sequential()
model.add(layers.Conv2D(8, 3, activation='relu', in-
put_shape=(320, 320, 1)))
model.add(layers.Conv2D(8, 3, activation='relu'))
model.add(layers.MaxPooling2D(2))

model.add(layers.Conv2D(16, 3, activation='relu'))
model.add(layers.Conv2D(16, 3, activation='relu'))
model.add(layers.MaxPooling2D(2))

model.add(layers.Flatten())
model.add(layers.Dense(32, activation='relu'))
model.add(layers.Dense(32, activation='relu'))
model.add(layers.Dense(7, activation='softmax'))

model.compile(optimizer='adam',loss='categorical_crossentropy', met-
rics=['acc'])

logdir = f"logs\\scalars\\{datetime.now().strftime('%Y%m%d-%H%M%S')}"
tensorboard_callback = keras.callbacks.TensorBoard(log_dir=logdir)
model_filepath = r"ma_deeplearning\cnn_model.keras"
save_best = tf.keras.callbacks.ModelCheckpoint(model_filepath,
    monitor='val_loss', save_best_only=True, mode='min')

hist = model.fit(
        x_train, y_train, batch_size=32,
        epochs=50, validation_data=(x_val, y_val),
        callbacks=[tensorboard_callback, save_best])
```

12.5.2 Ergebnis der Gittersuche für den Random Forest

In Tabelle 30 wird das Ergebnis der Gittersuche für die Ermittlung der Hyperparameter des Random Forest Klassifikators aufgelistet, wobei die Zeilen nach der Klassifikationsgenauigkeit absteigend sortiert werden.

Tabelle 30
Ergebnis der Gittersuche für den Random Forest Klassifikator

Anzahl der Entscheidungsbäume B	Features pro Split M	Maximale Tiefe der Bäume B	Mittlere Klassifikationsgenauigkeit	Stadardabw. der Klassifikationsgenauigkeit
2500	8	Unbegrenzt	0,712	0,006
1000	8	Unbegrenzt	0,711	0,006
2500	6	Unbegrenzt	0,710	0,005
1000	6	Unbegrenzt	0,710	0,006
100	8	Unbegrenzt	0,709	0,005
2500	4	Unbegrenzt	0,708	0,005
100	6	Unbegrenzt	0,708	0,007
1000	4	Unbegrenzt	0,707	0,006
2500	8	10	0,704	0,004
100	4	Unbegrenzt	0,703	0,005
100	8	10	0,703	0,005
1000	6	10	0,703	0,007
1000	8	10	0,702	0,004
2500	6	10	0,702	0,007
100	6	10	0,700	0,007
1000	4	10	0,697	0,008
2500	4	10	0,697	0,007
100	4	10	0,696	0,007
100	4	5	0,637	0,009
1000	4	5	0,637	0,007
2500	4	5	0,637	0,006
1000	6	5	0,633	0,008
2500	6	5	0,633	0,007
100	8	5	0,632	0,009
100	6	5	0,632	0,008
1000	8	5	0,631	0,010
2500	8	5	0,631	0,009

12.5.3 Implementierung des Autoencoders

Die mittels der Python-Bibliotheken Tensorflow sowie der darauf aufbauenden High-Level API Keras erstellte Implementierung des Autoencoders wird in Quellcode 6 aufgeführt. Aus Darstellungsgründen werden lediglich die essenziellen Schritte aufgelistet.

Quellcode 6
Essenzielle Schritte der Implementierung des Autoencoders

```
import tensorflow.keras
from tensorflow.keras import layers
from datetime import datetime

input_img = tensorflow.keras.Input(shape=(320, 320, 1))
x = layers.Conv2D(16, (3, 3), activation='relu', padding='same')(input_img)
x = layers.MaxPooling2D((4, 4), padding='same')(x)
x = layers.Conv2D(8, (3, 3), activation='relu', padding='same')(x)
x = layers.MaxPooling2D((4, 4), padding='same')(x)
x = layers.Conv2D(4, (3, 3), activation='relu', padding='same')(x)
encoded = layers.MaxPooling2D((4, 4), padding='same')(x)
x = layers.Conv2D(4, (3, 3), activation='relu', padding='same')(encoded)
x = layers.UpSampling2D((4, 4))(x)
x = layers.Conv2D(8, (3, 3), activation='relu', padding='same')(x)
x = layers.UpSampling2D((4, 4))(x)
x = layers.Conv2D(16, (3, 3), activation='relu', padding='same')(x)
x = layers.UpSampling2D((4, 4))(x)
decoded = layers.Conv2D(1, (3, 3), activation='sigmoid', padding='same')(x)

autoencoder = tensorflow.keras.Model(input_img, decoded)
autoencoder.compile(optimizer='adam', loss='mean_squared_error')

logdir = f"logs\\scalars\\{datetime.now().strftime('%Y%m%d-%H%M%S')}"
tensorboard = tensorflow.keras.callbacks.TensorBoard(log_dir=logdir)
model_filepath = r"ma_deeplearning\autoencoder_model.keras"
save_best = tensorflow.keras.callbacks.ModelCheckpoint(model_filepath,
    monitor='val_loss', save_best_only=True, mode='min')

hist = autoencoder.fit(x_train, x_train, epochs=100, batch_size=32,
                       shuffle=True, validation_data=(x_val, x_val),
                       callbacks=[tensorboard, save_best])
```

12.5.4 Principal Component Analysis

Die Principal Component Analysis (PCA, dt.: Hauptkomponentenanalyse) wird als diejenige orthogonale Projektion H von einem p-dimensionalen Raum in einen q-dimensionalen Unterraum definiert, durch die der Rekonstruktionsfehler minimiert wird. Dieser wird als die mittlere quadratische Abweichung der insgesamt N Datenpunkte x_n von deren Projektion Hx_n beschrieben. Nach Normalisierung der Daten wird über

12.3
$$\min_{H \in R^{p \times p}} \left\{ \sum_{n=1}^{N} ||x_n - \bar{x} - H(x_n - \bar{x})||^2 \;\middle|\; rk(H) = q \right\}$$

das zugehörige Optimierungsproblem formuliert. Dabei wird durch $\bar{x}$ der Mittelwert der Daten angegeben. Für die Lösung wird die Stichproben-Kovarianzmatrix

12.4
$$S_n = \frac{1}{N-1} \sum_{n=1}^{N} (x_n - \bar{x})(x_n - \bar{x})^T$$

berechnet. Aufgrund der Symmetrieeigenschaft ist diese nach dem Spektralsatz orthogonal diagonalisierbar, wodurch die Eigenwerte λ_i und Eigenvektoren v_i bestimmt werden. Die Basis des transformierten Raums wird durch die den q größten Eigenwerten zugeordneten Eigenvektoren aufgespannt, die als Principal Components (PC) bezeichnet werden. Die Projektionsmatrix wird gemäß

12.5
$$H = \sum_{i=1}^{q} v_i v_i^T$$

bestimmt. Der Rekonstruktionsfehler wird bei größerer Korrelation der ursprünglichen Features kleiner. Das Ergebnis der PCA wird mittels eines Beispieldatensatzes mit p = 2 und q = 2 sowie q = 1 in Bild 101 gezeigt. Durch die große Korrelation der Features wird anhand der eindimensionalen Projektion ein Großteil der ursprünglichen Varianz abgebildet. [65, 88]

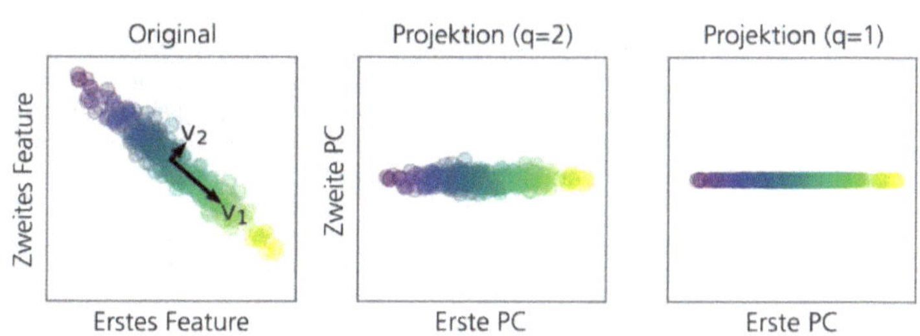

Bild 101
Anwendung der Hauptkomponentenanalyse auf einen zweidimensionalen Datensatz (nach [87])

12.5.5 Erklärte Varianz des mittels PCA transformierten Unterraums

Die kumulative erklärte Varianz der größten 150 Principal Components wird in Bild 102 dargestellt.

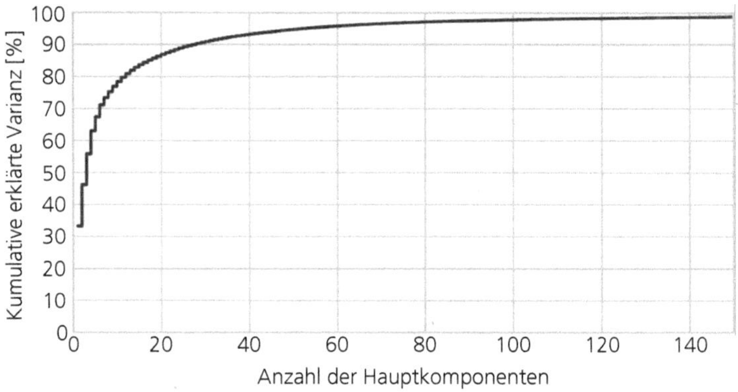

Bild 102
Kumulative erklärte Varianz der größten 150 Principal Components

12.5.6 Reduktion der Bottleneckparameter

Um den Bottleneck-Output des Encoders als 25-dimensionalen Vektor zu erhalten, ist eine Modifikation der in Kapitel 6.2.1 vorgestellten Autoencoder Architektur nötig. Hierbei wird im ursprünglichen Bottleneck ein Flatten (dt.: ebnen) Layer mit einen nachgeschalteten Dense Layer mit 25-Neuronen hinzugefügt. Das Flatten Layer hat dabei eine passive Funktion ohne Aktivierungsfunktionen und konvertiert die ursprüngliche 5x5x4 Darstellung des Bottlenecks in eine 100-zeilige Vektordarstellung. Im Dense Layer ist jedes einzelne der 25 Neuronen mit jedem der 100 Neuron aus der vorherigen Schicht verbunden und reduziert so die Dimension auf den gewünschten Wert des Bottleneck Outputs. Obwohl der Decoder nach abgeschlossenem Training nicht benötigt wird, sind auch hier für das Training Modifikationen nötig. Dem Dense Layer mit 25 Neuronen wird hierbei ein weiteres Dense Layer mit 100 Neuronen nachgeschaltet, was eine Aufweitung der Dimension auf den ursprünglichen Wert von 100 zur Folge hat. Ein nachgeschaltetes Reshape (dt.: umformen) Layer invertiert die Funktion des Flatten Layers aus dem Encoder und stellt so die ursprüngliche 5x5x4 Form wieder her. Die Abfolge der Autoencoder Layer ist in Tabelle 31 dargestellt.

Tabelle 31: Layer des Clustering Autoencoders

Nr.	Layer	Tensorform	Freie Parameter	Bestandteil
1	Input	32x320x320x1	0	Input
2	Conv 2D	32x320x320x16	160	Encoder
3	MaxPooling 2D	32x80x80x16	0	Encoder
4	Conv 2D	32x80x80x8	1160	Encoder
5	MaxPooling 2D	32x20x20x8	0	Encoder
6	Conv 2D	32x20x20x4	292	Encoder
7	MaxPooling 2D	32x5x5x4	0	Encoder
8	Flatten	32x100	0	Encoder
9	Dense	32x25	2525	Bottleneck
10	Dense	32x100	2600	Decoder
11	Reshape	32x5x5x4	0	Decoder
12	Conv 2D	32x5x5x4	148	Decoder
13	UpSampling 2D	32x20x20x4	0	Decoder
14	Conv 2D	32x20x20x8	296	Decoder
15	UpSampling 2D	32x80x80x8	0	Decoder
16	Conv 2D	32x80x80x16	1168	Decoder
17	UpSampling 2D	32x320x320x16	0	Decoder
18	Conv 2D	32x320x320x1	145	Decoder
19	Output	32x320x320x1	0	Output

12.5.7 Weiterführende Ergebnisse zur Analyse der Bottleneckparameter

Standardisierter Koeffizient
< -1,0 -0,5 0,0 0,5 > 1,0

Bottleneckparameter	Spurrichtung	Ø Grauwert	Emissionsfläche	Zirkularität	Exzentrizität	Rotation	Solidität	PNP-Fläche	PNP-Anzahl
1	-1,2	0,36	-0,022	-0,0055	-0,12	-0,13	0,019	0,015	0,02
2	1,6	-0,32	0,51	-0,087	0,057	0,075	-0,094	0,0009	-0,015
3	-1,6	-0,056	-0,24	0,017	-0,003	-0,14	0,066	-0,0061	0,0001
4	1,4	-0,059	-0,26	0,084	0,12	0,16	-0,098	-0,007	0,0002
5	0,63	0,54	0,35	-0,15	-0,12	-0,037	0,079	0,0038	0,003
6	-0,69	0,14	0,067	-0,056	0,12	-0,1	-0,04	0,011	-0,015
7	1,2	0,26	-0,083	-0,14	0,01	0,18	0,049	0,0092	0,01
8	-1	0,072	-0,087	0,14	0,16	0,12	-0,24	0,0059	0,018
9	0,66	0,67	-0,27	-0,017	-0,08	0,3	0,014	-0,02	-0,0092
10	-1	-0,22	-0,18	0,041	0,13	-0,056	-0,064	0,0081	-0,0032
11	1,7	-0,005	0,2	-0,094	-0,021	0,038	0,053	-0,0082	0,018
12	0,06	0,62	-0,15	0,013	0,036	0,2	-0,084	-0,0064	-0,0086
13	0,12	0,21	0,38	-0,15	-0,18	0,075	0,12	0,013	0,0025
14	1,8	0,41	-0,12	0,0024	-0,03	-0,073	0,02	0,0028	-0,0038
15	-0,66	0,57	-0,52	0,14	-0,0009	0,069	-0,029	0,0037	0,0071
16	-0,32	0,75	-0,0044	-0,22	-0,096	0,018	0,21	-0,0062	0,0039
17	0,34	0,16	-0,47	0,18	0,26	0,15	-0,21	0,0037	0,012
18	1,3	0,057	-0,1	0,12	-0,036	0,0004	-0,091	0,0019	-0,023
19	1,6	-0,1	0,0089	0,036	-0,023	0,13	-0,041	0,0016	0,012
20	-0,88	0,75	-0,55	-0,21	-0,1	-0,19	0,23	0,0021	0,041
21	0,4	-0,062	-0,64	0,067	0,014	-0,028	0,032	0,001	0,0021
22	-0,96	0,066	-0,62	0,029	0,036	-0,029	0,026	-0,031	0,013
23	1,7	-0,2	0,016	0,053	0,064	0,048	-0,1	0,0098	0,0021
24	0,89	-0,59	-0,091	0,18	0,066	-0,026	-0,14	0,0013	-0,015
25	-1,5	-0,45	-0,077	0,03	-0,014	0,026	-0,052	-0,015	0,032

Unabhängige Variable

Bild 103 Korrelationsmatrix der Regressionskoeffizienten ausgewählter Features der CMOS-Aufnahmen

Korrelationskoeffizient: -1,0 -0,5 0,0 0,5 1,0

Bottleneckparameter	Spurrichtung	Ø Grauwert	Emissionsfläche	Zirkularität	Exzentrizität	Rotation	Solidität	PNP-Fläche	PNP-Anzahl
1	-0,7	0,44	0,41	0,26	-0,26	-0,51	0,28	0,0057	0,0007
2	0,81	-0,059	0,024	-0,19	0,082	0,51	-0,15	0,0078	0,012
3	-0,84	-0,15	-0,11	0,12	0,037	-0,55	0,054	-0,031	-0,038
4	0,84	-0,39	-0,48	-0,34	0,26	0,61	-0,35	0,031	0,041
5	0,22	0,83	0,75	0,21	-0,39	0,039	0,35	0,0086	0,011
6	-0,4	0,16	0,15	0,017	0,062	-0,29	0,025	-0,006	-0,016
7	0,71	0,12	-0,021	-0,21	0,0094	0,51	-0,13	0,049	0,055
8	-0,42	-0,084	-0,1	-0,079	0,2	-0,13	-0,14	0,015	0,018
9	0,48	0,43	0,2	-0,043	-0,18	0,44	0,043	0,0028	0,011
10	-0,5	-0,38	-0,34	-0,098	0,25	-0,28	-0,18	-0,0034	-0,011
11	0,87	0,095	0,066	-0,11	-0,048	0,5	-0,038	0,029	0,044
12	0,13	0,44	0,26	-0,023	-0,078	0,19	0,036	0,0064	0,0088
13	0,044	0,57	0,58	0,23	-0,36	0,03	0,33	0,0049	0,0023
14	0,84	0,28	0,12	-0,074	-0,12	0,39	0,011	0,033	0,038
15	-0,28	0,21	0,024	0,067	-0,059	-0,12	0,061	0,015	0,013
16	-0,19	0,81	0,66	0,22	-0,35	-0,15	0,36	-0,0029	-0,0021
17	0,31	-0,36	-0,51	-0,34	0,4	0,32	-0,4	0,045	0,052
18	0,65	-0,064	-0,13	-0,11	-0,013	0,36	-0,1	0,0076	0,0056
19	0,9	-0,17	-0,2	-0,19	0,041	0,6	-0,17	0,038	0,049
20	-0,51	0,43	0,19	0,062	-0,2	-0,44	0,14	0,034	0,037
21	0,26	-0,56	-0,67	-0,26	0,22	0,16	-0,32	0,025	0,024
22	-0,42	-0,38	-0,48	-0,14	0,19	-0,22	-0,21	-0,019	-0,012
23	0,9	-0,3	-0,32	-0,27	0,17	0,56	-0,27	0,041	0,047
24	0,47	-0,72	-0,63	-0,24	0,29	0,29	-0,34	0,0019	0,0006
25	-0,7	-0,47	-0,34	-0,028	0,15	-0,34	-0,14	-0,019	-0,011

Unabhängige Variable

Bild 104 Korrelationsmatrix der Korrelationskoeffizienten zwischen ausgewählten Features der CMOS-Aufnahmen und den Bottleneckparametern

12.5.8 Verläufe der absoluten Rekonstruktionsfehler und Emissionsflächen für Proben mit lokalen Parametervariationen

In den Bildern 105 und 106 werden die absoluten Werte der Emissionsflächen und Rekonstruktionsfehler die Versuchsergebnisse zu den absichtlich induzierten Parametervariationen ergänzend zu den Graphen der relativen Abweichungen dargestellt.

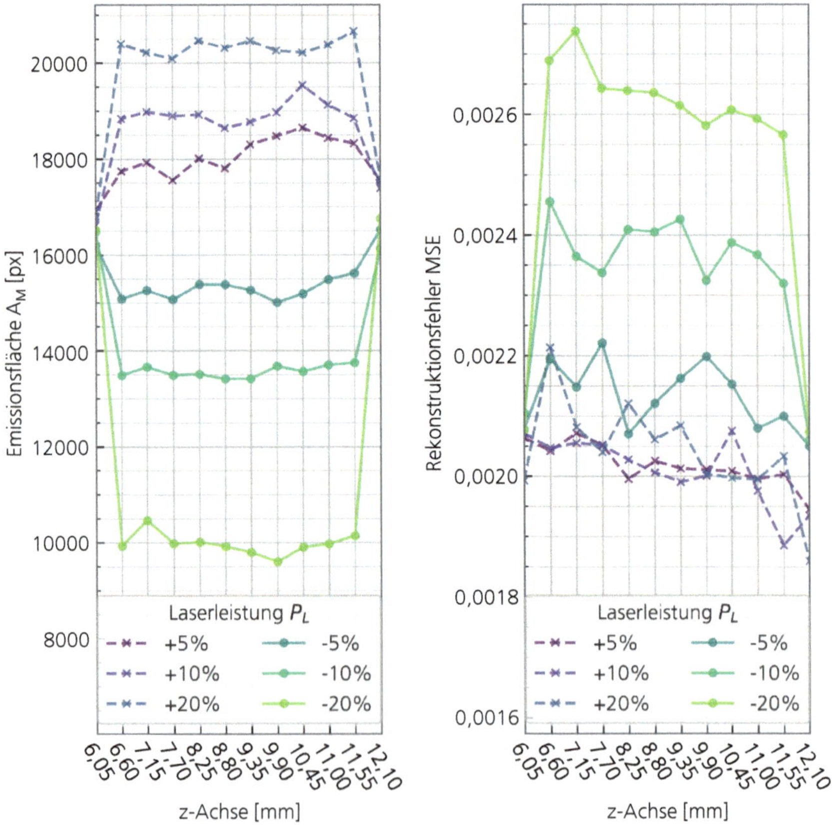

Bild 105: Verläufe der Absolutwerte der P_L+ und P_L- Proben der Emissionsfläche (links) und den Rekonstruktionsfehler (rechts)

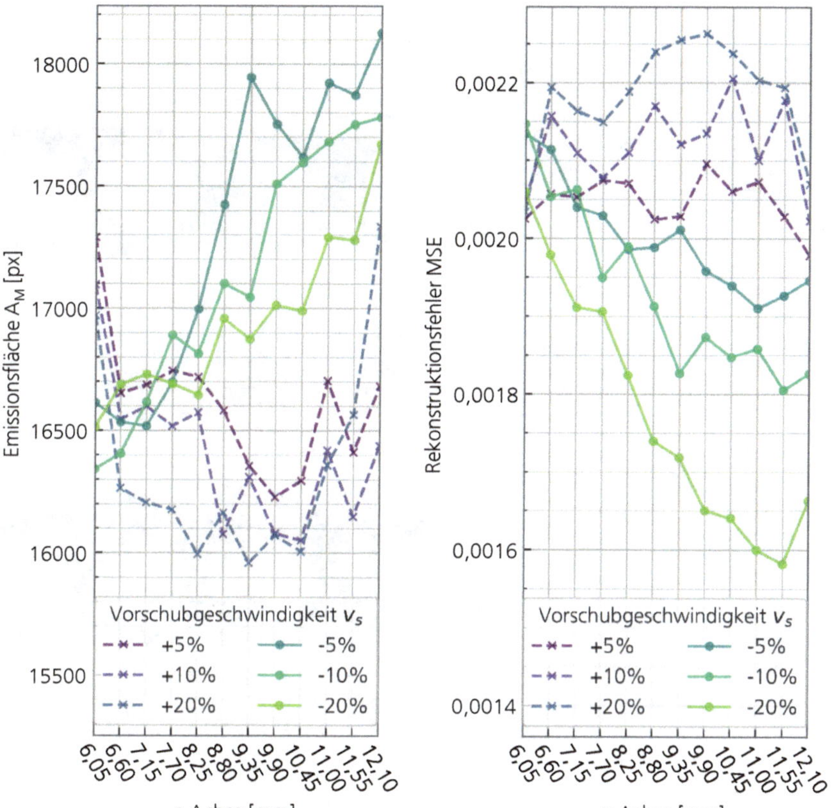

Bild 106: Verläufe der Absolutwerte der v_s+ und v_s- Probe der Emissionsfläche (links) und den Rekonstruktionsfehler (rechts)

In folgenden Tabellen werden repräsentative Bilder der absichtlich induzierten Parameteränderungen aus Abschnitt 6.2.3 dargestellt. Im Gegensatz zu Tabelle 19 und Tabelle 20 werden physikalische Features ergänzt, anhand derer die repräsentativen Bilder und der resultierende Rekonstruktionsfehler genauer nachvollzogen werden können.

Tabelle 32: Repräsentative CMOS-Bilder der P_L+ Probe mit zusätzlichen physikalischen Features

	P_L+ Referenz	P_L+ 5%	P_L+ 10%	P_L+ 20%
Repräsentatives Bild	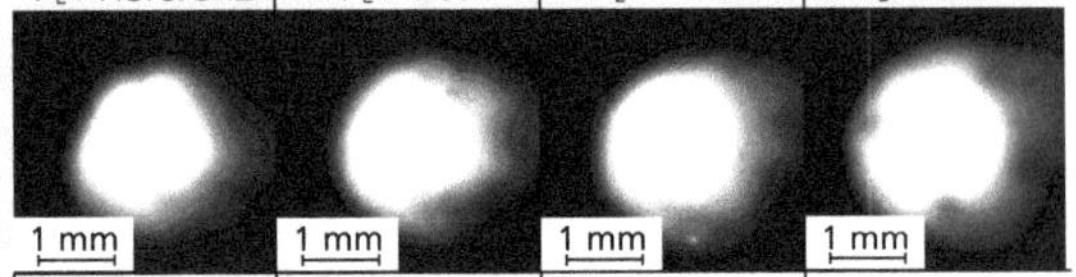			
Emissionsfläche [px]	16954	17966	18861	20215
MSE	0,00179	0,001971	0001989	0,002103
Zirkularität	0,794	0,773	0,75	0,637
Exzentrizität	0,427	0,385	0,319	0,385
Umfang [px]	517,997	540,524	562,08	631,619
Länge A_M [px]	154	156	153	164
Breite A_M [px]	156	159	153	169

Tabelle 33: Repräsentative CMOS-Bilder der P_L- Probe mit zusätzlichen physikalischen Features

	P_L- Referenz	P_L- 5%	P_L- 10%	P_L- 20%
Repräsentatives Bild	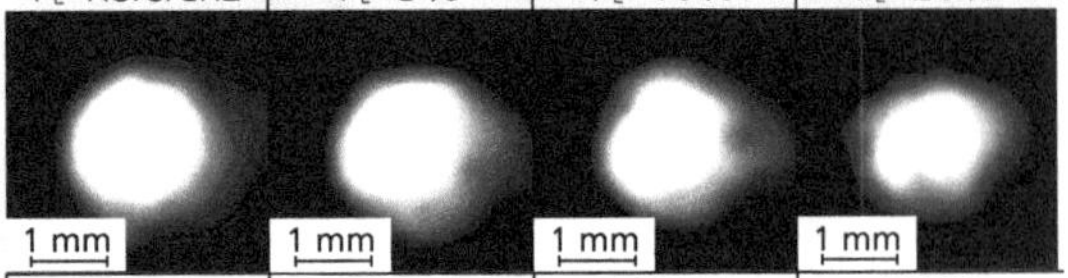			
Emissionsfläche [px]	17231	15186	13555	9988
MSE	0,001723	0,002135	0,002401	0,002608
Zirkularität	0,835	0,765	0,786	0,71
Exzentrizität	0,274	0,545	0,563	0,674
Relative Rotation [°]	26,54	50,222	51,561	22,322
Länge A_M [px]	150	135	131	125
Breite A_M [px]	150	141	140	109

Tabelle 34: Repräsentative CMOS-Bilder der v_s+ Probe mit zusätzlichen physikalischen Features

	v_s+ Referenz	v_s+ 5%	v_s+ 10%	v_s+ 20%
Repräsentatives Bild	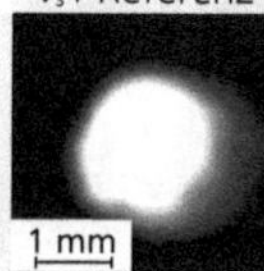	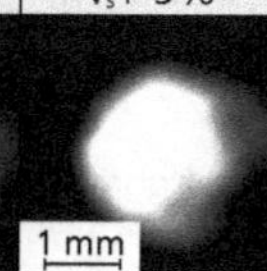	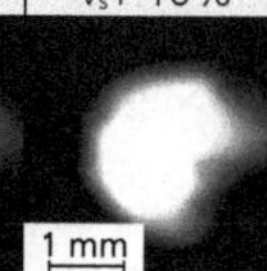	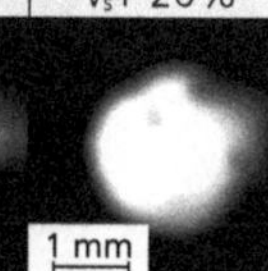
Emissionsfläche [px]	17098	16166	16148	15800
MSE	0,001739	0,002065	0,002155	0,002301
Zirkularität	0,812	0,751	0,76	0,525
Exzentrizität	0,443	0,564	0,701	0,383
Umfang [px]	514,299	520,24	516,825	614,708
Relative Rotation [°]	57,989	48,04	60,485	15,255
Länge A_M [px]	146	153	142	152
Breite A_M [px]	154	156	160	152

Tabelle 35: Repräsentative CMOS-Bilder der v_s- Probe mit zusätzlichen physikalischen Features

	v_s- Referenz	v_s- 5%	v_s- 10%	v_s- 20%
Repräsentatives Bild	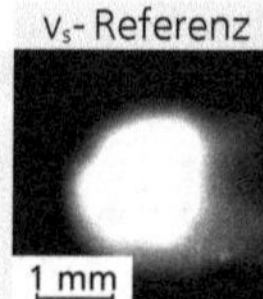	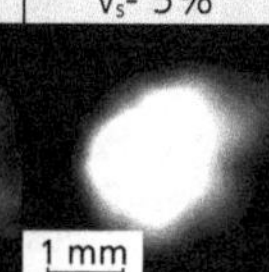	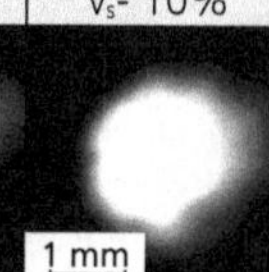	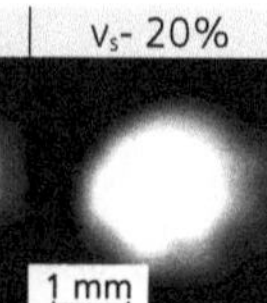
Emissionsfläche [px]	17299	18094	17536	17359
MSE	0,001799	0,001911	0,001798	0,001589
Zirkularität	0,808	0,8	0,779	0,775
Exzentrizität	0,49	0,565	0,425	0,45
Relative Rotation [°]	57,616	54,416	49,646	21,746
Länge A_M [px]	146	154	149	160
Breite A_M [px]	152	167	158	152

12.6 Ergänzungen zu Kapitel 7

12.6.1 k-Means-Clustering

Der k-Means Algorithmus basiert auf der iterativen Minimierung der Within-cluster sum of squares (WCSS, dt.: Summe der quadrierten euklidischen Distanz jedes Punktes zu seinem jeweiligen Clusterzentrum):

12.6
$$WCSS = \sum_{i}^{n} \sum_{j}^{k} w^{(i,j)} \left\| x^{(i)} - \mu^{(j)} \right\|^2$$

Dabei bezeichnet $\mu^{(j)}$ das Zentrum von Cluster j und $x^{(i)}$ bezeichnet den betrachteten Datenpunkt. Wenn $x^{(i)}$ zu Cluster j gehört, gilt $w^{(i,j)}=1$, ansonsten gilt $w^{(i,j)}=0$ [90].

Die einzige Vorgabe für den Algorithmus ist die Anzahl k der Cluster. In der Initialisierung werden k Punkte zufällig als Mittelpunkt für die Cluster gewählt. Anschließend wird für jeden einzelnen Punkt die Distanz zu jedem Cluster-Zentrum berechnet und der Punkt dem am nächsten liegenden Cluster zugewiesen. Nachdem diese Zuweisung für jeden Punkt abgeschlossen ist, wird für jedes Cluster ein neues Zentrum aus allen zugewiesenen Punkten des Clusters berechnet. Dieses Zentrum liegt dabei nicht genau auf einem Punkt, sondern kann auch zwischen den Punkten des Clusters liegen. Anschließend wird die Berechnung der Distanzen, Neuzuweisungen zu den Clustern und Neuberechnung der Clusterzentren iterativ fortgeführt, wodurch die WCSS weiter verkleinert wird. Das Endkriterium für die Iteration kann eine festgelegte Anzahl an Iterationen sein, oder wenn sich die Zuweisung der Punkte zu den k Clustern in aufeinanderfolgenden Iterationen nicht mehr ändert.

Bild 107: Ergebnis des k-Means Clusterings mit markierten Cluster-Zentren

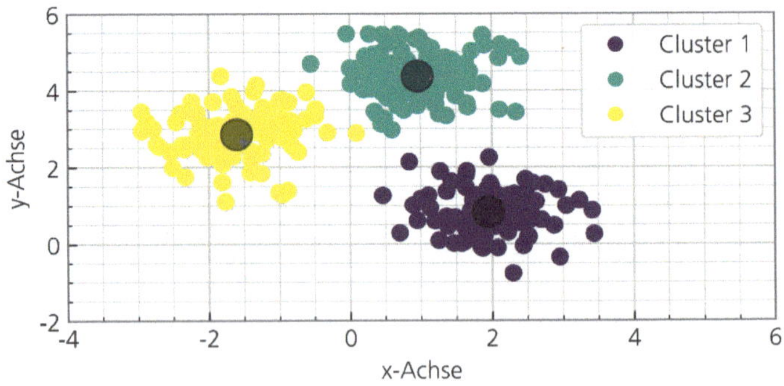

12.6.2 Histogramme der Cluster

Nachfolgend in den Bildern 108 bis 111 die Histogramme der Rekonstruktionsfehler MSE der vier berechneten Cluster des Demonstrators dargestellt.

Bild 108
Histogramm für Cluster 1

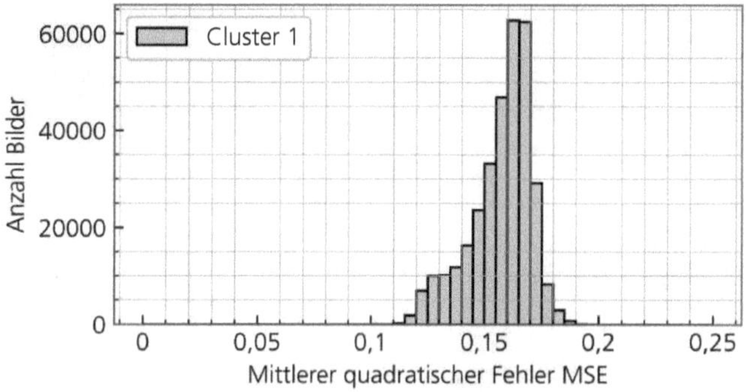

Bild 109
Histogramm für Cluster 2

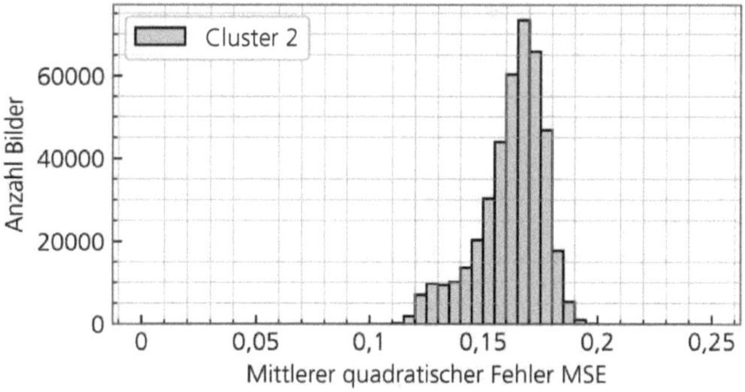

Bild 110
Histogramm für
Cluster 3

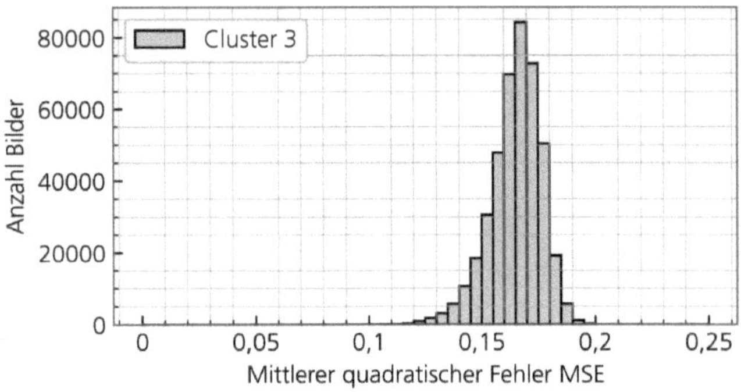

Bild 111
Histogramm für
Cluster 4

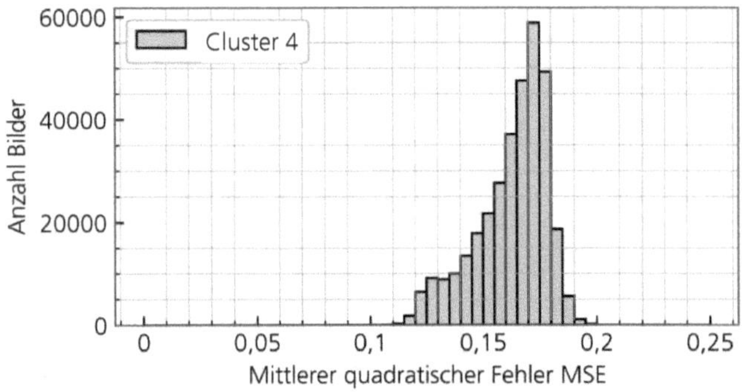

In Bild 112 werden ergänzend die Cluster schichtweise aufgelöst abgebildet. Anhand der höhenabhängigen Verteilung der Cluster ist zu erkennen, dass die Verhältnisse der Datenpunkte mit der Höhe ändern. Mit steigender Demonstrator-Höhe die Anzahl der zu den Clustern 2 und 3 zugeordneten CMOS-Aufnahmen zu. Daraus kann geschlossen werden, dass bei niedriger Aufbauhöhe auch die CMOS-Aufnahmen der kurzen Spuren in den Bereichen 4 und 5 kleinere geometrische Dimensionen vorweisen. Dies kann auf die bessere Wärmeableitung in den ersten Schichten und der daraus resultierenden schnelleren Erstarrung der Spuren resultieren.

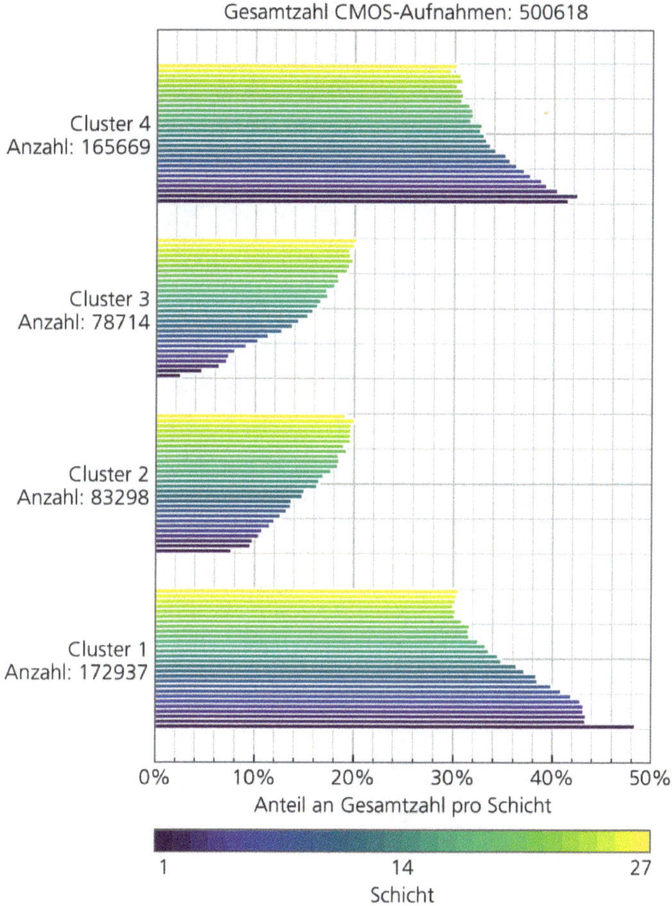

Bild 112
Höhenabhängige Verteilung der Cluster in den CMOS-Aufnahmen des Demonstrators

In der Reihe **Ergebnisse aus der Lasertechnik** zuletzt erschienen:

Ünal-Saewe, Talu:

Ortsaufgelöste Prozessüberwachung für die Additive Fertigung mittels laserbasierter Directed Energy Deposition

ISBN: 978-3-98555-113-2

Helm, Johanna:

Prozessstabilität und Prozesseffizienz beim Laserstrahlfügen von hoch reflektiven Kupferwerkstoffen

ISBN: 978-3-98555-112-5
Erscheinungsdatum: 10.10.2022

Meineke, Georg:

Opto-kalorisches Schalten zur Sortierung fluoreszenzmarkierter Partikel in Mikrofluidiken

ISBN: 978-3-98555-109-5
Erscheinungsdatum: 10.10.2022

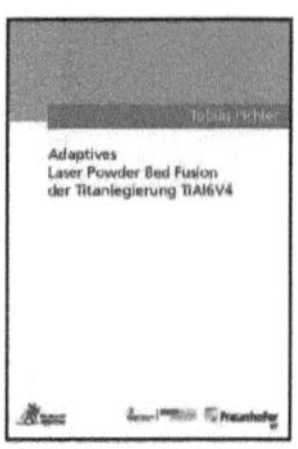

Pichler, Tobias:

Adaptives Laser Powder Bed Fusion der Titanlegierung TiAl6V4

ISBN: 978-3-98555-096-8
Erscheinungsdatum: 17.08.2022

Edition Wissenschaft
Apprimus

Tenbrock, Christian:
Large-Format Machine for Multi-Scanner Laser Powder Bed Fusion
ISBN: 978-3-98555-091-3
Erscheinungsdatum: 27.07.2022

Saewe, Jasmin:
Untersuchungen der Verarbeitbarkeit des Schnellarbeitsstahls HS6-5-3-8 mittels Laser Powder Bed Fusion
ISBN: 978-3-98555-097-5
Erscheinungsdatum: 27.07.2022

Adams, Martin:
Modellierung der katastrophalen optischen Degradation von Hochleistungslaserdioden unter externer optischer Rückkopplung
ISBN: 978-3-98555-068-5
Erscheinungsdatum: 22.04.2022

Gayer, Christoph:
Selektives Lasersintern von Polylactid-basierten Kompositwerkstoffen
ISBN: 978-3-98555-037-1
Erscheinungsdatum: 26.01.2022

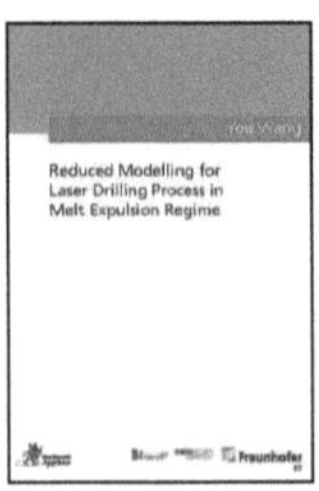

Wang, You:
Reduced Modelling for Laser Drilling Process in Melt Expulsion Regime
ISBN: 978-3-98555-013-5
Erscheinungsdatum: 15.11.2021

Edition Wissenschaft
Apprimus

FSC
www.fsc.org
MIX
Papier | Fördert gute Waldnutzung
FSC® C083411

Zeitfracht Medien GmbH
Ferdinand-Jühlke-Straße 7
99095 Erfurt, Deutschland
produktsicherheit@kolibri360.de